出版说明

科学技术是第一生产力。21世纪，科学技术和生产力必将发生新的革命性突破。

为贯彻落实"科教兴国"和"科教兴市"战略，上海市科学技术委员会和上海市新闻出版局于2000年设立"上海科技专著出版资金"，资助优秀科技著作在上海出版。

本书出版受"上海科技专著出版资金"资助。

上海科技专著出版资金管理委员会

上海科技专著出版资金资助

徐祖耀院士中文文选

相变导论

Introduction to
Phase Transformation

徐祖耀 著

内 容 提 要

本书是徐祖耀院士中文文选之一，包括《相变概述》、《共析分解》、《马氏体相变研究的进展》等论文16篇，稍作修改、完善。这些论文均在中文杂志上发表过。徐祖耀院士在相变研究领域是国内外公认的、首屈一指的专家、学者，在本书中，他从相变热力学、相变动力学、晶体学等多维度对相变的原理、过程展开论述，思路清晰，见解独特。

本书是学习材料相变读者的入门读物，是从事相变研究工作者的重要参考书。

本书适合具有材料热力学基础的读者，包括材料科学与工程专业本科生、研究生等自学者阅读。

图书在版编目(CIP)数据

相变导论/徐祖耀著. —上海：上海交通大学出版社，2014

ISBN 978-7-313-09841-2

Ⅰ.①相… Ⅱ.①徐… Ⅲ.①相变理论 Ⅳ.①O414.13

中国版本图书馆 CIP 数据核字(2013)第 118953 号

相变导论

著　　者：	徐祖耀			
出版发行：	上海交通大学出版社	地　　址：	上海市番禺路 951 号
邮政编码：	200030	电　　话：	021-64071208
出 版 人：	韩建民		
印　　制：	常熟市文化印刷有限公司	经　　销：	全国新华书店
开　　本：	787mm×960mm　1/16	印　　张：	20.75
字　　数：	390 千字		
版　　次：	2014 年 7 月第 1 版	印　　次：	2014 年 7 月第 1 次印刷
书　　号：	ISBN 978-7-313-09841-2/O		
定　　价：	58.00 元		

版权所有　侵权必究
告读者：如发现本书有印装质量问题请与印刷厂质量科联系
联系电话：0512-52219025

前　言

　　为了读者方便地研读本人发表的主要外文论文,上海交通大学材料科学与工程学院委托科学出版社出版了《徐祖耀文选(The Selected Works of T. Y. HSi)》(内载英文 86 篇)及《徐耀祖文选(续)(The Selected Works of T. Y. HSi (Continued))》(内载论文 68 篇),颇受欢迎。

　　近年,美国政府拨巨款为"材料基因"科研立项。中国科学院准备组织力量,开展这个项目。已知材料的性质决定于成分和组织形态。由此可知材料基因不但决定于其成分,还决定于其经不同相变后的组织形态。可见材料相变和热处理(实行不同相变的处理手段)在材料科学中的重要性。为了向初学材料相变者提供中文参考资料,将本人的有关中文论文汇集成册,定名为《徐祖耀院士中文文选——相变导论》,即将由上海交通大学出版社出版。此次又取相变研究成果应用于热处理,发展新型材料,如研制超高强度钢,以及有关"材料形态学"研究刍议等已发表的中文论文 16 篇,其中一篇有续篇,共 17 篇,汇编成册,名为《徐祖耀院士中文文选——相变与热处理》,即将出版问世。其中有些论文系几十年前之旧作,希望读者能从中吸取精髓,得到感悟和启发,或温故而知新,在工作中有所创新。希望我国学者日后为祖国的科技事业,为材料的更新作出更大贡献。

　　为了方便读者查阅外文资料,书中附上了导言译文。其中,第 1、13、15 导言译者为张骥华教授,戎咏华教授校。

　　本文选的顺利出版,多承蒙我组教授戎咏华、金学军和郭正洪等同志支持和匡助,以及上海交通大学出版社余志洪编辑等的精心援助,国家重点基础研究发展计划(973)项目 2010 CB630803 的支持,谨此表谢!

作者
2012 年 10 月

目 录

第1章 相变概述 (1)
1.1 概述 (1)
1.2 相变的分类 (2)
1.3 一级固态相变过程及特征简述 (9)
1.4 相变研究及应用浅说 (13)
参考文献 (13)
导言译文 (15)

第2章 共析分解 (16)
2.1 概述 (16)
2.2 两新相合作形成及领先相 (17)
2.3 共析分解的形核与长大 (17)
2.4 珠光体相变晶体学 (19)
2.5 共析分解产物长大的体扩散和界面控制机制 (20)
2.6 台阶机制 (23)
2.7 共析分解研究新进展 (25)
2.8 珠光体形态学 (26)
2.9 结论 (27)
参考文献 (27)
导言译文 (31)

第3章 马氏体相变研究的进展 (32)
3.1 概述 (32)
3.2 马氏体相变热力学 (35)
3.3 马氏体相变动力学 (37)
3.4 马氏体相变晶体学 (39)
3.5 马氏体的形核和长大 (40)
3.6 马氏体相变的非线性物理模型 (43)
3.7 纳米材料的马氏体相变 (47)

3.8 形状记忆效应、伪弹性和伪滞弹性 ……………………………… (51)
3.9 马氏体相变续后研究和应用的展望 ……………………………… (55)
参考文献 ………………………………………………………………… (56)
导言译文 ………………………………………………………………… (60)

第4章 无机非金属材料的马氏体相变 ……………………………… (61)
4.1 概述 …………………………………………………………………… (61)
4.2 ZrO_2 的马氏体相变 ………………………………………………… (65)
4.3 CeO_2-ZrO_2 的马氏体相变 ………………………………………… (68)
4.4 Y_2O_3-ZrO_2 的马氏体相变 ………………………………………… (77)
4.5 其他无机非金属材料的马氏体相变 ……………………………… (84)
4.6 含 ZrO_2 陶瓷马氏体相变的尺寸效应 …………………………… (90)
4.7 等温 $t \to m$ 相变 …………………………………………………… (93)
参考文献 ………………………………………………………………… (97)
导言译文 ………………………………………………………………… (103)

第5章 马氏体相变的形核问题 ……………………………………… (104)
5.1 概述 …………………………………………………………………… (104)
5.2 经典均匀形核理论 ………………………………………………… (104)
5.3 非均匀形核模型 …………………………………………………… (105)
5.4 对一些错误观点的剖析 …………………………………………… (106)
5.5 研究马氏体相变形核的可能方向 ………………………………… (109)
参考文献 ………………………………………………………………… (110)
导言译文 ………………………………………………………………… (113)

第6章 贝氏体相变简介 ……………………………………………… (114)
6.1 概述 …………………………………………………………………… (114)
6.2 一些材料中的贝氏体相变及其新近应用 ………………………… (115)
6.3 贝氏体相变的机制 ………………………………………………… (120)
6.4 贝氏体相变研究的展望 …………………………………………… (140)
6.5 结论 ………………………………………………………………… (140)
参考文献 ………………………………………………………………… (142)
导言译文 ………………………………………………………………… (152)

第7章 块状相变 ……………………………………………………… (153)
7.1 概述 …………………………………………………………………… (153)

7.2 块状相变热力学 ……………………………………………………… (155)
7.3 块状相变中的相界结构及其相关现象 ………………………………… (163)
7.4 发生块状相变的相图 …………………………………………………… (165)
7.5 结论 ……………………………………………………………………… (167)
参考文献 ……………………………………………………………………… (168)
导言译文 ……………………………………………………………………… (170)

第8章 Spinodal 分解浅介 ……………………………………………… (171)
8.1 概述 ……………………………………………………………………… (171)
8.2 Spinodal 分解理论和动力学浅介 ……………………………………… (175)
8.3 Spinodal 词的来由 ……………………………………………………… (180)
参考文献 ……………………………………………………………………… (181)
导言译文 ……………………………………………………………………… (183)

第9章 相变研究的重要性 ………………………………………………… (184)
9.1 概述 ……………………………………………………………………… (184)
9.2 铁素体不锈钢 400~500℃时效致脆原由 ……………………………… (184)
9.3 Fe-Mn-Al-C 钢的 Spinodal 分解 ……………………………………… (188)
9.4 高强度型 Cu-Ni-Si 弹性合金的研究 ………………………………… (191)
9.5 铝合金时效中的 Spinodal 分解 ………………………………………… (192)
9.6 经 Spinodal 分解所研发的巨磁阻薄膜 ………………………………… (193)
9.7 结语 ……………………………………………………………………… (193)
参考文献 ……………………………………………………………………… (193)
导言译文 ……………………………………………………………………… (197)

第10章 Spinodal 分解始发形成调幅组织的强化机制 ………………… (198)
10.1 概述 …………………………………………………………………… (198)
10.2 现有调幅组织的强化机制 …………………………………………… (198)
10.3 结论 …………………………………………………………………… (207)
参考文献 ……………………………………………………………………… (209)
导言译文 ……………………………………………………………………… (211)

第11章 应力作用下的相变 ……………………………………………… (212)
11.1 概述 …………………………………………………………………… (212)
11.2 应力作用下的铁素体和珠光体相变 ………………………………… (213)
11.3 应力作用下的贝氏体相变 …………………………………………… (224)

  11.4 应力作用下的马氏体相变…………………………………………(225)
  11.5 结论………………………………………………………………(236)
 参考文献……………………………………………………………………(238)
 导言译文……………………………………………………………………(241)

第12章 纳米材料的相变……………………………………………(242)
  12.1 概述………………………………………………………………(242)
  12.2 纳米金属的结构…………………………………………………(243)
  12.3 纳米材料的马氏体相变…………………………………………(244)
  12.4 纳米材料的扩散型相变…………………………………………(249)
  12.5 晶界对纳米材料相变的作用……………………………………(251)
  12.6 纳米金属相变的理论模型………………………………………(251)
  12.7 纳米晶体马氏体相变的形核能垒………………………………(254)
  12.8 纳米材料相变研究的展望………………………………………(256)
 参考文献……………………………………………………………………(257)
 导言译文……………………………………………………………………(261)

第13章 金属纳米晶的相稳定……………………………………………(262)
  13.1 概述………………………………………………………………(262)
  13.2 理论………………………………………………………………(263)
  13.3 计算实例——Co纳米晶的相稳定……………………………(266)
  13.4 结论………………………………………………………………(270)
 参考文献……………………………………………………………………(271)
 导言译文……………………………………………………………………(273)

第14章 材料的相变研究及其应用………………………………………(274)
  14.1 概述………………………………………………………………(274)
  14.2 马氏体相变………………………………………………………(275)
  14.3 贝氏体相变………………………………………………………(281)
  14.4 有序化和Spinodal分解…………………………………………(282)
  14.5 纳米材料的相变…………………………………………………(282)
  14.6 材料相变研究及其应用的展望…………………………………(285)
 参考文献……………………………………………………………………(287)
 导言译文……………………………………………………………………(294)

第 15 章　相变及相关过程的内耗·····(296)
　15.1　概述·····(296)
　15.2　马氏体相变内耗·····(297)
　15.3　共析分解（珠光体相变）和贝氏体相变内耗·····(299)
　15.4　贝氏体预相变·····(301)
　15.5　相变与模量反常·····(303)
　15.6　沉淀和孪晶引起的内耗·····(303)
　15.7　二级相变内耗·····(304)
　15.8　相变内耗的应用示例·····(306)
　参考文献·····(308)
　导言译文·····(310)

第 16 章　相变内耗与伪滞弹性·····(311)
　16.1　引言·····(311)
　16.2　共析分解的内耗·····(312)
　16.3　贝氏体相变内耗·····(314)
　16.4　马氏体相变及软模·····(315)
　16.5　反铁磁相变对马氏体相变的影响·····(317)
　16.6　伪滞弹性·····(317)
　16.7　结论·····(319)
　参考文献·····(319)
　导言译文·····(322)

第1章 相变概述

1.1 概述

拙作《相变原理》[1]于1988年出版（2000年第三次印刷），该书作为材料科学与基础专业研究生或更高水平的读者参考书，本书为本科生提供关于固体相变参考资料的结论。

材料在环境（外场）作用下，由一相变为另一新相或若干新相（包括与另一相变为新相）的现象称为相变。例如：由蒸汽变为液相的沉积，由液相变为固相的凝固，其一般为单相凝固：$L \rightarrow S$，有的材料还有单液相相变为两新固相（固溶体 solid solution）$L \rightarrow \alpha + \beta$，称为共晶（euectic）反应（或分解）；一液相与另一固溶体变为一新相，即 $L + \alpha \rightarrow \beta$，即为包晶（peritectic）反应等。

固态时的相变，如同素异构（allotropic）相变及固溶体的多形型相变：$\alpha \rightarrow \beta$，单元素或固溶体的有序化（ordering）$\alpha \rightarrow \alpha'$（一级相变有序化和二级相变有序化，请见下节），共析（eutectoid）分解 $\gamma \rightarrow \alpha + \beta$，包析（perictoid）反应 $\gamma + \alpha \rightarrow \beta$。固溶体析出新相固溶体，如 $\gamma \rightarrow \alpha + \gamma_1$ 等。不同材料中有一些不同的固体相变，请参见下节。

固体材料所呈现的"相"是无常的，它因环境场（应力场、温度场、磁场等）而变化。大多数材料中的相变具有晶体原子结构的改变，称为结构相变。也有一些相变，如磁性相变，材料的晶体结构没有改变或很小有改变，但电子结构或转向发生变化。相变往往引起显微组织的改变，而显微组织决定材料的物理性质、力学性质和化学性质。因此，人们追求以一定相变求得某一些性质。有些显微组织的改变并不源于相变，如再结晶。一定的应力（未经相变）存在，以及去应力（显微组织无明显变化）等，也会引起性能的变化，如细化晶粒引起的材料强韧化等。

基于相变能控制材料性能，材料工作者探求材料中一些相变的规律性有重要意义。

1.2 相变的分类

各类不同相变可以按热力学分类(Ehrenfest 分类)[2],归属一级相变和高级(二级、三级……)相变,各有其热力学参数改变的特征[2];也可以按不同的相变方式(Gibbs[3] 和 Christian[4] 分类)分属经典的形核－长大型相变和连续型相变;按原子迁动方式又可分为扩散型相变和无扩散型相变。

1.2.1 按热力学分类

由 1 相转变为 2 相时,$G_1 = G_2$,$\mu_1 = \mu_2$,但化学势的一级偏微商不相等的称为一级相变。即一级相变时

$$\left.\begin{array}{l}(\frac{\partial \mu_1}{\partial T})_p \neq (\frac{\partial \mu_2}{\partial T})_p \\ (\frac{\partial \mu_1}{\partial P})_T \neq (\frac{\partial \mu_2}{\partial P})_T\end{array}\right\} \quad (1)$$

但

$$(\frac{\partial \mu}{\partial T})_p = -S$$

$$(\frac{\partial \mu}{\partial P})_T = V$$

因此一级相变时,具有体积和熵(及焓)的突变:

$$\left.\begin{array}{l}\Delta V \neq 0 \\ \Delta S \neq 0\end{array}\right\} \quad (2)$$

焓的突变表示为相变潜热的吸收或释放。

当相变时,$G_1 = G_2$,$\mu_1 = \mu_2$,而且化学势的一级偏微商也相等,只是化学势的二级偏微商不相等的,称为二级相变。即二级相变时

$$\mu_1 = \mu_2$$

$$(\frac{\partial \mu_1}{\partial T})_p = (\frac{\partial \mu_2}{\partial T})_p$$

$$(\frac{\partial \mu_1}{\partial P})_T = (\frac{\partial \mu_2}{\partial P})_T$$

$$\left.\begin{array}{l}(\frac{\partial^2 \mu_1}{\partial T^2})_P \neq (\frac{\partial^2 \mu_2}{\partial T^2})_P \\ (\frac{\partial^2 \mu_1}{\partial P^2})_T \neq (\frac{\partial^2 \mu_2}{\partial P^2})_T \\ (\frac{\partial^2 \mu_1}{\partial T \partial P})_P \neq (\frac{\partial^2 \mu_2}{\partial T \partial P})_T\end{array}\right\} \quad (3)$$

但

$$\left.\begin{aligned}(\frac{\partial^2 \mu}{\partial T^2})_P &= -(\frac{\partial S}{\partial T})_P = -\frac{C_P}{T} \\ (\frac{\partial^2 \mu}{\partial P^2})_T &= \frac{V}{V}(\frac{\partial V}{\partial P})_T = -V \cdot \beta \\ (\frac{\partial^2 \mu}{\partial T \partial P})_P &= (\frac{\partial V}{\partial T})_P = \frac{V}{V}(\frac{\partial V}{\partial T})_P = V \cdot \alpha\end{aligned}\right\} \quad (4)$$

式中：$\beta = -\frac{1}{V}(\frac{\partial V}{\partial P})_T$，称为材料的压缩系数；$\alpha = \frac{1}{V}(\frac{\partial V}{\partial T})_P$，称为材料的膨胀系数。由式(4)可见，二级相变时

$$\left.\begin{aligned}\Delta C_P &\neq 0 \\ \Delta \beta &\neq 0 \\ \Delta \alpha &\neq 0\end{aligned}\right\} \quad (5)$$

即在二级相变时，在相变温度，$\frac{\partial G}{\partial T}$ 无明显变化，体积及焓均无突变，而 C_P 及 $\alpha(\beta)$ 具有突变。

一级和二级相变时，两相的自由能、熵及体积的变化分别如图 1 及 2 所示。

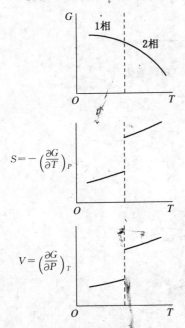
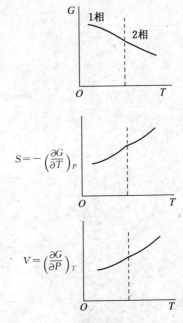

图 1　一级相变时两相的自由能、熵及体积的变化

图 2　二级相变时两相的自由同素异构相变

二级相变时,在相变温度、$\frac{\partial G}{\partial T}$ 无明显变化时,它在 $G-T$ 图中可以有两种情况,如图 3 所示。其中,I,II 分别表示 I 相和 II 相。在第一种情况下,I 相的自由能总比 II 相高,显示不出相变点上下的稳定相。在第二种情况下,在相变点附近未能显示二级偏微商不相等,只是三级偏微商不相等。可以认为,Ehrenfest 的分类还是正确的,但它不保证超过相变点的情况[5,6]。一级相变时的自由能、焓及体积的变化如图 4 所示。二级相变时,焓及有序化参数的变化如图 5 所示。二元系相图中,具二级相变时,平衡两相的浓度相同,即单相区与单相区接触,不需由两相区分隔开,如图 6 所示。

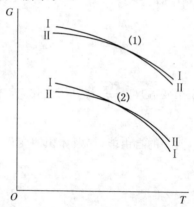

图 3　二级相变时两相的自由能变化

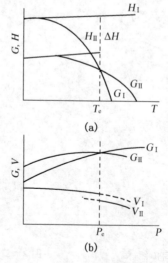

图 4　一级相变时两相的参数变化

(a) 焓及自由能变化;(b) 体积及自由能变化

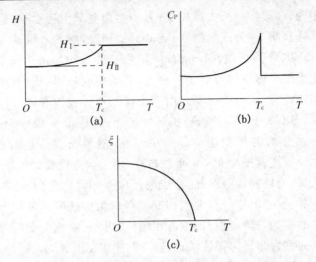

图 5　二级相变时参数的变化
(a) 焓；(b) 比热及有序参数

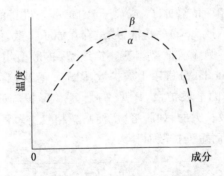

图 6　具有二级相变时的二元系相图

当相变时两相的化学势相等，其一级和二级的偏微商也相等，但三级偏微商不相等的，称为三级相变。依此类推，化学势的$(n-1)$级偏微商相等，n级偏微商不相等时称为n级相变。$n \geqslant 2$的相变均属高级相变。

晶体的凝固、沉积、升华和熔化，金属及合金中的多数固态相变都属一级相变。超导态相变、磁性相变、液氦的λ相变以及合金中部分的无序—有序相变都为二级相变。量子统计爱因斯坦玻色凝结现象称为三级相变。二级以上的高级相变并不常见。

1.2.2　按相变方式分类

Gibbs[3]把相变过程区分为两种不同方式：一种是由程度大、但范围小的起伏开始发生相变，即形核—长大型相变；另一类相变却由程度小、范围广的起伏连续地长大形成新相，称为连续型(continuous)相变，如 Spinodal 分解和连续有序化。和 Gibbs 的分类相似，Christian[4] 把相变分为均匀相变和非均匀相变两类。均匀相变指整个体系均匀地发生相变，其新相成分和(或)有序参量系逐步地接近稳定相的特性，这一类相变是由整个体系通过过饱和或过冷相内原始小的起伏经"连续"地(相界面不明显)扩展而进行的，因此一般称为连续型相变。Christian 所称的非均匀相变是由母相中形核，然后长大来进行的，一般为形核—长大型相变。连续型相变不需形核过程，由起伏直接长大为新相。上述"范围小的起伏"也称为核胚，当核胚能稳定地长成新相时称为"核心"，由一个核心长大成为一颗晶粒，呈形核—长大型相变。当母相形核不需母相含晶体缺陷或夹杂物等帮助的称为均匀形核；当由母相内含晶体缺陷或夹杂物等并由这些及晶界帮助形核的称为非均匀形核，如一般马氏体相变由非均匀形核。

1.2.3 按原子迁动特征分类

在相变过程中，相变依靠原子(或离子)的扩散来进行的，称为扩散型相变；相变过程不存在原子(或离子)的扩散，或虽存在原子扩散，但不是相变所必需的或不是主要过程的，称为无扩散型相变。连续型、扩散型相变，包括 Spinodal 分解和连续有序化，Spinodal 分解系上坡扩散，图 7 示意比较了脱溶分解时的正常扩散和 Spinodal 分解的上坡扩散，详见文献[7]。形核—长大型的扩散型相变包括：新相经长程扩散长大的，如脱溶(沉淀)；新相仅由短程扩散而长大的，如块状相变中新相通过界面短程扩散而长大。

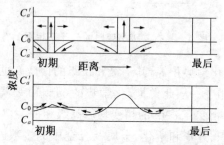

图 7　示意比较脱溶时的正常扩散和 Spinodal 分解时的上坡扩散
(a) 脱溶分解；(b) Spinodal 分解

Cohen, Olson 和 Clapp[8] 把位移型的无扩散相变分为点阵畸变位移，这是指相变时原子保持相邻关系进行有组织的位移和原子位置调整位移，原子只在晶胞内部改变位置，如图 8(a)(b) 所示；前一相变中也可以包括原子只在晶胞内部的原子位置调整，但具有点阵畸变，并且原子位置调整并不决定相变动力学及相变产物的形态。点阵畸变位移以应变能为主；而原子位置调整的位移以界面能为主，包括连续型的无扩散相变（ω 相变）和以界面能为主的其他相变。点阵畸变的无扩散型相变又分为：以正应力为主（无畸变线）的位移相变和以切应力为主的位移（具有畸变线）相变。后者又分为马氏体相变和赝马氏体相变。马氏体相变应变能决定相变的动力学及相变产物的形态；赝马氏体相变其应变能并不决定相变的动力学及相变产物的形态。图 9 列出了他们对位移型无扩散相变的分类简况。按此分类定义马氏体相变为：点阵畸变的、无扩散的、具有切变分力为主的结构改变并具形状改变、应变能决定相变动力学及形态的位移型相变。钢中马氏体相变的应变能较大，但非铁合金的马氏体相变的应变能很小。

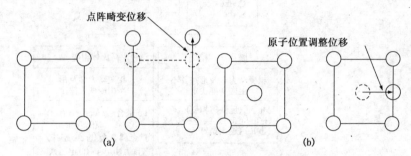

图 8　点阵畸变位移和原子位置调整位移

1.2.4　常见的一级固态相变的简明分类

形核、长大型相变中，当核心形成后，在核心长大过程中，新相和母相间存在明显的相界面。Christian[4]将形核—长大型相变分为界面滑动（glissile）和界面非滑动（non-glissile）型两类：前者如马氏体相变，原子按规则迁动，其界面具滑动性，形成新相的长大过程；后者界面原子需经过较高自由能位置，需经热激活帮助迁动，因此高温时相变容易进行，而低温时相变将停止不前。他将马氏体相变认定为变温长大（athermal growth）滑动界面相变（见文献[4]中 P9，表 1）。我们知道，马氏体相变也有等温相变，不一定非变温不可。为简明起见，我们把前者（马氏体型相变）称为无扩散相变，后者（经热激活帮助迁动的）为扩散型相变。

Christian[4]把非滑动型界面相变又按动力学分为界面控制型相变和扩散控制型相变两类。新相和母相间无成分差别，相界面的原子迁动决定相变动力学的称为界面控制型，如同素异构相变及有序—无序相变；新相和母相间成分不同，相变时原子需做长程扩散的，原子的扩散决定相变动力学的称为扩散控制型相变。简单地说，前者为短程扩散（成分无变化）型，后者为长程扩散（成分改变）型。他将凝固归为热传导控制型相变。

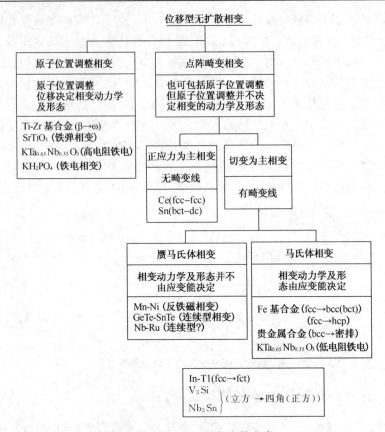

图9 位移型无扩散相变的分类

现将常见的一级固态相变的简明分类列于图10中。各类相变的发生及过程在以下各章将涉及。长程扩散类相变可参阅文献[9]，块状相变属短程扩散相变，可参阅文献[10]，马氏体相变可参阅文献[11]及[12]。贝氏体相变机制目前尚有争论[13]。根据贝氏体相变热力学，钢中贝氏体相变属扩散型机制，其相变驱动力大于切变型机制[14-17]所需的驱动力，相变驱动力也无法抵偿切变所需的应变能[18]；对铜基合金的贝氏体相变，按扩散机制，$\Delta G < 0$，相变可行；而按切变机制，$\Delta G > 0$，相变不可行[19-25]。CeO_2-ZrO_3 陶瓷中也发现具有成分改变的贝氏体相变，经论证属扩散机制[26]。其他贝氏体相变属扩散型机制的论证文献请参见文献[13,27]。

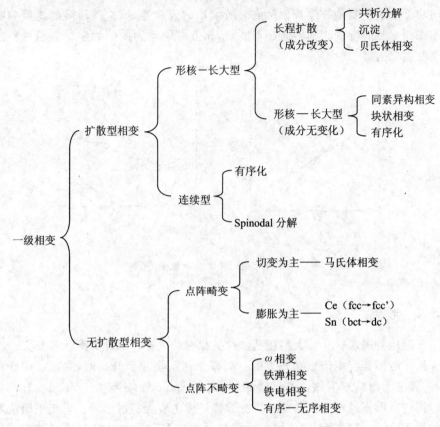

图 10 常见的一级固态相变的简明分类

1.3 一级固态相变过程及特征简述

1.3.1 相变的发生

一级相变需要或多或少的相变驱动力,也显示或多或少的热滞。纯组元两相的 Gibbs 自由能相等时的温度为两相的平衡温度,如图 11(a)中的 T_0 温度。当温度低于 T_0 时,1 相将转变为 2 相。两相之间热力势的降低(ΔG)作为相变驱动力。浓度为 X 的二元合金,由一相(α)析出另一相(β)形成两相($\alpha+\beta$)混合时的相变驱动力为 ΔG,以图 11(b)示例,即以母相和混合相之间的自由能差策动相变。冷却时的相变,为了获得相变驱动力需要一定的过冷度 ΔT(此时 $\Delta T = T_0 - T$)。相反,加热相变时需要一定的过热度 ΔT(此时 $\Delta T = T - T_0$)。ΔG 习惯上称为相变驱动力,实际上是进行相变所需做的功,如形核功及驱动长大所需的功。一般主要是补偿新相形成时所增加的表面能量、扩散所需的能量和赋予固态相变时的应变能和界面迁动能量,相变总驱动力的热力学计算是材料热力学的主要内容[28]。

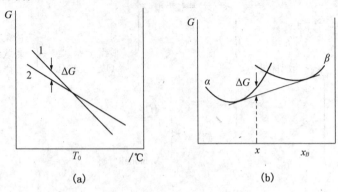

图 11 相变驱动力示意图
(a) 纯组元;(b) 二元合金

1.3.2 形核

多数相变属形核-长大型相变。这类相变的主要特征即为形核和长大。本节介绍扩散型相变中形核和长大的一般概念。这类相变开始时,先形成的新相核心,即称为形核或生核。连续性相变,例如 Spinodal 分解及 Spinodal 有序化则毋需进行形核过程。扩散型相变的形核过程主要为扩散形核。母相中组成新相的原子(或分子)集团,称为核胚。形核过程就是以这些核胚或新相的起伏依靠单个原子热激活的扩散跃迁,形成最小的、可供相变为更稳定相的集合体的过程。原子集团在母相中很小尺度范围内发展成为核心,并依靠偏摩尔自由能梯度作为驱动力。

在母相整个体积内均匀形成新相核心的称为均匀形核。在一定基底上形核的称为非均匀形核,这种基底之处一般为外来质点或结构缺陷,它们使所需的形核功小于均匀形核的形核功。因此,相变往往以非均匀形核进行。

在固态相变中,具有晶体结构或位向关系改变的大多都需经形核过程。扩散形核需具有结构、浓度和能量起伏。在很多情况下,固态相变系非均匀形核。均匀形核只在驱动力很大或核心的晶体结构与基体结构十分相近、两者之间的界面能量很低的情况下才会出现。一些相变的非均匀形核理论和实验,以及形核率的计算(决定相变动力学和新相的组织形态)为相变动力学的主要内容[29]。

1.3.3 新相长大

晶核依靠原子跳跃到晶核表面,使晶核长大成为一个晶体(晶粒)。当没有其他因素(如温差、热流、涡流碰迁以及固态相变时的应力、应变等)干扰时,无论由蒸汽凝聚为固体,还是由液相凝固成为固体,以及在固态相变中,晶核以一定的结晶面暴露于母相之中,这个晶面都为新相与母相的相界面,是低能量的界面[1]。

固态相变时两相间界面分为完全共格界面、半共格界面和非共格界面三类[1]。

(1) 完全共格界面 当两相界面上原子排列完全吻合、两相的晶格共同连结,或者说界面上的原子为两相所共有时,就形成完全共格界面。理想的完全共格界面如图 12 所示,其中(a)表示两相的原子列,(b)表示两相原子在界面接合的情况。但实际上两相点阵总会有些差别,因此在共格界面上将产生弹性应变,如图 13 所示。其中,(a)表示新相膨胀,(b)表示新相收缩。因此,完全共格相界面上形成很大的弹性应变(随 ΔV 增大而升高)。但由于点阵间连结较好,两相之间的表面能较小,因此当弹性应变能大至一定程度时,完全共格界面将被破坏。

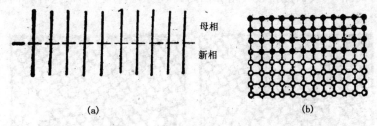

图 12 理想的完全共格界面
(a) 表示原子列;(b) 两相原子在界面上的接合

图 13 具有应变的完全共格界面
(a) 原子列,新相体积膨胀;(b) 两相原子示意图,新相收缩

(2) 半共格界面 两相界面上分布若干位错及相当于小角度晶界的相界面称为半共格界面。图 14 表示界面上具有刃型位错时的半共格界面,其中(a)表示

新相的体积膨胀,(b)表示新相收缩的情况。在半共格界面上,也产生一些弹性应变能,但较完全共格界面的小得多,一般所说的共格界面多指半共格界面。在完全共格或半共格界面的情况下,两相原子位置之间有相互对应关系。

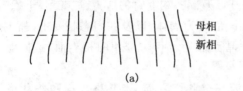
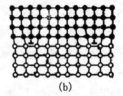

图 14　半共格界面

(a) 原子列,新相膨胀；(b) 原子示意图,新相收缩

共格界面可以由压应力或拉应力来保持,如一般沉淀相的界面；也可由切应力来保持,如马氏体的界面。

(3) 在两相界面上原子排列完全不吻合,或者说有很多缺陷分布在界面上,故称为非共格界面,如图 15 所示。非共格界面上可以存在刃型位错、螺型位错和混合型位错,呈复杂的缺陷分布,相当于大角度晶界。由于非共格界面上原子分布较为紊乱,其表面能量较共格界面为高,但由图可见,形成这种界面时,弹性应变能较低。

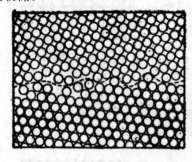
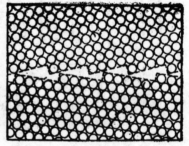

图 15　非共格相界面

1.3.4　新相与母相间的晶体学关系

固态相变时,新相往往在母相的一定晶面上开始形成,这个晶面称为惯习面(habit plane),也有意译为惯析面的。

惯习面可能是原子仅移动最小距离就能形成新相的面。为了减少两相间的界面能,新—旧相之间的晶面和晶向须形成一定的晶体学关系。只要两相间保持共格或半共格界面,这种关系一直保持。这种晶体学关系以两相之间匹配面和方向表示,如面心立方奥氏体→体心立方铁素体转变时,形成$\{111\}_\gamma //$

$\{110\}_\alpha , [\bar{1}01]_\gamma //[\bar{1}\bar{1}1]_\alpha$。("//"表示互相匹配,即互相对应的结晶面和方向)。这种关系称为位向关系。相变中,晶体学关系的研究构成相变晶体学[30]。

1.3.5 材料形态学

材料中的显微组织形态决定材料的性质,因此,对材料形态的研究[31,32],应包括:形态的形成规律、形态的变化规律以及形态对性质影响的基本规律。相变、形变和其他的外场影响都会改变材料的组织形态,因此材料形态学又可分为相变形态学、形变形态学和其他外场影响形态学。

掌握不同材料在相变中组织形态的变化以及对性质的影响规律可以为充实相变形态学的内容、发展新材料和新工艺做出贡献。

1.4 相变研究及应用浅说

人类对材料相变理论及其应用的研究,包括相变热力学,形核、长大理论,动力学(含相场理论),晶体学,形态学等,已历经百年,为近代社会工业化奠定了物质基础。相变研究的进展依靠材料科学工作者不断提高理论修养和物理学者的加盟,还需要依靠实验设备和技术的持续更新、提高,诸如电子显微镜对显微组织观察的精细清晰度和放大倍数的不断提高,电子衍射技术不断地精密、快速,3D同步辐射、X射线设备等新兴仪器的应用。应用和开发新型测试设备,如应用新型的Gleeble,较精确地探测不同热处理工艺下材料相变情况,为相变研究成果应用于实际生产提供捷径。我国必须加强先进检测设备及技术的开发。

创建新材料和新工艺必须依赖相变研究的成果及其应用。加强材料相变的基础研究,适时将其开发应用,以及培养相变研究的优秀人才(能出色做出优秀研究成果并加以实际应用的相变研究者),为自主创新材料之本,也是强国之本。

参考文献

[1] 徐祖耀. 相变原理[M]. 北京:科学出版社,1988,第一次印刷,2000,第三次印刷.

[2] Ehrenfest P. Proc [C]. Amsterdam Acad. 1933,36:153.

[3] Gibbs J W. On the equilibrium of heterogeneous substances(1876)., in Collected Works (volume 1)[M]. Longmans, Green and Co., New York, 1928; Yale University Press, New Haven Connecticut, 1948; Scientific Papers, I, Dover, New York, 1961, P. 105-115, 252-258.

[4] Christian J W. The Theory of Transformation in Metals and Alloys [M]. 3rd edition,

Part I, Chapter 1, Pergamon, Elsevier, Oxford, 2002.
［5］Pippard A B. Element of Classical Thermodynamics［M］. Cambridge University Press, 1966.
［6］Rao C H R, Rao K J. Phase Transitions in Solids［M］. McGraw-Hill,1978,20
［7］Cahn J W, Acta Met, 1961,9:795.
［8］Cohen M, Olson G B, Clapp P C. Proc. Intern. Conf［C］. Martensitic Transformations ICOMAT-79, MIT., 1979,1.
［9］徐祖耀. 金属热处理学报［J］. 1980, I(1):1,I(2):1.
［10］徐祖耀. 热处理［J］. 2003,18(3):1.
［11］徐祖耀. 上海金属［J］. 2003,25 (3,4):1.
［12］徐祖耀. 马氏体相变和马氏体(第二版)［J］. 北京:科学出版社,1999.
［13］徐祖耀. 热处理［J］. 2006,21(2):1.
［14］Hsu T Y(Xu Zuyao),Y. Mou.［C］. Proc. Phase Transformations in Ferrous Alloys. ed. A R Marder and J. I. Goldstein,TMS-AIME,1984:327.
［15］Hsu T. Y. (Xu Zuyao),Y. Mou.［J］. Acta Metall, 1984,32:1469.
［16］徐祖耀,牟翊文.［J］. 金属学报.1985,21:A107.
［17］徐祖耀,牟翊文.［J］. 金属学报.1987,23:A33.
［18］Mou Y, Hsu T. Y. (Xu Zuyao).［J］. Metall. Trans. A,1988,19A:1695.
［19］Hsu T. Y. (Xu Zuyao),X. Zhou.［J］. Acta Metall,1989,37:3095.
［20］徐祖耀,周晓望.［J］. 材料科学进展. 1989,3:391.
［21］徐祖耀,周晓望.［J］. 金属学报,1992,28:A262.
［22］Hsu T Y(Xu Zuyao), X Zhou.［J］. Acta Metall. Sin. (English Edition). Ser. A. 1992,5:465.
［23］Hsu T Y(Xu Zuyao),X W Zhou.［J］. Acta Metall. Mater,1991,39:2615.
［24］徐祖耀.［J］. 上海金属(有色分册),1993,14(5):1.
［25］Hsu T Y(Xu Zuyao),X W Zhou.［J］. Metall. Mater. Trans,1994,25A:2555.
［26］Jiang B, Tu J, Hsu T Y(Xu Zuyao), Qi X., Zheng X., Zhong J.［J］. Mater. Res. Soc. Symp. Proc, 1992, 246:213.
［27］徐祖耀,刘世楷. 贝氏体相变与贝氏体［M］. 北京:科学出版社,1991.
［28］徐祖耀,李麟. 材料热力学［M］. 北京:科学出版社,第三版,2005.
［29］Balluffi R W, Allen S M, Carter W C. Kinetics of Materials［M］. Wiley Interscience, John Wiley and Sons Inc. Publisher, Hoboken & New Jersey, 2005.
［30］徐祖耀. 第八届全国相变及凝固学术会议特邀大会报告, 会议详细摘要集, 中国金属学会材料科学分会, 宝山钢铁公司编［C］., 2008,P 3.
［31］徐祖耀.［J］. 热处理,2004, 19(2):1.

第1章 相变概述

导言译文

Material in the environment (under external fields) is changed by a phase to another or several new phases, the phenomenon is known as the phase transformation. For example: in addition to the condensation that steam changes to the liquid, solidification that liquid changes to a solid (in general single-phases solidification: L→S) in some materials, and single liquid phase changes to two new solid phases (solid solution) L→α+β, as is known as eutectic reaction (decomposition); a liquid phase and another solid solution change to a new phase L+α→β, which is known as peritectic reaction etc..

In solid transformation there are the allotropic tranformation and the polymorphic phase transition in sold solution: α→β, single element or solid solution ordering α→α′ (include first order and ordering phase transitions, see the next section), eutectoid decomposition γ→α+β, peritectoid reaction γ+α→β, precipitation that solid solution precipitates a new solid solution phase, such as γ→α+γ$_1$ etc.. Different materials have some different phase transformations of solid solution, please see the following section.

第 2 章　共析分解*

对以钢中珠光体相变为典型示例的共析分解研究工作给以浅简总结。在珠光体相变中,进行铁素体和渗碳体的合作形核和长大。珠光体相变时的领先形核相,铁素体或渗碳体,及其形核位置,晶界或晶粒内部,都决定于合金的成分、晶界偏聚、夹杂物、组元的扩散系数及形核能垒。由体扩散和界面扩散两类长大机制所导得的过冷度 ΔT 和珠光体片层间距 S 之间,由 Zener 所示的关系式 $\Delta T \times S = $ const. 都与不少试验结果相符。由于珠光体/奥氏体间界面含有不动位错及其他缺陷,理论上台阶机制应为合理的珠光体长大机制。先进实验已观察到长大台阶以及铁素体/奥氏体、铁素体/渗碳体和渗碳体/奥氏体之间都具有各自的位向关系。层状珠光体的形态,即珠光体片间距受控于过冷度,并决定珠光体的强度。

2.1　概述

共析分解 $\gamma \rightarrow \alpha + \beta$ 在多种合金系中显示,在 Fe-C 及钢中称为珠光体相变:奥氏体(γ)→铁素体(α)+渗碳体(θ)或碳化物。共析分解时,在一个母相晶粒内形成几个领域或胞,每个领域或胞内两个新相具有合作取向,故又称胞状相变。关于共析分解的研究,以往以钢中的珠光体相变为典型先例,1930 年,Bain 等发表钢的等温相变图(TTT 图)以后,珠光体相变的研究迅速发展,可参见 Mehl 和 Hagel(1956)[1]、Hillert(1962)[2]及 Howell(1998)[3]等发表的综述论文,记录的 1886 年 Sorby、1926 年 Honda、1926 年 Hultgren、1932 年 Carpenter 和 Robertson 以及 1946 年 Zener 等的工作,主要涉及 Mehl 学派的贡献。我国郭可信院士于 2000 年在金相史话(1)[4]中,对此做了引述。郭正洪于 2003 年对珠光体相变机制做了较深入的总结[5]。本文作者[6-8]在数年前在相变和热处理的综述中也涉及共析分解。本文简要介述共析分解的特征,主要包括前人对珠光体相变工作的一些结果和个人对此类相变的粗见,希望读者指正。

* 原文发表于《上海金属》,2011,33(5):1-9.

2.2 两新相合作形成及领先相

上列以往工作都指明共析分解为扩散型相变,且两个新相合作形成,即A-B二元系中当母相 γ 内形成富 A 的 α 相后,由于其周围富 B,促使富 B 的 β 相形成,如 Fe-C 奥氏体晶界上形成 Fe_3C 相后,使其周围贫碳(富铁)促使铁素体形成,两相形成具合作特征,成为层状珠光体。

Hull 和 Mehl(1942)[9]根据钢中珠光体内 Fe_3C 往往和先共析 Fe_3C 相连续,且钢内晶界往往呈碳的偏聚,易在晶界上先沉淀出 Fe_3C,因此认为珠光体相变的领先相为 Fe_3C。其实,钢内珠光体相变的领先相不一定为渗碳体,领先相似应决定于钢的成分,如亚共析钢珠光体在奥氏体晶内形核时可能由铁素体领先形成,过共析钢则先由渗碳体形成。含 Si 钢中,由于 Si 阻碍 Fe_3C 的形成,珠光体相变的领先相也可能为铁素体。$\gamma \rightarrow \alpha + \beta$ 共析分解的领先相似可由一定温度下 $|\Delta G^{\gamma \rightarrow \alpha}|$ 和 $|\Delta G^{\gamma \rightarrow \beta}|$ 值大者担任。

不论经连续冷却或在一定过冷度下经等温开始,共析分解时,两相呈合作形核和长大,其中一相为领先相,其领先程度(有时可能极小,以 10^{-n} 秒计,$n > 2$,可能很难以实验测定)或两相形成的时间差决定于组元的扩散率。

2.3 共析分解的形核与长大

共析分解的形核与长大的研究以往多集中在钢内的珠光体相变上。Hull 和 Mehl[9]以图 1(a) →(e)指出珠光体以渗碳体为领先相在奥氏体晶界(碳易偏聚在晶界)形核、长大(渗碳体与过共析渗碳体相连续),使应变能减低,及使较广阔界面易吸收碳原子,呈魏氏组织向一个晶粒内生长(a)。待其周围贫碳至一定程度形成铁素体(b),并长大,其周围因富碳使 Fe_3C 形核并长大,形成一个珠光体领域(c)。然后由这个领域侧向又形成 Fe_3C 晶核并长大(d),及长大成另一个新的领域(e)。图 2 为珠光体领域边向(E)长大和侧向(S)形核长大的示意图,指出边向长大和侧向"感生"(sympathetic)形核和长大可同时进行[9]。

Hillert[2]通过三维金相观察,认为图 3(d)中 C_2 的形成系 C_1 中 α 或 Fe_3C 的分叉,较之珠光体侧向长大更为可行。Honeycombe[10]通过电镜观察,认为珠光体的侧向生长依赖于感生形核和分叉两种机制。

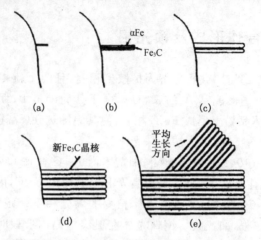

图 1 珠光体在奥氏体晶界开始形成示意图 (Hull 和 Mehl[9])
(Sketch illustrating pearlite initiation at austenite grain boundary (Hull and Mehl[9]))

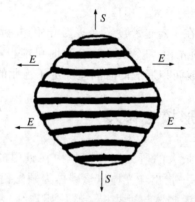

图 2 珠光体领域边向(E)长大和侧向(S)形核长大示意图 (Hull 和 Mehl[9])
(Edgewise growth (E) and sidewise nucleation growth (S) of a pearlite colony (after Hull and Mehl[9]))

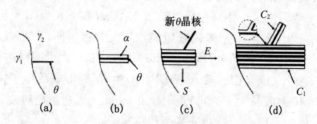

图 3 珠光体在晶界形核长大示意图
(a)~(c) Hull-Mehl 机制；(d) 中虚线圆内表示的是 Hillert 发现的分叉机制
(Nucleation-growth of pearlite at grain boundary)
(a)~(c) from Hull-Mehl mechanism and dotted circle in；(d) illustrating branch mechanism by Hillert)

Mehl学派[11]指出：奥氏体的晶粒大小影响珠光体的孕育期（因增大而延长）和形核率，而不影响珠光体片层的生长速率，强调了珠光体的晶界形核。

在钢中，珠光体也能在奥氏体晶内形核。近年来，为发展细晶铁素体增加钢的强度，在钢中引入夹杂物作为珠光体的有利形核位置，其主要条件为：夹杂物/新相间的界面能较母相/新相间的低，以及夹杂周围形成局域的较低溶质浓度；夹杂与母相间的应变能也可能减低新相形核的能垒。如由于 $Ti(C,N)$ 周围形成低碳层，$V(C,N)$ 形成低能界面，以及 $MnS(+TiN)$ 周围形成贫 Mn 层使铁素体有利形核[12]。因此，引入夹杂物不但在低中碳钢中奥氏体晶内有利铁素体形核为领先相，如中碳钢中加入 V[13]、CuS[14] 和 Ti_2O_3[15]，并且在过共析锰钢中加入 $(MnS+VC)$，由于局域 Mn 和 C 贫化，有利于铁素体领先形核[16]。晶内形核后两相合作生长与晶界形核的相似，但两者在晶体学方面迥异。可见，研究领先形核及合作生长，对界面能的测定和计算至关重要。

2.4 珠光体相变晶体学

共析分解晶体学研究以往多集中在钢中的珠光体相变（也有少量工作涉及 Cu 合金）上。本文仅简述珠光体晶界及晶体内形核晶体学。由于一些作者们对珠光体相变晶体学持不同观点，迄今难以给出统一的概念。

已知钢中 γ-α 间呈 K-S 关系，如 $(111)_\gamma // (110)$；γ 与 $Fe_3C(\theta)$ 间具 Pitsch 关系，如 $(112)//(001)_\theta$；α 和 $Fe_3C(\theta)$ 间呈 Bagaryatsky 关系，如 $(112)_\alpha//(001)_\theta$ 和 Isaichev 关系，如 $(112)_\alpha//(101)_\theta$。

Hillert 的工作[2]揭示：在奥氏体 γ_1/γ_2 晶界形核的珠光体如在 γ_2 晶粒内长大，则珠光体中的 α 和 $Fe_3C(\theta)$ 分别与 γ_1 呈稳定的取向关系，而与 γ_2 无特定的取向关系。珠光体与 γ_2 之间的非共格取向有利于母相内溶质在珠光体前端重新分配，以保证 α 和 Fe_3C 快速合作生长[2,17]，如图 4 所示。即：如 α 或 θ 与 γ_2 存在特定取向关系将阻碍溶质原子作快速重新分配，破坏 α 和 θ 的合作生长，导致 α 或 θ 形成魏氏组织。当 θ 和 α 形成层状组织时，α 和 θ 与 γ_2 之间须不存在特定的取向关系。

一些作者由实验测得或按理推得：珠光体在晶界形核时存在 Pitsch, Bagaryatsky[18-22]，Pitsch-Petch[20-23]，Isaichev[21] 和 K-S 关系[19,22]。可见，渗碳体和铁素体都可能成为珠光体相变的领先相。这可能是由于钢的不同成分及在晶界的不同偏聚情况（包括偏聚膜的破裂）所决定。在中、低碳钢中，引入夹杂物，使奥氏体晶内由铁素体为领先相时会形成针状和块状铁素体。在夹杂附近往往会形成多个针状铁素体，与母相呈特定的晶体学位向关系，和夹杂物间无取向关系；

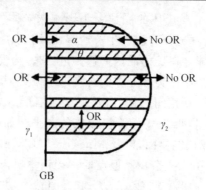

图 4 珠光体相变时同一领域内 α 和 θ 相之间的取向关系
(Orientation relationship between α and θ phases in a colony during pearlite reaction)

当包围夹杂物形成块状铁素体时,则与母相没有特定取向关系[12-15]。这决定于铁素体/夹杂物间的界面能和杂物周围溶质的贫化。在过共析 Fe-Mn-C 中,经引入(MnS+VC)夹杂物使在奥氏体晶内,由铁素体为领先相形核、生成珠光体时,多数珠光体领域内 $α/γ_1$ 呈近似 K-S 关系[16,24]。

2.5 共析分解产物长大的体扩散和界面控制机制

Zener[25],Hillert[2,26]等建议珠光体呈体扩散机制长大,即溶质原子的体扩散控制长大,而 Cahn[27],Aaronson 等[28]和 Sundquist[29-30]等认为共析体长大属界面扩散机制,即由于界面溶质偏聚呈浓度差,扩散只在界面进行,推动珠光体长大。

Zener 从珠光体相变的热力学出发,列出层状珠光体的片层厚度(以间距 S 表示)关系到界面能量。新增的界面能和碳的体扩散能由相变自由能 $\Delta G^{γ→α+θ}$ 供给,相变自由能决定于过冷度 ΔT,可简列为

$$\Delta G = \frac{\Delta H}{T_E}\Delta T \tag{1}$$

其中,T_E 为平衡共析温度(~1 000K),ΔH 为相变焓(~1 120 cal/mol),列出珠光体的片间距 S 决定于 ΔT:

$$\Delta T \times S = \text{const.} \tag{2}$$

他列出由体扩散呈现的珠光体长大速率 V 决定于溶质扩散系数和母相中浓度差等,可表示为

$$V \propto (\Delta T)^2 \exp\left\{-\frac{Q}{RT}\right\} \tag{3}$$

其中，Q 为速率控制机制的激活能，按(2)式、(3)式可简化为

$$VS^2 = \text{const.} \tag{4}$$

Marder 和 Bramfitt[31] 以 0.81wt%C 钢做连续冷却以及等温、等冷速的珠光体相变实验，显示了(3)式或(4)式的准确性。

设珠光体的片间距为 S，高度为 w，向长大方向推进距离为 $\mathrm{d}x$ 时，形成的珠光体体积应为 $S \times w \times \mathrm{d}x$，质量为 $\rho \times S \times w \times \mathrm{d}x$（$\rho$ 为密度）。设 $\alpha/\mathrm{Fe_3C}$ 间的界面能量为 σ，当珠光体形成时新增界面面积为 $2w \times \mathrm{d}x$，则新增界面能 $2\sigma \times w \times \mathrm{d}x$，如图 5 所示。本文作者[32] 假定 1/3 的相变驱动力用于所需的界面能，以 Kramer 等[33] 测得 $\alpha/\mathrm{Fe_3C}$ 间的界面能为 $700 \pm 300 \mathrm{erg/cm^2}$（$1.44 \times 10^{-7}$ cal/cm^2），并按[34] 对珠光体及[35] 对 Cu 合金，$\sigma = 0.3 \sim 1.24 \mathrm{J/m^2}$，得：

$$S \times \Delta T = 6 \times 10^{-4} \mathrm{cm^\circ C} \tag{5}$$

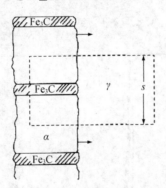

图 5 在奥氏体 γ 中形成铁素体 α 与渗碳体 θ 示意图

(Schematic illustration of formation of ferrite α and cementite θ in austenite γ)

Zener[25] 假定珠光体形成时，其 1/2 的相变驱动力将用于界面能，并以界面推动速率为零（停止推移）时珠光体内相间距标为 S_c。Hillert[2,26,36] 推出珠光体以体扩散长大的动力学方程，称为 Zener-Hillert 关系，其简式为

$$S = 2S_c = \frac{4\sigma T_E}{\Delta H_V \Delta T} \tag{6}$$

其中，ΔH_V 指单位体积的焓变。Puls 和 Kirkaldy[37] 以最大相变速率、最大熵效应导得：

$$S = 3S_c = \frac{6\sigma T_E}{\Delta H_V \Delta T} \tag{7}$$

(7)式称为 P-K 关系式。以 $\Delta H_V = 145 \mathrm{cal/cm^3}$、$T_E = 1\,000\mathrm{K}$、$\sigma = 700 \times 300 \mathrm{erg/cm^2}$（由[33] 的数据）代入(6)式、(7)式，分别得到：

$$S_{Z-H} \Delta T = 4.61 \times 10^4 \mathrm{\mathring{A}K} \tag{8}$$

$$S_{P-K}\Delta T = 6.92 \times 10^4 \text{ÅK} \tag{9}$$

Puls 和 Kirkaldy[37]将(8)～(10)式与 Marder 和 Bramfitt[31]对 0.81wt%C 钢的实验值作比较,见图 6[37]。其中,S_{DATA}^{All}系根据其他作者所得的一些实验值取平均值得:

$$S_{DATA}^{All} = 8.02 \times 10^4 \text{ÅK} \tag{10}$$

由图 6 可见,(8)～(10)式都与实验值相近。我们求得的与(5)式与(9)式接近,似乎体扩散机制符合实际情况。

根据沉淀相析出动力学,Cahn[27]等假定珠光体相变时界面前端溶质偏聚(界面浓度异于平衡浓度),引起界面内溶质扩散,推动界面运动。其扩散系数、推移速率及片间距决定于偏聚程度,由此建立稳态扩散的动力学方程。Sundquist[30]设想珠光体由弯曲的界面扩散,并列出珠光体长大速率为

$$V \propto (\Delta T)^3 \exp\left(-\frac{Q}{RT}\right) \tag{11}$$

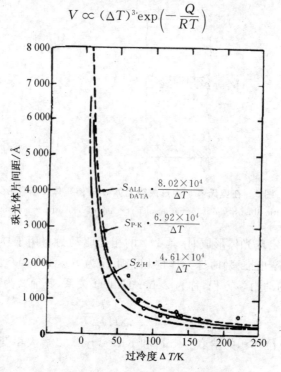

图 6 珠光体片间距与过冷度之间的关系
(○为 0.81C 钢实验数据[33])
(Plot of undercooling vs interlamellar spacing
(○:Data from[33]))

将(11)式经简化为

$$VS^3 = \text{const.} \tag{12}$$

体扩散机制(3)式中的 Q 值与界面扩散(11)式中的 Q 值不同。Frye 等[38]以绝对速率理论、Whiting 以纯 Fe-C 实验证明珠光体长大时,(11)式中的值符合实际 ΔT 的数值(188kJ/mol)。定向和控制冷速下进行的珠光体长大实验[40-43],揭示了长大速率由 $(\Delta T)^{2\sim 2.7}$ 决定,显示珠光体长大由两种机制共同控制。但 Hillert[26]强调:由于界面扩散动力学方程求得的长大速率低于体扩散动力学方程求得的结果,而实验结果略高于体扩散动力学方程的计算值,故认为体扩散占居动力学的主导地位。按本文作者粗见:上述体扩散和界面扩散的两种机制都可能在共析分解中实行,但长大机制尚需得到实验的确证。

2.6 台阶机制

Aaronson[44]承袭蒸汽凝聚和液相凝固时以单原子高度的台阶(或螺位错形成的台阶)作为新相长大机制,应用于固态相变,并观察到 Fe-C 合金中,奥氏体析出先共析铁素体的宽面上存在台阶,提出固态相变的台阶(ledge)长大机制。由于新相/母相间的界面往往为共格(coherent)或半共格(semi-coherent)界面,其中含有错配位错(抵消两相间原子错配)以及不全位错等不动位错,不能在垂直宽面方向上作滑移或攀移,只能利用台阶边的扩散长大,使相界面在垂直方向推移。图 7 为台阶机制的简单示意图,其中小箭头表示台阶边(非共格界面)的伸长,大箭头表示宽面方向的增厚,这种增厚是台阶边总伸长的结果。以后在 Al-Ag(fcc 中析出 hcp 相)、Cu-Al 中沉淀相析出,以及贝氏体相变中台阶机制都得到证实。关于台阶机制较详细的引述请参见文献[45]。

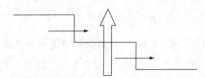

图 7 台阶机制长大示意图
(Schematic illustration of ledge mechanism)

材料固态相变中,新相/母相间的相界面一般为共格或半共格界面,如上述。但 Mehl 等[1,9]早期工作都认为珠光体/奥氏体间界面,如图 1 和图 2 所示,为非共格界面。共析相变中新相是否由台阶长大,使相间宽面扩展也需由现代电镜技术才能给以论证。20 世纪 70 年代 Bramfitt 和 Marder[46]以透射电镜观察到珠光体中存在位错和台阶。主要在 80 年代,Shiflet 等对 Fe-C[47]、Fe-Mn-

C[48-49]、Cu-Be[50]以及 90 年代他们和 Whitting 等[51-52]精细的电镜工作显示共析分解中,共析体/奥氏体间宽界面系半共格界面,存在错配位错和长大台阶,认为新相长大属台阶机制[53-56]。

例如 Fe-0.8C-12Mn[49],这种合金属过共析合金,等温处理时,先沿奥氏体晶界析出渗碳体,然后形成 12%珠光体,其余为奥氏体,经淬火后不会产生马氏体,可供金相分析。作者们发现,每个珠光体领域中,铁素体与渗碳体间的位向关系呈 Bagaryatsky 关系,铁素体与奥氏体间的位向关系如表 1 中所示。他们将珠光体相变中不同相间面以图 8 简单表示,其中 FA1,CA1 和 FC1 分别表示铁素体-奥氏体界面、渗碳体-奥氏体界面以及铁素体-渗碳体界面。

表 1 铁素体-奥氏体长大界面的位向关系
Table 1 Ferrite-austenite growth interface orientation relationships

铁素体	(121)	[012]	(110)	[111]	(512)	[112]
奥氏体	(111)	[235]	(221)	[122]	(011)	[011]

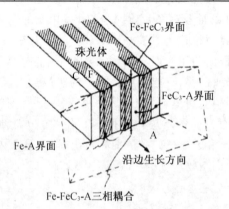

图 8 Fe-12Mn-0.8C 珠光体中不同相界面
(Schematic illustrating the various interphase interfaces in Fe-12Mn-0.8C pearlite)

他们并在铁素体-奥氏体和渗碳体-奥氏体的长大界面上发现存在有规则的小面。可想而知珠光体长大面为半共格,并应存在长大台阶、错配位错或(以及)结构台阶,珠光体-奥氏体的长大界面依靠台阶而移动。在电镜下经转动 FA1 平行入射方向,可见高度为 9~6nm 的长大台阶。也观察到界面位错,CA1 上具 3~4nm 高的长大台阶。他们利用温台电镜进行原位观察,清楚地对不动的结构台阶和加温时能移动 130nm 的生长台阶加以区别。他们还观察到渗碳体继铁素体生长后,在奥氏体内的形核,并且两者同步形成新的领域。他们还证实 FA1 和 CA1 由连续长大台阶成对同步生长。

2.7 共析分解研究新进展

20 世纪末,欧洲兴起应用同步辐射 X 射线三维仪进行相变研究。Offerman 等[57]人以这种设备测得 0.21C-0.51Mn-0.20Si 钢中奥氏体→铁素体在晶界形核时,相界面能比经典理论预测的小二个数量级以上,即相变驱动力小于经典理论值就能形核。Aaronson 等[58]对此文曾提出一些质疑,如:是否忽略了扩散场的重叠,但 Offerman 等答称这些质疑并不影响所得到的结果[59]。杨志刚和 Enomoto[60]计算证明:如大部分晶核在晶界隅角形成,其相界能符合上述结果。Dijk 和 Offerman[61]于 2007 年又发表了兼具理论分析和实验结果的论文,阐明 C35 钢(0.364C-0.656Mn-0.305Si-0.226Cu-0.177Cr-0.092Ni-0.016Mo-0.017Sn-0.021S-0.014P)在 $\gamma \to \alpha$ 等温相变时随过冷度的增加,其自由能垒 $\gamma(n)$ 和临界核胚大小 n^* 急剧下降,当达到一定过冷度(30°)时,呈现能垒为零的晶界形核,如图 9 所示。上述这些表明:晶界(尤其是三个晶粒隅角)有利形核(晶界上溶质偏聚,形核时出现的界面能低,而晶界形核后消除的能量大时,就会出现这些情况)。因此,对形核所需的克服能垒的计算须考虑合金的成分、晶界结构和偏聚以及温度等因素。

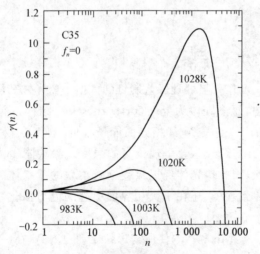

图 9 C35 钢自奥氏体等温形成铁素体时在一些温度下相对自由能 $\gamma(n) = \Delta G(n)/kT$ 与核胚大小 n 的关系

(Relative Gibbs free energy $\gamma(n) = \Delta G(n)/kT$ for a cluster of the isothermal formation of ferrite phase from austenite in C35 steel as a function of the cluster size n at several temperatures)

2.8 珠光体形态学

Zener[25]于1946年提出片层状珠光体的片间距 S 受控于过冷度 ΔT，即(2)式，指明决定珠光体形态的要素，可称为缔造珠光体形态学的先驱者。综合以后工作，(5)、(8)、(9)和(10)式可将 S 与 ΔT 的乘积表示为：$(4\sim8)\times10^4$ÅK(由于 α/θ 相间界面能误差较大，其中 $4\sim8$ 之差似可视为接近)。

20世纪40年代已揭示共析钢经等温相变后的强度和硬度决定于珠光体的形态——片间距[62]，50年代又发现细化片层间距可增高冲击转变温度[63]。Marder和Bramfit[64]于1976年发表0.81C钢中珠光体的形态(片间距 S)决定其屈服应力 σ_{ys} 和断裂应力 σ_{fs}：

$$\sigma_{ys}(\text{MPa}) = 139 + 46.4 S^{-1} \tag{13}$$

$$\sigma_{fs}(\text{MPa}) = 436.4 + 98.1 S^{-1} \tag{14}$$

其中，S 指最小值，单位为 μm。他们并指出：奥氏体晶粒大小决定珠光体的领域大小，但与片间距无关。结合(10)、(13)和(14)式，本文作者[65]得到过冷度 ΔT 与共析钢强度之间的关系式：

$$\sigma_{ys}(\text{MPa}) = \frac{\Delta T}{8.02} \times 46.4 + 139 = 5.77 \Delta T + 139 \tag{15}$$

$$\sigma_{fs}(\text{MPa}) = \frac{\Delta T}{8.02} \times 98.1 + 436.4 = 12.23 \Delta T + 436.4 \tag{16}$$

(15)和(16)式可作为热处理工艺制订的依据。珠光体一般呈层片状。铁素体具体心立方结构，而渗碳体为复杂(orthorhombic)结构，两者差别较大，但两者互成Bagaryatsky位向关系，其相界面能量较低，甚至在较大过冷度下，能呈间距为几十纳米的薄片形态，会呈现较高的强度。渗碳体(及其他碳化物)的平衡组织形态为球状，因此珠光体经退火变为较柔软的球状体。细片状珠光体的强化机制除渗碳体致强外，还在于其相界面引起的应力强化。因此界面能的准确测定及其计算十分重要。

在钢中，加入Ni、Mn和Mo使所需形核驱动力增高，在一定过冷度下，使所供的 ΔG 降低，将使珠光体片间距加厚；加入Co则减小其厚度。钢中含有稀土元素时将使 α/θ 界面能由 $0.7 J/m^2$ 减小至 $0.53 J/m^2$，使片间距减小，但也减低相变速率[66-68]。层状珠光体有时会呈弯曲状，将影响 S、V 和 ΔT 之间的关系。

在大的应力作用下(抽丝)，珠光体形态将显著改变，甚至呈半熔化状态，强度将升高至超过5GPa，兼具良好的塑性和耐磨性[5]。

2.9 结论

共析分解以 Fe-C 珠光体相变为典型,经半世纪以上的研究,确认在 $\gamma \rightarrow \alpha+\beta$ 分解时,α,β 两相系合作形核、长大。其领先相可以是 θ(如渗碳体),也可以是 α (如铁素体);可以由晶界形核,也可能在晶内形核,视合金成分、晶界上溶质偏聚、晶内夹杂物、析出相所需的能垒等因素决定。理论上,共析体(含 $\alpha+\beta$)的长大应以台阶机制进行,珠光体相变中铁素体/奥氏体、渗碳体/奥氏体以及铁素体/渗碳体间应具位向关系。珠光体常呈层片状,其层间距由相变驱动力或过冷度来决定,细化片间距可提高共析体的强度。这些均须由先进实验方法给予证实。

参考文献

[1] Mehl R F, Hagel W C. The austenite: pearlite reaction[J]. Progress in Metal Physics, 1956,6: 74.
[2] Hillert M. The formation of pearlite[M]. In Decomposition of austenite by diffusional processes, Inerscience, New York, NY, 1962: 197.
[3] Howell P R. The pearlite reaction in steels: Mechanisms and Crystallography, Part 1, from H. C. Sorby to R. F. Mehl[J]. Mater. Charact, 1998, 40: 227.
[4] 郭可信. 金相学史话(1)[J]. 材料科学与工程. 2000, 18(4): 2.
[5] 郭正洪. 珠光体相变机制的研究进展[J]. 材料热处理学报, 2003, 24(3): 1.
[6] 徐祖耀. 材料的相变研究及其应用[J]. 上海交通大学学报, 2001, 35: 323.
[7] 徐祖耀. 材料的相变研究及其应用(增扩版)[J]. 2001 年全国相变与凝固学术会议特邀报告,论文及摘要集,中国金属学会材料科学分会, 2001: 18-28. 热处理, 2002, 17(1): 1.
[8] 徐祖耀. 材料热处理的进展和瞻望[J]. 材料热处理学报, 2003, 24(1): 1.
[9] Hull F C, Mehl R F. The structure of pearlite[J]. Trans. ASM, 1942, 30: 381.
[10] Honeycombe R W K. Transformation of austenite in alloy steels[J]. Metall. Trans, 1976, 7A: 915.
[11] Hull F C, Colton R A, Mehl R F. Rate of nucleation and rate of growth of pearlite[J]. Trans. AIME, 1942, 50: 185.
[12] Enomoto E. Nucleation of phase transformations at intragranular inclusions in steel[J]. Metals and Materials, 1998, 4: 115.
[13] Ishikawa F, Takahashi T, Ochi T. Intragranlar ferrite nucleation in medium-carbon vanadium steels[J]. Metall. Trans, 1994, 25A: 929.
[14] Madariaga I, Romero J, Gutierrez L I. Upper acicular ferrite formation in a medium-carbon microalloyed steel by isothermal transformation nucleation enhancement by CuS[J].

Metall. Trans, 1998,29A: 1003.

[15] Shim J H,Cho Y W,Chung S H,et al. Nucleation of intragranular ferrite at Ti_2O_3 particle in low carbon steel [J]. Acta Mater, 1991,47: 2751.

[16] Guo Z, Kimura N, Tagashira S, et al. Kinetics and crystallography of intragranular pearlite transformation nucleated at (MnS+VC) compler precipitates in hypereutectoid Fe-Mn-C alloys [J]. ISIJ Inter, 2002,42: 1033.

[17] Smith C S. Microstructure [J]. Trans. ASM. ,1953,45: 74.

[18] Sleeswyk A W. The crystallography of austenite-cementite transition [J]. Phil. Mag, 1966,13: 1223.

[19] Shackleton D N,Kelly P M. The crystallography of cementite precipitation in the bainite transformation [J]. Acta Metall, 1967,15: 979.

[20] Dippenaar R F,Honeycombe R W K. The crystallography and nucleation of pearlite [J]. proc. Roy. Soc. London,1973,333A: 455.

[21] Zhou D S,Shiflet G J. Ferrite: cementite crystallography in pearlite [J]. Metall. Trans, 1992,23A: 1259.

[22] Ohmori Y, Davenport A T. , Honeycombe R W K, Crystallography of pearlite [J]. Trans. ISIJ, 1972,12: 129.

[23] Mangan M A, Shiflet G J. The Pitsch-Petch orientation relationship in ferrous pearlite at small undercooling [J]. Metall. Trans, 1999,30A: 2767.

[24] Guo Z,Furuhara T,Maki T. The influence of (MnS + VC) complex precipitate on the crystallography of intergranular pearlite transformation in Fe-Mn-C hypereutectoid alloys [J]. Scripta Mater, 2001,45: 525.

[25] Zener C. Kinetic of the decomposition of austenite [J]. Trans. AIME, 1946,167: 550.

[26] Hillert M. Diffusion and interface control of reactions in alloys [J], Metall. Trans, 1975,6A: 5.

[27] Cahn J W. The kinetics of cellular segregation reactions [J]. Acta Metall, 1959,7: 20.

[28] Liu Y C,Aaronson H I. Kinetics of the cellular reaction in oriented bicrystals of Pb-7at% Sn [J]. Acta Metall, 1968,16: 1343.

[29] Sundquist B E. Cellular precipitation [J]. Metall. Trans, 1973,4: 1919.

[30] Sundquist B E. The edgewise growth of pearlite [J]. Acta metall, 1968,16: 1413-1427.

[31] Marder A R,Bramfitt B L. Effect of continuous cooling on the morphology and kinetics of pearlite [J]. Metall. Trans, 1975,6A: 2009.

[32] 徐祖耀. 金属材料热力学(第一版)[M]. 北京:科学出版社,1981: 280.

[33] Kramer J J,Pounol G M,Mehl R F. The free energy of formation and the interfacial enthalpy in pearlite [J]. Acta Metall, 1950,6: 763.

[34] Cheetham D,Ridley N. Isovelocity and isothermal pearlite growth in an eutectoid steel [J] JISI, 1973,211: 648.

[35] Kirchner H O K, Mellor B G, Chadwick G A. Calorimentric determination of the interfacial enthalpy of Cu-In and Cu-Al lamellar eutectoids [J]. Acta Metall, 1978, 26: 1023.

[36] Hillert M. The role of interface in phase transformations. The mechanism of phase transformation in crystalline solids [M]. Inst. of Metals, London, 1969: 231.

[37] Puls M P, Kirkaldy J S. The pearlite reaction [J]. Metall. Trans, 1972, 3: 2777.

[38] Frye J H, Standbury E E, McElroy D L. Absolute rate theory applied to rate of growth of pearlite [J]. Trans. AIME, 1953, 197: 219.

[39] Whiting M J. A reappraisal of kinetic data for the growth of pearlite in high purity Fe-C eutectoid alloys [J]. Scripta Mater, 2000, 43: 969.

[40] Bolling G F, Richman R H. Forced velocity pearlite [J]. Metal. Trans, 1970, 1: 2095.

[41] Chectham D, Ridley N. Isovelocity and isothermal pearlite growth in a eutectoid steel [J]. JISI, 1973, 211: 648.

[42] Pearsom D D, Verhoeven J D. Forced velocity pearlite in high purity Fe-C alloys, Part I: experimental [J]. Metall. Trans, 1984, 15A: 1037.

[43] Pearson D D, Verhoeven J D. Forced velocity pearlite in high purity Fe-C alloys, Part II: theoretical [J]. Metall. Trans, 1984, 15A: 1047.

[44] Aaronson H I. Decomposition of austenite by diffusional processes [M]. Interscience, New York, NY, 1962: 387.

[45] 徐祖耀. 相变原理 [M]. 北京: 科学出版社, 2000: 356.

[46] Bramfitt B L, Marder A R. A transmission-electron-microscopy study of the substructure of high-purity pearlite [J]. Metallography, 1973, 6: 483.

[47] Hackney S A, Shiflet G J. Interfacial structure at the pearlite: austenite growth interface in an Fe-0.8 C-12Mn steel [J]. Scripta Metall, 1985: 757.

[48] Hackney S A, Shiflet G J. Anisotropic interfacial energy at pearlite lamellar boundaries in a high purity Fe-0.8%C alloy [J]. Scripta Metall, 1986, 20: 389.

[49] Hackney S A, Shiflet G J. The pearlite-austenite growth interface in an Fe-0.8C-12Mn Alloy [J]. Acta Metall, 1987, 35: 1007.

[50] Beatty J H, Hackney S A, Shiflet G J. Interlamellar atomic plane in Cu-6%Be pearlite [J]. Phil. Mag, 1988, 57: 457.

[51] Zhou D S, Shiflet G J. Interfacial steps and growth mechanism in ferrous pearlites [J]. Metall. Trans, 1991, 22A: 1349.

[52] Hackney S A, Shiflet G J. Pearlite growth mechanism [J]. Acta Metall, 1987, 35: 1019.

[53] Whiting M J, Tsakiropoulos P. On the ledge mechanism of pearlite growth: the Cu-Al lamellar eutectoid [J]. Scripta Metall. Mater, 1993, 29: 401.

[54] Lee H J, Spanos G, Shiflet G J, et al. Mechanisms on the bainite (non-lamellar eutectoid) reactions and a fundamental distinction between the bainite and pearlite (lamellar eutectoid) reactions [J]. Acta Metall, 1988, 36: 1129.

[55] Whiting M J,Tsakiropoulos P. The ledge mechanism of pearlite growth,some thoughts on the solution to the kinetic problem [J]. Scripta Metall. Mater,1994,30:1031.

[56] Whiting M J,Tsakiropoulos P. Ledge mechanism of pearlite growth: growth velocity of ferrous pearlite [J]. Mater. Sci. Technol,1995,11:977.

[57] Offerman S E,Van Dijk N H,Sietsma J,et al. Grain nucleation and growth during phase transformations [J]. Science,2002,298:1003.

[58] Aaronson H I,Lange III W F,Purdy G R. Discussion to"Grain nucleation and growth during phase transformations by S. E. Offerman et. al" [J]. Scripta Mater,2004,51:931.

[59] Offerman S E,Van Dijk N H,Sietsma J,et al. Reply to the discussion by Aaronson et. al. to"Grain nucleation and growth during phase transformations by S. E. Offerman et. al." [J]. Scripta Mater,2004,51:937.

[60] Yang Zhi-Gang,Enomoto M. Discussion on the nucleation rate of ferrite during continuous cooling in a low carbon steel measured by 3D XRD[M]. Solid-Solid phase Transformations in Inorganic Materials,Vol. 1. Diffusional Transformation,Ed. By James M. Howe et al. TMS,2005,47.

[61] Van Dijk N H,Offerman S E,Sietsma J,et al. Barrier-free heterogeneous grain nucleation in poly crystalline materials: The austenite to ferrite phase transformation in steel [J]. Acta Mater,2007,55:4489.

[62] Gensamer M,Pearsall E B,Smigh G V. The mechanical properties of the Isothermal decomposition product of austenite [J]. Trans. ASM,1940,28:380.

[63] Gensamer M,Pearsall E B,Pellini W S,et al. The tensile properties of pearlite spacing on transition temperature of steel at four carbon levels [J]. Trans. ASM,1954,46:1527.

[64] Marder A R,Bramfit B L. The effect of morphology on the strength of Pearlite [J]. Metall. Trans,1976,7A:365.

[65] 徐祖耀. 相变研究的进展与发展——《材料形态学》雏议 [J],热处理,2009,24(2):1.

[66] Liu H,Zheng D H,Hsu T Y(Xu Zuyao). Effect of rare earth elements on isothermal transformation and microstructures in 20Mn steel [J]. J. of Rare Earths,1992,10(3):189.

[67] 吕伟,张雷,徐祖耀. 稀土对0.27C-1Cr钢先共析铁素体及珠光体相变的影响 [J]. 钢铁,1993,28(9):62.

[68] Hsu T Y(Xu Zuyao). Effect of rare earth elements on isothermal and martensitic transformations in low carbon steels [J]. ISIJ. Inter,1998,38:1153.

导言译文

Eutectoid Decomposition

An elementary review on studies of eutectoid decomposition is given, taking the pearlite reaction in steel as typical example. Cooperative nucleation and growth of ferrite and cementite take place in pearlite reaction. At the beginning of pearlite reaction, the first phase for nucleation, ferrite or cementite, and the cite of first nucleation, grain boundary or interior of austenite grain are determined by chemical composition of alloy, segregation at grain boundaries, inclusion in grain, the diffusional coefficient of the component, and the energy barrier for nucleation. The relationship of undercooling, ΔT and space distance between pearlite layers, S suggested by Zener as $\Delta T \times S = $ const., derived from both growth mechanisms, i. e. volume diffusion and boundary diffusion may agree with some certain experimental results. Since the pearlite/austenite interface may contain some immovable dislocations and other defects, theoretically, the ledge mechanism should be a reasonable mechanism for pearlite growth. Growth ledges and certain orientation relationships between ferrite/austenite, ferrite/cementite and cemensite/austenite respectively have been shown by some advanced experimental works. The morphology, i. e. the space distance of lamellar pearlite is controlled by degree of undercooling and determines the strength of pearlite.

第 3 章　马氏体相变研究的进展*

概述对马氏体相变基本特征认识的进程,以及与马氏体相变密切相关的形状记忆材料的发展。对马氏体相变热力学、动力学、晶体学、形核-长大、非线性物理模型以及形状记忆效应、伪弹性和伪滞弹性研究进展作了总结。对马氏体相变的继续研究和应用作了展望。全文分两期发表。

3.1　概述

1895 年,法国学者 Osmond 为纪念德国金相学先驱者 Adolph Martens,将钢经淬火后的组织命名为马氏体**(martensite)。此后将母相(钢中奥氏体)→马氏体的相变统称为马氏体相变。1924 年,美国学者 Edgar Bain 在"马氏体的本质"论文中提出浮突概念及 fcc-bcc 之间的晶体学对应关系,1926 年,Fink 和 Campbell 由 X 线衍射首次揭示钢中马氏体的体心正方(四角)结构(此前猜测为 α-Fe 和 Fe_3C 的混合物);开创了马氏体相变研究的先河。由于工业生产中广泛应用钢的淬火,钢中马氏体相变研究获得重视,近代对有色合金和陶瓷中的马氏体相变研究,也多借鉴对钢研究的成果。

为在钢中获得马氏体,一般必须快速自奥氏体冷却至 M_s 温度,以避免发生扩散型相变——珠光体相变和贝氏体相变,因此在 20 世纪前叶,人们认为马氏体相变须以快速冷却才得以进行,其实对其他材料未必如此。例如,Fe-Ni 奥氏体中进行扩散型相变很为缓慢,在一般空冷条件下,就能避免扩散型相变,顺利进行马氏体相变:$fcc(\gamma) \to bcc(\alpha')$。

20 世纪 30～40 年代发现高碳钢(或含高 Ni 的 Fe-Ni 合金)中形成马氏体的速率极大,Li-Mg 在 $-200\ ℃$ 时进行马氏体相变时发出嘶叫声;1953 年 Bunshah 和 Mehl 由电阻测量,并以示波器显示:一片马氏体在 $(0.5\sim3)\times10^{-7}$ s 形成,相当于形成速率为 $1\,100\,m\cdot s^{-1}$。因此一般认为马氏体相变为无扩散相变,且形

---

* 原发表于《上海金属》,2003,25(3):1
** 20 世纪 50 年代经我国自然科学名词审定委员会审定的名词,此前曾沿用音译名词;台湾地区目前仍通行旧的音译名词。

成速率很大。1949 年 Greninger 和 Troiano 对马氏体相变的总结性文章(Trans. AIME.,185(1949),590)中,联系 Bain 观察到的表面浮突,以及上述现象,提出马氏体相变系无扩散、切变相变,毋需形核和长大过程。其实,1948 年 Kurdjumov 的著名文章(J. Techn. Phys.,18(1948),999,曾获斯大林奖)中,已叙明马氏体相变应该也是形核-长大的过程,但不发生组元扩散的切变相变。他与 Maksimova 发现 0.6C-6Mn 钢中存在等温马氏体相变就属明证,次年与 Khandros 发现在 Cu-Al-Ni 合金中,马氏体受冷热时的热弹性胀缩,不但提供了形核-长大的确证,又揭示了马氏体相变会有热弹性能,这些是 Kurdjumov 及其学派的伟大功绩。

20 世纪 70 年代形状记忆合金被开发以后,测得 Au-Cu-Zn 马氏体长大速率仅为 $0.32 \mathrm{cm} \cdot \mathrm{s}^{-1}$(F. Falk,Phys. Rev. B. 36(1987),3031),Cu-Al-Ni 的仅为 $10^{-3} \sim 10^{-6} \mathrm{m} \cdot \mathrm{s}^{-1}$(M. Grujicic, et al., inMartensite, ASM Inter.,1992,Chap. 10,175~196)。在 fcc(γ)→hcp(ε)马氏体相变合金中,Co 合金马氏体长大速率仅为 0.4C(C 为声速)。

透射电镜的应用,不但提供了显微组织形态信息,还由于其电子衍射结果为马氏体相变晶体学的发展提供了有力的工具。1960 年,kelly 和 Nutting 的文章(Proc. Roy. Soc. A259(1960),45)将钢的马氏体形态区分为高碳型的透镜状(片状或针状)以及低碳型的条状,烩炙人口,为发展低碳马氏体(条状马氏体)型钢指明了道路,也为马氏体形态学奠定了基础。

Morris Cohen 及其合作者 1950 年倡议马氏体相变热力学研究,20 世纪 40 年代开始延续至 80 年代,在动力学、形核机制和应力对相变的影响等方面做出大量贡献。他们早年对奥氏体的稳定化的催化作用,近年(1993)对均匀形核的实验论证都对马氏体相变的研究建立了非凡的功绩。

20 世纪 50 年代初期,人们已揭示马氏体相变时两相间存在位向关系,马氏体在母相一定面(惯习面)上形成,以及相变产生形状应变。以 Bain 在 1924 年提出的对应关系(原子迁动最小)为基础,1953、1954 年分别独立提出 W-L-R 和 B-M 晶体学表象理论。Wayman 在 1964 年出版的《马氏体相变晶体学导论》一书对该经典理论进行了很好阐释,并给予理论的应用示例。他做的大量的有关晶体学工作得到日本 Shimizu 和 Otsuka 等人在形状记忆合金研究中以及澳大利亚 Muddle 等人在含 ZrO_2 陶瓷研究中的积极响应,马氏体相变晶体学研究在近 30 年来取得不少进展。原始表象理论对钢的低碳条状马氏体和(225)马氏体并不完全适用。我国谷南驹等另辟途径,倡议新说,尚待国际认可。

在 1979 年国际马氏体相变会议(ICOMAT)上,Thomas 等以高分辨电子显微镜的研究结果,指出马氏体相变时碳原子可能扩散,并在 1981 年国际固态相变会议上再度以场离子电镜和原子探针实验给予证实。我们于1983年以理论计算确认低碳钢在马氏体相变时,由于M_s温度较高、间隙原子碳的扩散率较大,可能存在碳的扩散(Sci. Metall.,17(1983),1285),并在0.112C-Ni-Cr钢中出现孪晶马氏体,认为是碳由马氏体扩散至奥氏体、致其富碳的结果(《金属学报》,19(1983)A83)。因此,马氏体相变不是"完全"无扩散过程,间隙原子(离子)可能扩散,这种扩散过程并不是马氏体相变的主要或必需的过程。由此,我们重新定义了马氏体相变:替换原子经无扩散位移(均匀和不均匀形变),由此产生形状改变和表面浮突,呈不变平面特征的一级、形核-长大型的相变。或简单地称马氏体相变为:替换原子无扩散切变(原子沿相界面作协作运动),使其形状改变的相变(见《马氏体相变与马氏体》第二版,1999,40~46页;《金属热处理学报》,17(1996),增刊,26;J. dePhys.,Ⅳ.,Suppl.,5(1995),c8~351)。并对Magee的变温动力学方程给予改进,就此可以解释0.27C-1Cr钢加入稀土元素后,M_s由390℃降至365℃,但残余奥氏体量却显著减少的原因,并为低碳马氏体钢的成分设计提供理论依据(钢铁,30(1995),(4)52;ISIJ. Inter.,38(1998),1153)。

与马氏体相变和其逆相变紧密相关的形状记忆材料在20世纪70年代问世,在马氏体相变研究中异军突起,可谓精彩夺目。按发展现状,可将形状记忆材料分为三类:①由热变马氏体经形变、马氏体再取向、形成几乎单变体马氏体通过逆相变回复形状;②由形变诱发马氏体成为近单变体马氏体,通过逆相变回复形状;③磁控形状记忆材料,在磁场作用下使马氏体内的孪晶再取向发生形状改变。一般具有热弹性马氏体相变的材料,如Ni-Ti、Ni-Ti-X、Cu-Al-Ni、Cu-Zn-Al等属第一类材料,会呈显完全的形状记忆效应。Fe-Mn-Si基合金及含ZrO_2陶瓷属第二类的形状记忆材料。Co-Ni、Ni_2MnGa等磁性材料属第三类。Ni-Ti基合金已应用于宇航天线、医疗器材、仪表及生活用品,铜基形状记忆材料价格较廉,加工较容易,性能上虽有不足(如记忆性能衰退),也已有补救良方;Fe-Mn-Si基合金价格更廉,加工更容易,经适当合金化,如Fe-Mn-Si-Cr-N,利用其单程记忆效应能成为管接头合格材料;含ZrO_2陶瓷具有很高强度,能在较高温度工作,均具有开发优势,本文作者已在2001年国际形状记忆材料会议的特邀报告中加以申述(见Mater. Forum. 394~395(2002),369~374)。

关于马氏体相变较详细内容,请参阅文献[1]有关研究,形状记忆材料参见文献[2][3]。

3.2 马氏体相变热力学

20 世纪 40 年代，Morris Cohen 等企图以热力学计算 Fe-C 的 M_s 温度，主要由于对马氏体相变阻力项（非化学自由能项）未能较确切估算，结果未获成功。在总结前人工作的基础上，徐祖耀于 1979～1989 年发表了一系列关于 Fe-C、Fe-X 和 Fe-X-C 中 fcc(γ)→bcc 或 bct(α') 马氏体相变热力学的工作结果，计算所得 M_s 与实验值很好符合（详见文献[1]内的第六章）。按下式：

$$\Delta G^{\gamma \to M} = \Delta G^{\gamma \to \alpha} + \Delta G^{\alpha \to M} \text{（非化学自由能）} \tag{1}$$

以 $\Delta G^{\gamma \to M}=0$ 时的温度定义为 M_s，$\Delta G^{\gamma \alpha}=0$ 时的温度定义为 T_0，并得到：

$$\Delta G^{\alpha \to M} = 2.1\sigma + 900 (\text{J} \cdot \text{mol}^{-1}) \tag{2}$$

σ 为奥氏体在 M_s 时屈服强度（MPa）。$\Delta G^{\alpha \to M}$ 主要包括应变能、界面能以及马氏体内的储存能。$\Delta G^{\gamma \alpha}$ 由不同热力学模型求得，包括 KRC、LFG、Fisher 及其改进模型 Fisher-Badeshia、Fisher-徐等及中心原子模型。

铜合金马氏体相变时母相有序化，因此在其热力学中，包括有序相变热力学（$\Delta G^{\beta \to \beta}$ 和 $\Delta G^{\alpha \to \alpha'}$）。设铜合金马氏体相变中非化学自由能（阻力项）为 $\Delta G^{\alpha' \to M}$，它包括切变能及马氏体的储存能（层错能），则相变时自由能变化为

$$\Delta G^{\beta \to M} = \Delta G^{\beta \to \beta} + \Delta G^{\beta \to \alpha} + \Delta G^{\alpha \to \alpha'} + \Delta G^{\alpha' \to M} \tag{3}$$

无序 β 和 α 可视作规则溶液，$\Delta G^{\beta \to \alpha}$ 可由 $\Delta G^{\beta \to \alpha}_{Cu}$、$\Delta G^{\beta \to \alpha}_{1}$ 及交互作用系数 E^α 和 E^β 求得，由 $\Delta G^{\beta \to M}=0$ 的温度定义为 M_s，$\Delta G^{\beta \to \beta} + \Delta G^{\beta \to \alpha} + \Delta G^{\alpha \to \alpha'}=0$ 的温度定义为 T_0。求得 Cu-Zn, Cu-Al 和 Cu-Zn-Al 合金的 T_0 和 M_s，包括 Cu-Zn-Al 中不同相有序态（BZ、DO$_3$ 及 L$_2$）的 M_s，和实例很好符合。

P. Haaseln 主编的《材料的相变》[4] 中第六章无扩散相变（由 L. Delaey 教授撰写）内有关马氏体相变热力学的文献，就引自本文作者上述 Fe-C、Fe-X 和 Fe-X-C[5] 和 Cu-Zn 合金的工作[6]。尚有相关工作，如 Cu-Al、Cu-Zn-Al 马氏体相变热力学见 Acta Matell. Mater., 39(1991):1041,1045；以及文献[1]第六章所列文献。

fcc(β 或 γ)→hcp(ε) 马氏体相变热力学，利用 Co、Co-Ni、Co-Cu 等，得到 fcc(β) 和 hcp(ε) 两相化学自由能差在 M_s 时为

$$\Delta G_c^{\beta \to \varepsilon} = E_{sf} \cdot A + B \tag{4}$$

其中，E_{sf} 为母相层错能，A 为常数，与晶界能有关，B 近似等于相变应变能（见徐祖耀，金属学报，16(1980):430）。

设 $\Delta G_c^{\gamma \varepsilon}$ 为 fcc(β 或 γ) 和 hcp(ε) 两相化学自由能差，ΔU_{str} 为单位体积共格应变能，a 为 hcp 相的比表面能，s 和 V 分别为形成 ε 相的面积和体积，则可列出

fcc(γ)→hcp(ε)时，

$$\Delta G^{\gamma\to\varepsilon} = \Delta G_c^{\beta\to\varepsilon} + \Delta U_{str} + (s/V)(\alpha + E_{sf}) \tag{5}$$

其中，ΔU_{str}项一般很小，可以忽略。以 $\Delta G_c^{\gamma\to\varepsilon}=0$ 的温度为 M_s，则 M_s 时，(5)式就成为(4)式。对层错能较低的材料，如 Fe-Mn-Si 基合金，实验不易测得其层错能，但可以 X 射线测得层错几率 P_{sf}，对 Fe-Mn-Si 的 M_s 和 Psf 的实验值，求得[7]：

$$M_s = A - B/P_{sf} \tag{6}$$

由于 M_s 温度变化不大，设 $\Delta H^{\gamma\to\varepsilon}$ 和 $\Delta S^{\gamma\varepsilon}$ 为常数，则

$$\Delta G_c^{\gamma\to\varepsilon} = \Delta H^{\gamma\to\varepsilon}(1 - T/T_0) \tag{7}$$

其中，A 和 B 为常数，和材料有关，T_0 为 $\Delta G_c^{\gamma\to\varepsilon}=0$ 时的温度。当 T 等于 M_s 时，上式就成为(6)式。因此(4)式同样适用于 Fe-Mn-Si 基合金。Forsberg 和 Ågren(J. Phase Equilibria, 14(1993): 354)以热力学计算 Fe-Mn-Si 的 M_s，虽与一些实验值较符合，他们估计 $\gamma\to\varepsilon$ 的临界相变驱动力为恒值$-50\text{J}\cdot\text{mol}^{-1}$，但我们的计算值比此值大了 3 倍，且不为常数(见 CALPHAD, 21(1997), 143；中国科学 E 辑, 29(1999): 103)。我们以热力学预测的 M_s 与实验值很为符合(中国科学 E 辑, 29(1999): 385)。

对含 ZrO_2 陶瓷中，$t\to m$ 马氏体相变的热力学研究，陶瓷界往往引用 Garvie 等的工作(J. Mater. Sci., 20(1985): 1193, 3478; 21(1986): 1253)。他们将马氏体形成时的核胚临界尺寸当作母相晶粒大小，并将相变时 t 和 m 两相自由能差按下式简单化求得：

$$\Delta G_c = q(1 - T/T_b) \tag{8}$$

其中，q 为纯 ZrO_2 的相变热，T_b 为两相平衡温度，两者都不够严谨。

我们以热力学导得 ZrO_2 陶瓷的 M_s 温度与母相晶粒大小 $d^{-1/2}$ 呈线性关系，纠正了他们这一混淆情况(见 J. Mater. Sci., 29(1994): 1662)，并正确求得 ZrO_2-CeO_2 中 t 和 m 两相在不同温度下的 Gibbs 自由能(见 Mater. Trans. JIM; 37(1996): 1281)。接着，以下式求得其 M_s 温度：

$$\Delta G^{t\to M} = \Delta G_c + \Delta G_{str} + \Delta G_{sur} = 0 \tag{9}$$

其中，ΔG_{str} 为相变应变能。应变能包括切变应变能和膨胀应变能。ΔG_{sur} 为相变时的表面能增项，包括新相表面能和马氏体内孪晶界面能(如相变时形成微裂缝，还应包括微裂缝形成能)。我们以(9)式求得 8mol%CeO_2-ZrO_2(母相直径为 $1.38\mu m$)的 M_s 为 595.34K，与实测值 593K 甚为接近(见 Mater. Trans. JIM, 37(1996): 1284)。这是以较正确的热力学参数求得含 ZrO_2 陶瓷 M_s 温度的首例。

我们以近似规则溶液模型求得 ZrO_2-CeO_2-Y_2O_3 系的 $\Delta G_c^{t\to m}$，利用(9)式求其 M_s，也与实验值吻合(见 J. Europ. Ceram. Soc., 2003, inpress)。

由热力学分析得到：铁基合金的 fcc(γ)→bct(α')、铜基合金的有序立方相→单

斜相及含 ZrO_2 陶瓷中 $t \rightarrow m$ 马氏体相变的阻力项(非化学驱动力项)均与母相的强度有关,或与母相的晶粒度有关,但在层错能较低的 Fe-Mn-Si 基合金中,fcc(γ)→hcp(ε)马氏体相变的阻力项,主要为母相的层错能(还有反铁磁相变能),对母相强度的依赖性不大,呈现不同的形核机制(徐祖耀,金属学报,33(1997):45)。

3.3 马氏体相变动力学

变温马氏体相变动力学先由高碳或中碳钢的实验(Harris 和 Cohen,1949;Koistinen 和 Marburger,1959)得到如下方程:

$$1-f = \exp[-\alpha(M_s-T_q)] \tag{10}$$

其中,f 为马氏体形成的分数,T_q 为淬火介质的温度,α 为常数,对 0.4～0.11%C 钢 α=0.011。(10)式于 1970 年经 Magee 从理论上导得[8],但(10)式对低碳(条状马氏体组织)钢并不适用,须经改造。徐祖耀等考虑到马氏体相变时碳可能扩散导出如下的变温动力学普适方程:

$$1-f = \exp[\beta(c_1-c_0)-\alpha(M_s-T_q)] \tag{11}$$

其中,c_0 和 c_1 分别表示淬火前、后奥氏体内碳浓度:

$$\beta = \overline{V}\Psi(\partial G_V^{\gamma \rightarrow \alpha'}/\partial c)$$
$$\alpha = \overline{V}\Psi(\partial G_V^{\gamma \rightarrow \alpha'}/\partial T)$$

其中,Ψ 为比例常数,$\overline{V}$ 为形成马氏体片的平均体积(详见文献[1]中 560～563 页)。

Kurjumov 和 Maksimova 等(1948,1950 及 1952 年)对马氏体等温相变以均匀形核-长大式求得的马氏体相变激活能较自扩散激活能小来解释马氏体相变速率很大;Fisher 等(1949,1953 年)得到马氏体等温动力学呈 C 曲线形状,但事实上马氏体形成时并不符合均匀形核-长大式:

$$df/dt = A\exp\left[-\frac{U}{RT}\right] \tag{12}$$

其中,U 为相变激活能。例如,由 Fe-29.5Ni 合金的实验得到,在 T=80～250K 之间,df/dt 为～10^5cm/s,即 $U \cong 0$。

Cohen 及 Raghavan 等人(1958,1965,1969,1971 年)指出,形成激活能高达 10^3～10^4eV,而实验得到的要小 10^4 倍。这样,由自促发形核(Pait 和 Cohen,ActaMetall.,17(1969):189;19(1971):1327;Ghosh 和 Raghavan,Mater.Sci.Eng.,80(1986):65)和有效缺陷形核(Magee,Matell.Trans.2(1971):2419)概念所导得的动力学方程问世。林明发、Olsen 和 Cohen 结合以上两概念提出"分布激活动力学"模型(见 Metall.Trans.,23A(1992):2987),将预先存在的有效缺陷呈对数分布,自促发有效缺陷呈高斯分布。两者的复激活能过程构成马氏

体相变动力学,得到普适方程为

$$\frac{dN_V}{dt} = \int_0^{\Delta W} \left[\left(\frac{dN_i}{d(\Delta W)} + f\frac{dP}{d(\Delta W)} - \frac{dN_V}{d(\Delta W)} \right) \cdot (1-f)v \exp\left(-\frac{\Delta W}{RT}\right) \right] d(\Delta W) \quad (13)$$

式中,$dN_i/d(\Delta W)$ 为预先存在缺陷的激活能分布,$dP/d(\Delta W)$ 为自促发缺陷的激活能分布(P 为自促发因子——每 cm^3 马氏体自促发的核胚数),$dN_V/d(\Delta W)$ 表示具激活能 ΔW 的缺陷已形成马氏体的片数分布。上式以取和式表示:

$$\frac{dN_V}{dt} = \sum_0^{\Delta W} [\delta N_i(\Delta W) + f\delta P(\Delta W) - N_V(\Delta W)] \cdot (1-f)v \exp\left(-\frac{\Delta W}{RT}\right) \quad (14)$$

上式适用于变温相变、非连续相变和等温相变,与具有不同母相不同晶粒大小的 Fe-32.3Ni 合金的实验结果符合,如图 1 所示。

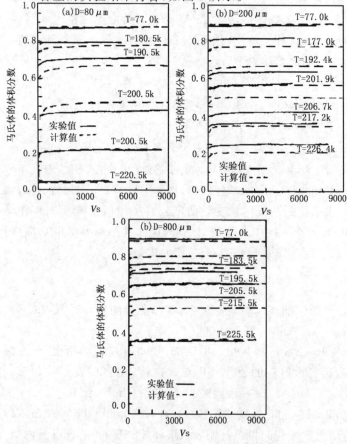

图 1 不同奥氏体晶粒大小 D 的 Fe-32.3Ni 合金淬至不同温度并保温的相变动力学曲线
——实测,- - -计算值,(a) $D=80\mu m$;(b) $D=20\mu m$;(c) $D=800\mu m$

我们研究了 GCr15 钢经淬火后,其残余奥氏体等温马氏体相变动力学(见 Metall. Trans.,18A(1987):1389;钢铁,25(1990)(1):38),并发现少量等温马氏体的形成,使残余奥氏体稳定化有利于钢件的尺寸稳定性(见 Metall. Trans.,18A(1987):1531;IndustrialHeating,1987,July:20;钢铁,25(1990)(6):47)。

外场影响相变动力学,如水静压降低 M_s;强磁场使 Fe-Ni 由等温相变改变为变温相变,水静压使 Fe-Ni 由变温相变改变为等温相变等[9]。

3.4 马氏体相变晶体学

1924 年 Bain 提出 Fcc 母相→bcc(bct)马氏体相变晶体学雏型(见图 2)。1930 年 K-S 位向关系、1934～35 年(西山)关系的建立,1948 年 Jawson 和 Wheeler 应用矩阵研究晶体学,1949 年 Greninger 和 Troiano、1951 年 Machlin 和 Cohen 以及 Bowles 等环绕表面浮突提出均匀切变及二次切变的设想。这些工作导致 1953 和 1954 年分别独立诞生 W-L-R 和 B-M 马氏体相变晶体学原始表象理论。

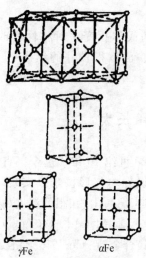

图 2　Bain 应变模型

在面心立方(γFe)点阵中构成体心立方点阵。经 c 轴压缩、a 轴伸长,成为马氏体点阵。

W-L-R 理论的矩阵表达式为

$$P_1 = RPB \tag{15}$$

其中,P_1 为形状应变,即相变的总应变,B 为 Bain 应变,$\overline{P}$ 为简单切变(孪生、滑移或层错),R 为点阵刚性转动(见 Trans. AIME.,197(1953):1503)。以 $P_2 =$

P^{-1}，则(15)式可写成：
$$P_1 P_2 = RB \qquad (16)$$

上式即为 B-M 理论（见 Acta. Metall.，2(1954)：129，138）。关于马氏体相变晶体学可参阅文献[10]和[11]等著作。

原始表象理论在 Au-Cd、In-Ti 和铁基(3,10,15)马氏体中被证实(1955~1961)，能应用于 Cu-Zn-Al(1985,1992) 和含 ZrO_2 陶瓷中 $t \to m$ 马氏体相变(1989,1992)。Otsuka 等以 II 类孪生作为点阵不变切变(1986,1987)成功地将原始表象理论应用于 Ni-Ti 和 Cu-Al-Ni。学者们设想了一些现代理论来解释铁基(2 2 5)、(5 5 7)马氏体。谷南驹等以点阵形变所引起的矢量改变称为位移矢量表征应变能，认为由位移矢量、自协作和范性协作决定点阵不变切变、惯习面和马氏体的亚结构和形态，并认为条状马氏体形成不符合不变平面应变（惯习面在相变中转动），以解释(5 5 7)惯习面的形成（见 Metall.，mater. Trans.，26A(1995)：1979；Acta Metall. Sin.，9(1996)：298 等），但有待于国际同行认可。

我们将原子迁动(shuffle)和 $\{111\}_{fcc}$ 上三个切变几率引入 W-L-R 理论，可获得 fcc→hcp 马氏体相变晶体学较完整的结果（见 Z. Guo, et al.，Scr. Mater.，41(1999)：153）。

应用群论能深入分析马氏体相变中对称性的改变。我们以群论计算 Cu-Zn-Al 合金马氏体的变体数，已取得较好的结果（见 Acta. Metall.，33(1985)：2075）。

3.5 马氏体的形核和长大

马氏体的形核-长大自 20 世纪 40 年代迄今一直为研究者所关注。在 20 世纪 50 年代，从理论上已认识到均匀形核难以实现，但在实验上，迟至 1985 年 Chen 和 Chiao 在无缺陷小粒 ZrO_2 上，在很低温度（大块试样 M_s 以下 1000℃），经电子幅照诱发 $t \to m$ 相变(Acta Metall.，33(1985)：1827)和 1993 年林明发等以 Cu-2.14Fe-1.07Co(wt%)合金，在 Cu 基体上沉淀出无缺陷 fcc Fe-Co 粒子，在外加磁场条件下诱发 fcc→bcc 马氏体相变，其相变驱动力约为 10kJ·mol^{-1}，为大块试样驱动力的 7 倍(Acta Metall. Mater.，41(1993)：253)，符合经典理论。非均匀形核的实验论证则时有见闻，Saburi 和 Nenno 在 ICOMAT'86 上演示电镜原位观察到 Ti-40.5Ni-10Cu 合金马氏体在位错缠结、表面台阶、晶界位错及氧化物等处形核，尤为出色，但缺乏非均匀形核的确切模型及有利形核的缺陷（位错）分布的几何图象。

面心立方(fcc)与密排六方(hcp)晶体之间的差别仅在于原子的一层错排，

因此 fcc(γ)→hcp(ε)马氏体相变的形核应该是最简单的问题,即每隔一层 $(111)_\gamma$ 面上 $1/6<11\bar{2}>$ Shockley 不全位错的位移就会呈现共格位向关系:$(111)_\gamma//(0001)_\theta$ 及 $[1\bar{1}0]_\gamma//(11\bar{2}0)_\theta$ 的相变。一般认为 Seeger 的极轴机制(Z. Metallk.,44(1953):247;47(1957):653)是一个重要的形核模型[12]。他设想垂直 $(111)_\gamma$ 面上有一极轴 $\frac{a}{2}[2\bar{1}1]$,两相自由能差驱动 $(111)_\gamma$ 面上两个不全位错 $\frac{a}{6}[\bar{1}2\bar{1}]$ 和 $\frac{a}{6}[\bar{2}11]$ 围绕极轴做反方向扫动,其经过区域即由 fcc 转变为 hcp,如图 3 所示。Olson 和 Cohen(Metall. Trans.,7A(1976):1897,1915)以此模型为基础,列出相变形核时,层错能 $\gamma \leq 0$,即

$$\gamma = n\rho A(\Delta G_c + E) + 2\sigma(n) \tag{17}$$

其中,$\sigma(n)$ 为表面能,决定于层错的厚度(密排面数 n),ρA 为密排面的原子密度,ΔG_c 为化学自由能差,E 为应变能,并认为 $n \approx 5$。

Ericsson 早年已测得钴合金在 M_s 时的层错能不为零,达 $12 \text{erg} \cdot \text{cm}^{-2}$(Acta Metall.,14(1966):853),我们由钴合金的工作列出(4)式,而(17)式不能用来计算 M_s。我们计算了 Co-14Ni 和 Co-3.5Cu 在 fcc(γ)→hcp(ε)时,其临界相变驱动力不足以克服极轴机制中两个不全位错的交互作用能(金属学报,16(1980):430);在 Fe-30Mn-6Si 中,不全位错的交互作用能高达 $423 \text{J} \cdot \text{mol}^{-1}$,远低于其相变驱动力 $175 \text{J} \cdot \text{mol}^{-1}$(见 Z. Guo, et al., Mater. Trans. J IM, 40(1999):328)。虽然有些工作论证了极轴机制,如张修睦和李依依观察到 Fe-14Mn-0.4C 中 $n=4\sim5$(金属学报,27(1991):A179),对单晶 Fe-31Mn-1Si 的电镜观察可能存在极轴位错,但至少对低层错能合金,如 Fe-Mn-Si,极轴机制并不适用,如极轴机制不能解释自协作热变马氏体变体,ε 马氏体躺在孪晶面上;以及在很多情况下未观察到极轴位错(H. Inagaki, Z. Metallk.,83(1992),(2):97),和经训练后 ε 马氏体细至 $1\sim2\text{nm}$ 厚,也排斥了极轴机制(T. Kikuchi, S. Kajiwara, Y. Tomoto, Mater. Trans. J IM,26(1995):719)。李箭和 Wayman 的工作(Scr. Metall. Mater.,27(1992):279)支持徐祖耀早年(1980年)提出的层错形核、不需极轴的机制(中国科学,E 辑,27(1997):289)。我们的 CTEM 和 HRTEM 工作显示无规层错在 M_s 以下有规重叠,形成 ε 马氏体,支持了层错形核机制(Proc. Inter. Conf. Solid2solid PhaseTransformations,1999:1024)。

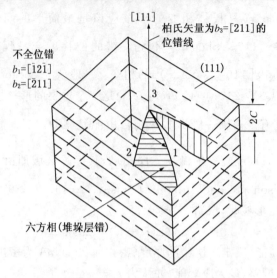

图 3　极轴机制三维形核-长大示意图

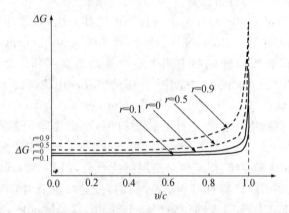

图 4　马氏体相变临界驱动力与孤立波迁动速率 v 之间的关系

图中 r 表示形状参量(描述系统的周期点阵势)，C 为特征速率(相当于声速，约为 $10^3 \text{m} \cdot \text{s}^{-1}$)。

马氏体的形核-长大模型众多，在此不一一列述，详见文献[1]第10章及[12]第9、10章。

邓永瑞设想在一定区域内因涨落出现的平面不变应变的弹性平面波偶极子(大小相同、位移相反的弹性平面波，偶极子波面即为不变面，波面相对运动、靠近并重叠后，偶极子湮灭，形成马氏体胚核)成为动态形核过程[13]。模型有待完整，但平面波形核的设想应予肯定。

受 Falk(Phys. Rev. B.，36 (1987)，3031)利用孤立子及动态 Landau-Ginzberg 模型研究热弹性马氏体相变中畴界迁动的启示，我们设想：将母相马氏体界面视为孤立波。界面的建立意味着形核,孤立波的迁动意味着长大,根据 Peyrard 和 Remoissenst 建议的一维非线性原子链孤立子模型描述 Hamiltonian (Phys. Rev. B. ,26(1982):2866),导得临界驱动力与相界面迁动速度之间的关系,如图 4 所示,以此论证了马氏体长大速度因驱动力的加大而增大,如 Fe-高 C、Fe-29.5Ni、Fe-Mn-Si、Cu-Al-Ni、及 Au-Cu-Zn 中临界相变驱动力分别为 2000,~1200,120,9~12, 和 12J·mol^{-1},它们的马氏体长大速率分别为 10^3,10^{-1}~10^{-2},10^{-3}~10^{-6} 和 10^{-3} m·s^{-1}。这些是以往模型所未见求得的(见 J. Appl. Phys., 88 (2000):4022)。(未完待续)

3.6 马氏体相变的非线性物理模型

物理学家们创立不少重要的相变模型,为相变研究作出卓越的贡献。1937 年朗道(Landau)建立一个唯象理论用以描述二级相变,把相变点附近系统的自由能展开为序参量的幂级数,高温时以零序参量对应的母相为稳定相,低温时以非零参量的相(低对称性相)为稳定相;从幂级数表达式可以求出系统的序参量、熵、比热、压缩和膨胀系数与温度(相变点附近)的关系,较好地说明实验结果。1949 年 Devonshire 将 Landau 理论扩展,用于一级相变。设 ξ 为序参量,将系统的自由能密度函数 ϕ 表达为

$$\left.\begin{array}{l}\phi(\xi,T) = \phi_0(T) + b(T)\xi^2 + d\xi^4 + g\xi^6 \\ b(T) = a_0(T-T_0), \quad a_0,d,g,T_0 > 0, \text{const}\end{array}\right\} \quad (18)$$

考虑相界面上有序参数的梯度能量,将(18)式改成 Landau-Ginzburg 自由能表达式:

$$\phi(\xi,\nabla\xi,T) = \phi_0(T) + b(T)\xi^2 + d\xi^4 + g\xi^6 + \alpha(\nabla\xi) \quad (19)$$

朗道理论及相关 Landau-Devonshire,Landau—Ginzburg 公式详见文献[14]。Falk(Acta Metall1,28(1980):1773)应用朗道理论以应变项作为序参数解释马氏体相变及形状记忆效应,随后考虑了应变的梯度项,建立一维 Landau—Ginzburg 马氏体相变模型(Z. Phys. B,51(1983):177;54(1984):159;J. Phys. C,20(1987):2501;Phys. Rev. B,36(1987):3031),令切变能 $e = du/dx$(u 代表位移),e' 代表梯度项,奥氏体的 $e=0$,马氏体的应变能 $=\pm e(\neq 0)$,将自由能密度表示为

$$\phi = A(T-T_0)e^2 - Be^4 + Ce^6 + D(e')^2 \quad (20)$$

用以描述马氏体孪晶界的解析解。

Barsch 和 Krumhansl 等(Phys. Rev. Lett1,53(1984):1069;59(1987):1251;Phys. Rev. B,41(1990):11319),Jacobs(Phys. Rev. B,21(1985):5984),

Bales 和 Gooding(Phys. Rev. Lett1,67(1991):3412),以及 Van Zyl 和 Gooding(Metall. Trans. A,27(1996):1203)都曾建立马氏体相变一维、二维乃至三维的模型,各具特色。但连同上述 Falk 模型,却都显示明显的不足,即未能符合材料的马氏体相变(一级相变)的两个特征——相变热滞和变温相变。

陈龙庆和王云志建议以相场理论导得相变动力学方程来描述材料相变的显微组织变化(JOM,1996,Dec1,13)。王云志和 Khachaturyan 等建立热诱发[15]及外应力作用下[16]马氏体相变三维场模型及组织变化的计算机模拟。这是马氏体相变研究的又一创举。但是所应用的计算较复杂,似不便用于工程技术,且仅涉及孪晶型马氏体,普适性较差,宜加改进。

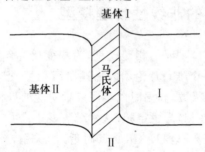

图 5 与马氏体邻近的基体 I (逐渐变成马氏体)和基体 II

我们考虑了马氏体形成后,基体分割为 I 和 II,如图 5 所示。为协调马氏体形状改变导致基体 II 中形成应变能 E,以一级近似列为

$$E = \frac{1}{2} pu^2 \qquad (21)$$

其中,常数 P 与材料的弹性模量和强度有关,则系统总的自由能为马氏体的自由能密度和基体 II 应变能密度之和,列为

$$F = \frac{1}{2}A(T-T_0)e^2 - \frac{1}{12}Be^4 - \frac{1}{30}Ce^6 + \frac{1}{2}De'^2 + \frac{1}{2}pu^2 \qquad (22)$$

经重新标定参量,列出运动方程:

$$u_{tt} = (T - u_x^2 + u_x^4)u_{xx} - u_{xxxx} - pu + \gamma u_{txx} \qquad (23)$$

当 $x = \pm \frac{1}{2}$ 时, $u_{xxx} - (Tu_x - \frac{1}{3}u_x^3 - \frac{1}{5}u_x^5) - \gamma u_{tx} = 0 \qquad (24)$

$$u_{xx} = 0 \qquad (25)$$

其中,T 标志温度,γ 标志阻尼系数,L 为晶体的长度。当系统达平衡态时,(23)式偏微分方程可改为常微分方程:

$$u_{xxx} - (T - u_x^2 + u_x^4)u_{xx} + pu = 0 \qquad (26)$$

其边界条件为

当 $\quad x=\pm\frac{1}{2}$ 时, $u_{xxx}-(Tu_x-\frac{1}{3}u_x^3+\frac{1}{5}u_x^5)=0 \quad (27)$

$$u_{xx}=0 \quad (28)$$

(23)和(26)式的数字解能阐明：马氏体不能在 T_0 时形成，只在 T_0 以下一定温度(T_m)时形成，如图 6 所示；临界核心的应变能随温度而改变，如图 7 所示。表面马氏体在 M_s 以上形成，自促发爆发相变（在温度 T_A 开始进行）在 M_s 以下发生，如图 8 所示。P 值（模量及强度）较低的材料易形成热弹性马氏体，如图 9[17,18] 所示。由(23)和(26)式也能演释形状记忆效应和逆相变，这两式可作为马氏体相变建模的基础。

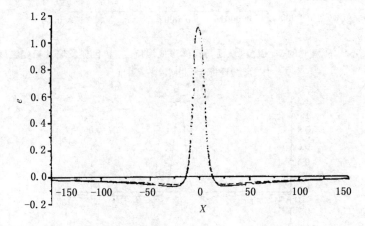

图 6 $p=10^{-5}$ 和 $T=0.09$ 时(26)式的解

注：实线表示大块材料中马氏体片，虚线表示临界核心、应变 e 和 x 的关系。

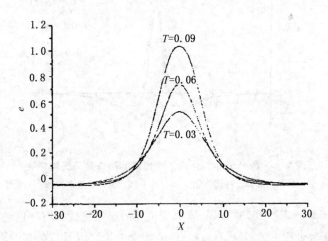

图 7 $p=10^{-5}$ 时，不同温度下马氏体临界核心的应变

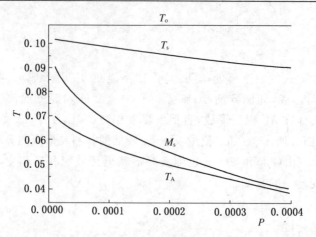

图 8 不同 P 值时的 M_s 温度、表面马氏体形成温度 T_s 和自促发爆发相变温度 T_A

注：T_0 为母相与新相间的平衡温度。

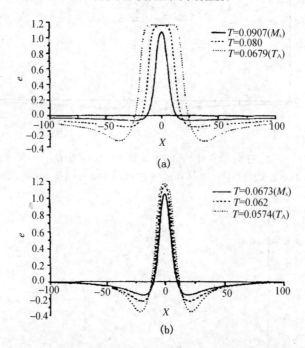

图 9 不同 P 值材料呈现热弹性或非热弹性马氏体相变

(a) $p=10^{-5}$ 材料呈热弹性马氏体相变；(b) $p=10^{-4}$ 材料呈现非热弹性马氏体相变

利用 Landau 理论(18)式，以晶体单位长度的层错能代替有序度也能描述上述 Fe-Mn-Si 基合金中 fcc(γ)→hcp(ε)马氏体相变的机制以及过渡相的形成。当 $\eta=$

0 时,为 fcc 母相;$\eta=1/2$ 为 hcp 马氏体,η 在 0～1/2 间形成 4H、6H、和 8H 等过渡相,并证明这些过渡相在 M_s 以上形成,以及应力作用有利于过渡相的形成[19]。

3.7 纳米材料的马氏体相变

早在 1967 年 Kimoto 等(J. Phys. Soc. Jpn1,22(1967):744)和 1976 年,Granqvist 和 Buhrman(J. Appl. Phys1,47(1976):2200)已发现超细金属在室温呈反常的晶体结构,如 Co 呈 fcc 结构。近年证实经溅射所得 10nmCo 粒经 420℃以上退火再慢冷至室温仍保持 fcc 结构(Kitakamiet al1,Jpn. J. Appl. Phys1,35(1996):1724)。1974 年已发现铁粒在室温呈 fcc 结构(Y. Fukano,Jpn. J. Appl. Phys1,13(1974):1001)。以后(1986～1992)相继发现室温时纳米铁呈铁磁性和非铁磁的 fcc 结构(如:F. J. Pinski, et al1,Phys. Rev. Lett1,56(1986):2096;I. Takahashi, M. Shimizu,Magn. Magn. Mater1,90&91(1990):725;K. Haneda,et al1,Phys. Rev. B,46(1992):13832)揭示纳米颗粒受形成条件的影响,使高温相呈稳定化。1998 年,Bianco 等人(Phys. Rev. Lett1, 81(1998):4500)以机械合金化(MA)所得 10nm 的 α-Fe 粉,立即经 670K 退火 1h 后,在 bcc 晶界处原子重排,出现 5% 体积的具有磁性有序的 γ-Fe。这种 γ-Fe 较稳定,只有经 920K 退火 1h,晶粒长大至几十毫米时,发生 $\gamma\rightarrow\alpha$,γ-Fe 才不复存在。这说明晶体结构决定于晶粒大小。

Kitakami 等 1997 年(Phys. Rev. B;56(1997):13849)提出不同大小纳米 Co 晶粒呈不同结构的能量计算只适用于 Co,并无普适性。Suzuki 等(Phys. Rev. Lett1,82(1999):1474)设想纳米晶体中不存在缺陷,应用 Bain 应变做模型,得到晶粒愈小,其 $\gamma\rightarrow\alpha$ 相变温度愈低的理论模型,具有参考价值,但不足成为普适模型,详见文献[20]。

利用 Fetch(Phys. Rev. Lett1, 65(1990):610;Acta Metall. Mater1, 38(1990):1927)和 Wagner(Phys. Rev. B,45(1992):635)提出的纳米晶晶界膨胀(界面原子密度较低)模型和准谐 Debye 近似(Phys. Rev. B,114(1959):687),我课题组提出一个金属纳米晶相稳定的热力学模型[20~22]。

设纳米晶的自由能为晶内完整晶体的自由能(G^0)和界面自由能(G^i)之和,界面的厚度设为 δ。界面能量主要由参量过剩体积 ΔV 决定,ΔV 定义为

$$\Delta V = \frac{V(r)}{V_0(r_0)} - 1 \tag{29}$$

式中,$V(r)$ 为纳米界面(原子间距为 r)内的原子体积;$V_0(r_0)$ 为完整晶体(具有平衡态原子间距 r_0)内的原子体积。以铁为例,由于 α-Fe 的弹性模量大于 γ-Fe

的模量,当 $\Delta V > 0.012$,300K 时 α-Fe 的界面 Gibbs 自由能值大于 γ-Fe 的界面自由能,如图 10[20,21]所示。在 300K 时,当 ΔV 大于一定值,即铁的晶粒直径小于 25nm 时,虽然 $G_\alpha^0 < G_\gamma^0$,但 $G_\alpha^i > G_\gamma^i$,使 $(G_\alpha^0 + G_\alpha^i) > (G_\gamma^0 + G_\gamma^i)$,仍呈现 γ-Fe 的 fcc 为稳定结构。

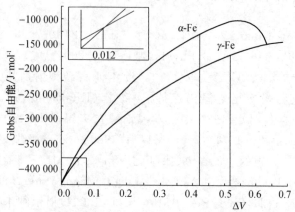

图 10　300K 时 α-Fe 和 γ-Fe 的界面 Gibbs 自由能随过剩体积 ΔV 的变化

以 Fetch 和 Smith 等的普适状态方程(Phys. Rev1,29(1984):2963;35(1987):1945)为较简便的计算方法,得到 300K 时 α-Co 和 β-Co 界面的 Gibbs 自由能随过剩体积 ΔV 的变化,如图 11[22]所示。可见,在 300K 时,当 $\Delta V \approx 0.1$,或 Co 粒直径小于 35nm 时,β-Co 为稳定相,与 Kitakami 等(1997)以磁控溅射法制备的纳米多晶钴薄膜的实验结果(小于 20nm 的全部为 β-Co)较好符合。

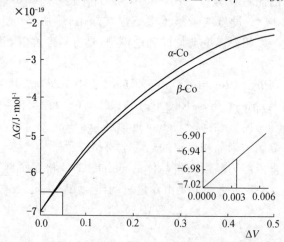

图 11　300K 时,α-Co 和 β-Co 的界面 Gibbs 自由能随过剩体积 ΔV 的变化

20 世纪 80 年代的工作表明,纳米 Fe-Ni 薄膜的 α 和 γ 相区较大块 Fe-Ni 为宽,1992 年急冷 Fe-Ni 的工作也证实了此现象[20]。Kajiwara 等(Phil. Mag. A1,63(1991):625)揭示细粒 Fe-Ni、Co 和 Co-Fe 不易进行热诱发马氏体相变,高 Ni 的 Fe-Ni 合金在室温形变易诱发马氏体相变,但经形变的奥氏体再经单纯冷却(至 77K)却不发生相变,否认了 Cech 和 Turnbull 于 1956 年提出的论点:细晶体内由于缺陷存在的几率小,以致 M_s 降低[23]。Zhou 等的工作(Mater. Sci. Engr. A1,124(1990):241)显示悬浮凝固(液氮冷却)的超细 Fe-15~35Ni(10~200nm)粉的大部分呈 bcc 结构,少部分呈 fcc 结构,fcc 的 γ 相冷至液 He 温度也不相变,并以 TEM 揭示 bcc 结构在加热进行逆相变时呈明显的切变特征。Kuhrt 和 Schultz(J. Appl. Phys1,73(1993):1975)报道 MA 制备 Fe-Ni 的 A_f 较铸态升高 100℃,M_s 和 M_f 降低 100℃,A_s 和居里温度与铸态的相近。Tadaki 等(Mater. Sci. Engr. A,273~275(1999):262)报道纳米 Fe-25Ni 薄膜自 773K 冷至室温后,有少量马氏体形成,保持大部分 γ 相;再加热至 773K,呈逆相变,其 A_s 温度与大块的相近。

我课题组以溅射制成纳米(10nm)粒子 Fe-Ni 薄膜(KCl 基底),得到的比 α 相区较大块的宽得多,γ 相区则略大,且比以往实验都为宽大。当在 TEM 中加热至 573~773K,发生 bcc→fcc,发生相变的温度和大块相同成分试样的 A_s 大体相同。但冷至 77K 未见马氏体相变,认为溅射所得 bcc 相系原子碰撞直接形成,而不是马氏体相变的产物[24]。我们晚近的工作除证实上述现象外,还发现经溅射到 773K 基底的纳米 Fe-16.47at%Ni 及 Fe-24.2at%Ni 薄膜,再经冷却时呈现马氏体相变痕迹,即在暗场上可见一颗晶粒内呈现直的界面,在衍射环上出现 bcc 相衍射斑点,但相变不呈自促发现象,认为系纳米晶内晶界应力消失所致。在 Fe-30.26at%Ni 薄膜中,发生逆相变后保留了 fcc 相,提出纳米晶粒发生马氏体相变较困难,但由于上述纳米 γ-Fe 的 Gibbs 能较低的原因,易发生逆相变[25]。较深入的工作还在进行中,值得指出,含低 Ni(<20%)Fe-Ni 中呈现的 bcc 相不一定为马氏体(有些文献中统称为马氏体),有可能为块状(massive)相变的产物或贝氏体。

我课题组参照 Cahn 和 Larché 关于表面(界面)的相平衡的研究[26],用 Gurtin 和 Murdoch 的界面平衡条件[27]和 Eshebly 的应变能方程[28],计算了纳米晶体相变的能垒[29]。假定一个球形晶粒(c)中出现一个膨胀的夹杂(i)作为形核,产生应力场,可求得(i),(c)和晶粒基体(m)的位移和应力。根据 Gurtin 和 Murdoch 提出的界面力学平衡条件[27]:

$$\sigma^m \cdot n^m + \sigma^i \cdot n^i - \text{div} f = 0 \tag{30}$$

其中,σ 指应力张量,n 指外法线方向;而 $n^m = -n^i$,f 为表面张力,且有[26]:

$$divf = -2fn^i/R \tag{31}$$

式中，R 为界面处的半径，可求得(i)，(c)和(m)界面处应满足的平衡条件，以及法向位移的连续条件。由此求得相应区域的应变能 E^i、E^c 和 E^{mi}，并以表面能计算式[26]求得(i)—(c)和(c)—(m)间的表面能 E_s^{ic} 和 E_s^{cm}，利用 Eshelby 的切变能方程[28]，求得切应变能 E_1，则可列出马氏相变的形核能垒：

$$\Delta G = kR_0^3 \Delta G_{\gamma \to \alpha} + E \tag{32}$$

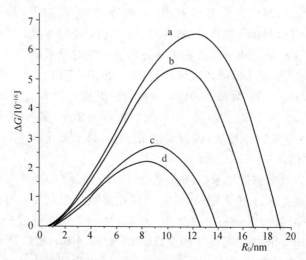

图 12　Fe-30at%Ni 合金中母相晶粒大小(半径 R_1 为 50 及 10nm)和相界面能($f_1=1$ 及 0.75J/m²)对马氏体相变形核能垒和临界核胚大小(半径 R_0)的影响

注：切应变能 c/a=1/70，晶界能 $f_2=2$J/m²。a: $f_1=1$J/m²，$R_1=10$nm；b: $f_1=1$J/m²，$R_1=50$nm；c: $f_1=0.75$J/m²，$R_1=10$nm；d: $f_1=0.75$J/m²，$R_1=50$nm。

其中，$E=E^i+E^c+E^m+E_s^{ic}+E_s^{cm}+E_1$，$k$ 为形状系数，R_0 为胚核半径，$\Delta G_{\gamma \to \alpha}$ 为化学自由能差。以 Fe-30Ni 为例，计算其马氏体相变的形核能垒及临界核胚大小因母相晶粒大小和相界面能 $f_1(=\gamma^{\epsilon\gamma})$ 改变的影响，如图 12[20] 所示。图 13 示 Fe-30at%Ni 合金中，切应变能 c/a 对马氏体相变形核能垒及临界核胚大小的影响[29]。

由图 12 可见，母相晶粒大小由 50nm 减至 10nm，以及相界面能由 0.75 增至 1J/m² 时，马氏体相变能垒徒然增大，临界核胚显然减小，即相变进行显得困难。由图 13 可见，切应变能 >0.06 时，相变显著难以发生。

按上述模型[29]，又计算了纳米 ZrO_2 中 t 相和 m 相的 Gibbs 自由能值以及 $t \to m$ 马氏体相变的形核能垒，分别如图 14 及 15 所示。可见 t 相晶粒半径约小于 15nm 时，$t \to m$ 相变在室温不能进行，实验结果也予证实[30]。

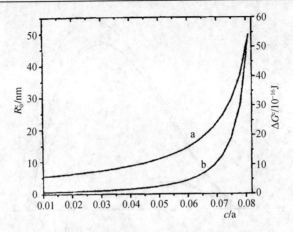

图 13 Fe-30at%Ni 合金中,切应变能 c/a 对马氏体相变形能垒 ΔG^c 和临界核胚半径 R_0^c 的影响

注:母相晶粒半径 $R_0=50$nm,相界面能 $f_1=\gamma^{\alpha\gamma}=0.5$J/m^2,晶界能 $f_2=1.6$J/m^2。
a: c/a V_s R_0^c, b: c/a V_s ΔG^c。

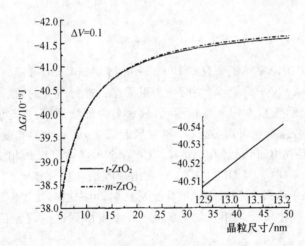

图 14 室温时 ZrO_2 中 t 相和 m 相的 Gibbs 自由能随晶粒大小的变化

3.8 形状记忆效应、伪弹性和伪滞弹性

一些材料经马氏体相变及其逆相变常呈形状记忆效应和伪弹性已为世人瞩目,并开发出形状记忆材料在工业和医疗业上得到较广泛的应用。在含 ZrO_2 陶瓷中除显示形状效应和伪弹性外,还呈现伪滞弹性,值得予以注意。

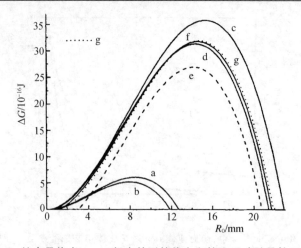

图 15 ZrO$_2$ 纳米晶体中 $t \to m$ 相变的形核能垒和核胚尺寸随晶粒尺寸的变化

(a) $f_1=0.2J/m^2$, $f_2=0.77J/m^2$, $R_1=10$nm; (b) $f_1=0.2J/m^2$, $f_2=0.77J/m^2$, $R_1=50$nm;
(c) $f_1=0.36J/m^2$, $f_2=0.77J/m^2$, $R_1=10$nm; (d) $f_1=0.36J/m^2$, $f_2=0.77J/m^2$, $R_1=50$nm;
(e) $f_1=0.36J/m^2$, $f_2=0.77J/m^2$, $R_1=\infty$; (f) $f_1=0.36J/m^2$, $f_2=1.5J/m^2$, $R_1=50$nm;
(g) $f_1=0.36J/m^2$, $f_2=2.0J/m^2$, $R_1=50$nm

R_1——晶粒半径，f_1——相界面能，f_2——晶界能。

1963 年，美国海军军械研究室 Buehler 等(J. Appl. Phys1,34(1963):1475)无意间发现等原子 Ni-Ti 合金（当时作为阻尼材料进行研究的）在室温下马氏体态经形变和加热，能自动回复母相形状，故命名为形状记忆，自此形状记忆合金和形状效应的名称不胫而走，对这项研究风起云涌，席卷世界相变领域。其实，1951 年，张禄经和 Read 已经在 Au-45.7Cd 合金单晶体马氏体相变研究中观察到：随温度升、降，单个界面即马氏体界面出现收缩和扩长现象[31]，这是最早报道的形状记忆的例子，但当时未以形状记忆命名，也未引起功能应用的重视。十余年后人们依靠对马氏体相变认识的深入，才领悟到这一现象的理论和实用意义。

1972 年，Wayman 和清水根据当时所发现的形状记忆材料的特性，曾提出呈现形状记忆效应的条件（见 Metal Sci. J1,1972(6):175），现已失效。Wayman 在 1980 年强调了晶体学的可逆性导致形状记忆效应[32]。本文作者以群论导得：材料经马氏体相变和逆相变，呈现晶体学可逆性的条件为形成单变体马氏体[33,34]。为得到近似单变体马氏体，可由热变马氏体经形变，通过再取向形成，如具有热弹性马氏体相变的材料（NiTi、Cu-Zn-Al 等）所呈现的形状记忆效应，如图 16[35]所示，或图 17(a)所示；或由应力形变诱发马氏体，形成近似单变体（对 Fe-Mn-Si 一般需经训练（形变－加热－冷却）数次），经逆相变呈现形状记忆效应,如 Fe-Mn-Si 基合金及含 ZrO_2 陶瓷等具有半热弹性马氏体相变(相界面能因冷、热而迁动但热滞大)的材料[36~39],如图 17(b)所示。这两种情况都需经形变,形变中产生位错将不利于形状回复。因此,提高基体强度有利于形状记忆效应对上述两种材料的作用。

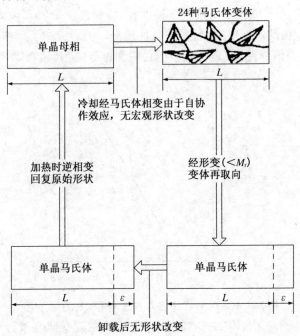

图 16　具热弹性马氏体相变合金中呈现形状记忆效应

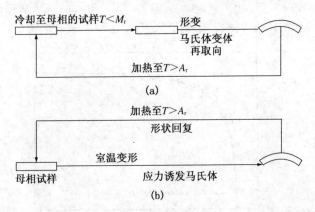

图 17　具热弹性马氏体相变合金(a)和具半热弹性马氏体相变材料
　　　(b)呈现形状记忆效应示意图

形状记忆材料经受应力诱发马氏体(SIM)后,如卸去应力,其部分 SIM 将逆相变为母相,部分应变也就回复;或其马氏体受应力产生应变后,如卸去应力,其应变(部分或全部)将回复,这种现象称为伪弹性(如全部应变随应力去除而回复称超弹性)。图 18 为 8mol%CeO_2-0.5molY_2O_3-ZrO_2 陶瓷(8Ce-0.5Y-TZP)的应力-应变图[40]。其中,OA 段为母相(t 相)的弹性应变,AB 段为应力诱发 $t→m$ 马氏体相变,在此阶段中,材料发生范性形变。但形成的马氏体处于弹性应变状态;BC 段表示伪弹性。Ni-Ti 合金的伪弹性已有应用(如胸罩、眼镜架等)。

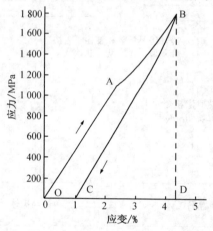

图 18 8Ce-0.5Y-TZP 在单向压力下的应力-应变图

在研究 8Ce-0.5Y-TZP 的伪弹性中,还发现在应变回复过程中出现类似滞弹性,但由逆相变引起的现象,称为伪滞弹性,即回复应变随室温时效而增长,如图 19 所示,符合等温相变的 Avrami 动力学方程,并测得随应变回复,材料的体积减小,如图 20 所示,证明系逆相变所致[40]。这现象值得重视。

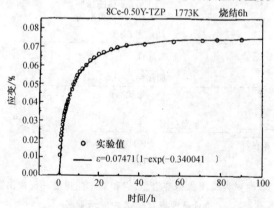

图 19 8Ce-0.5Y-TZP 在室温时效时的应变—时间图

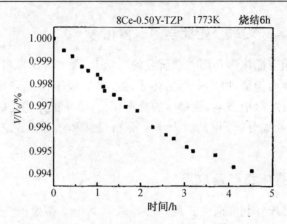

图 20　8Ce-0.5Y-TZP 在室温时效时的体积变化

根据不同形状记忆材料马氏体相变及其逆相变的研究结果,已大体了解影响 Ni-Ti、Cu-Zn—Al、Fe-Mn-Si 基合金及 ZrO_2 陶瓷形状记忆效应的因素,对改善待开发的 Cu-Zn-Al 和 Fe-Mn-Si 基合金形状记忆效应已有相应措施[38,39];还发展了仅需一次训练就基本具备完全形状记忆效应的新材料,如 Fe-Mn-Si-Cr-N 和 Fe-Mn-Si-RE[41~44];并优选了含 ZrO_2 形状记忆陶瓷的成分和工艺[45],以及准备对磁控形状记忆材料进行开发[46~48]。

3.9　马氏体相变续后研究和应用的展望

根据对相变研究的进展[49,50]及对热处理发展的瞻望[50],展望马氏体相变续后研究和应用的主要目标拟为下列三项:

3.9.1　相变理论与建模

以 Landau-Ginzburg 自由能表达式为基础的相场理论,建立马氏体相变热力学和动力学模型,并据此做出组织形态的计算机模拟,为材料成分和工艺设计,为产品质量预测以及热处理过程的计算机控制提供基础,已为目前相变学术界所关注。这项工作在国际舞台上才显端倪,在我国急待开展。

为提供塑性成形与热处理一体化工程的基础,还需开展应力场对马氏体相变的研究,包括材料内应力、外加应力以及存在内应力时外加应力条件对马氏体相变影响的研究并建模。

磁场下磁控形状记忆材料马氏体相变及马氏体组织演变的建模和计算机模拟工作也急待开展,以利这类材料的顺利应用。

3.9.2 晶体学、形态学、能量学的一体化

在马氏体相变晶体学和形态学研究的基础上，着重考虑母相/马氏体及马氏体变体之间的界面能量、协作变形后体系的能量以及不同形态马氏体内的储存能，企望获得晶体学、形态学、能量学的统一模型，使马氏体相变研究出现突破性进展，并为材料的成分、母相晶粒大小及分布设计和热处理工艺设计提供有益依据。

3.9.3 纳米晶体相变及应用

纳米晶体马氏体相变研究正处初步阶段。其中奥秘如相变机制、相变产物的性质及其控制有待揭示。在此基础上，期望马氏体相变在纳米晶体研究中也能被有益利用。

参考文献

[1] 徐祖耀. 马氏体相变与马氏体. 第二版[M]. 北京：科学出版社. 1999.

[2] 徐祖耀等. 形状记忆材料[M]. 上海：上海交通大学出版社. 2000.

[3] Otsuka K, Wayman C M. Shape Memory [M]. Materials. Cambridge University Press. 1998.

[4] Haasen P, ed. Phase Transformations in Materials (R. W. Cahnet al. ed., Materials Science and Technology, Vol. 5.)[M]. Weinheim. New York, Basel. Cambridge. VCH. 1991, 卡恩 R. W., 哈森 P., E. J. 克雷默. 材料科学与技术丛书. 第5卷. 材料的相变[M]. 刘国治, 等, 译. 北京：科学出版社, 1998.

[5] Hsu T. Y. （徐祖耀）. An approach for the calculation of Ms iniron-base alloys [J]. Mater. Sci., 1985, 20：23~31.

[6] HSu T. Y.（徐祖耀）, Zhou Xiaowang. Thermodynamics of martensitic transformation in Cu-Zn alloys[J]. Acta Metall., 1989, 37：3091~3094.

[7] Jiang B., Qi X., Yang S., et al. Effect of stacking fault probability on $\gamma \to \varepsilon$ martensitic transformation and shape memory effect in Fe-Mn-Si based alloys [J]. Acta Materl, 1998, 46：501~510.

[8] Magee C. L. The nucleation of martensite in phase transformations. Amer [J]. Soc. Metals. 1970：115~156.

[9] Takeshita T., Saburi T., Shimizu K. Effects of hydrostatic pressure and magnetic field on martensitic transformations [J]. Mater. Sci., Engr. A, 1999, 273~275：21~39.

[10] Wayman C M. Introduction to the Crystallography of Martensitic Transformations. New York, Mac Million Col, 1964. 马氏体相变晶体学导论[M]. 陈业新, 李箭. 译. 长沙：

中南工业大学出版社,1989

[11] Nishiyama Z. Martensitic Transformation[M]. New York, Academic Press. Eds. M. E. Fine, M. Meshii, C. M. Wayman. 1978 (日文:西山善次,马氏体变态,1971)

[12] Olson G. B., W. S. Owen eds1, Martensite[M]. ASM Inter1, 1992.

[13] 邓永瑞. 马氏体转变理论[M]. 北京:科学出版社. Deng Yongrui. Martensitic Transtormation. Theory[J]. Inter. Academic Publishers Beijing. 1991.

[14] 徐祖耀. 相变原理[M]. 第八章,北京:科学出版社,2000.

[15] Wang Y. and Khachaturyan A. G.. Three-dimensional field model and computer modeling of martensitic transformations[J]. Acta Mater, 1997, 45: 759~773.

[16] Artemev A., Wang Y. and Khachaturyan A. G.. Three dimensional phase field model and simulation of martensitic transformation in multiplayer systems under applied stresses[J]. Acta Mater1, 2000, 48: 2503~2518.

[17] Tang M., Zhang J. H. and Hsu T. Y. (徐祖耀). One-dimensional model of martensitic transformations [J]. Acta Mater1 2002, 50: 467~474.

[18] Hsu T Y (徐祖耀). Therorical Models of martensitic transformations. Key note lecture[J]. ICOMAT-02, J. de Phys1, 2003,

[19] Wan J F, Chen S P and Xu Zuyao (Hsu T. Y.). Landau theory of martensitic transformation in Fe-Mn-Si based alloys[J]. Chinese Science Bulletin. 2002, 47: 430~433

[20] 徐祖耀. 纳米材料的相变. 上海金属. 2002, 24 (1): 11~20; 稀有金属材料与工程. 2001, 30 (增刊): 685~694

[21] Meng Q., Zhou N., Rong Y., et al. Size effect on the Fe nanocrystalline phase transformation[J]. Acta Mater1, 2002, 50: 4563~4570

[22] 孟庆平,戎咏华,徐祖耀. 金属纳米晶的相稳定性[J]. 中国科学,E辑. 2002, 32: 457~464; Science in China, Ser. E, 2002, 45: 485~494

[23] Cech R W and Turnbull D.. Heterogeneous nucleation of the martensitic transformation [J]. Trans. AIME1, 1956, 206: 124~132

[24] Rong Y., Meng Q. and Hsu T. Y. (徐祖耀). The structure and martensitic transformation of nano-sized particles in Fe-Ni films,[C] Proc. The fourth Pacific Rim Inter. Conf on Advanced Materials and Processing [J]. The Japan Inst. Metals, 2001, 147~150

[25] Meng Q., Rong Y. and Hsu T. Y. (徐祖耀). Martensitic transformation in nanostructured Fe-Ni alloys[C]. Proc. ICOMAT-02, J. de. Phys. Ⅳ, 2003, 112: 323.

[26] Cahn J W and Larchó F.. Surface stress and the chemical equilibrium of small crystals-Ⅱ solid particles embedded in a solid matrix[J]. Acta Metall1, 1982, 30: 51~56

[27] Gurtin M E and Murdoch A. I.. A continuum theory of elastic material surfaces[J]. Arch. Rat. Mech. Anal1, 1975, 57: 291~323

[28] Eshelby J D. The determination of the elastic field of an ellipsoidal inclusion and related problems. [C] Proc. Roy. Soc1, A,1957, 241: 376~396

[29] Meng Q., Rong Y. and Hsu T. Y.(徐祖耀). Nucleation barrier for phase transformations in nanosized crystals [J]. Phys. Rev. B1, 2002, 65: 174118-11~7

[30] Zhang Y L, Jin X. J., Rong Y., et al The structural stability and t → m transformation in nano-sized ZrO_2 particles, to be published

[31] Chang L C. and Read T. A.. Plastic deformation and diffusionless phase changes in metals-the gold-cadmium beta phase [J]. Trans. AIME1, 1951, 191: 47~52

[32] Wayman C. M.. The growth of martensite since E. C. Bain (1924)-some milestones [J]. Mater. Sci. Forum, 1990, 56~58: 1~32

[33] 徐祖耀. 发展形状记忆材料的展望[J]. 功能材料. 1993, 24(1): 1~3

[34] Hsu T Y(徐祖耀). Perspective in development of shape memory materials associated with martensitic taansformation [J]. J. Mater. Sci. Technol1, 1994, 10: 107~110

[35] Saburi T., Nenno S. and Wayman C. M.. Shape memory mechanisms in alloys. [C]. Proc. Inter. Conf. Martensitic Transformations. ICOMAT. 1979, Cambridge. Massachusetts, MIT, 1979: 619~632

[36] Hsu T Y(徐祖耀). Matrtensitic transformation fcc (γ) → hcp (ε) and the shape memory effect in Fe-Mn-Si bssed alloys. Invited paper, Inter. Conf. Displacive Phase Transformations and Their Applications in Materials Engineering. TMS, [C]. 1998, 119~122

[37] Hsu T Y(徐祖耀). Characteristics of the martensitic transformation fcc (γ) → hcp (ε) associated with SME in Fe-Mn-Si based alllloys and a novel shape memory alloy Fe-Mn-Si-RE. Invited paper, [C] Proc. China-Japan Bilateral Symposium on Shape Memory Alloys. International Academic Publishers. 1998, 132~137

[38] Xu Z Y (Hsu T. Y.). Shape memory materials. Invited paper. First Inter. Conf. Mechanical Engineering. Materials Symposium, Nov. 2000 [J]. Trans. Nonferrous Met. Soc. China. 2001, 11: 1~9

[39] Hsu T Y (徐祖耀). Perspectives on the exploitation of Cu-Zn-Al alloys, Fe-Mn-Si based alloys and ZrO_2 containing shape memory ceramics. Invited paper. SMST-SMM 2001, Shape Memory Materials and Its Applications [J]. Mater. Sci. Forum. 2002, 394~395: 369~374

[40] Zhang Y L, Jin X. J., Hsu T. Y. (徐祖耀), Y. F. Zhang, and J. L. Shi. Time-dependent transformation in zirconia-based ceramics [J]. Scr. Mater1, 2001, 45: 621~624

[41] Hsu T Y (徐祖耀). Fe-Mn-Si based shape memory alloys. Invited paper. Inter. Sym. Shape Memory Materials [J]. 1999,Mater. Sci. Forum. 2000, 327~328: 199~206

[42] Huang X., Chen S., and T. Y. Hsu (徐祖耀). Effect of nitrogen addition on shape

memory characteristics of Fe-Mn-Si-Cr alloy [J]. Mater. Trans. 2002, 43: 920~925

[43] Jiang B., Qi X., and Hsu T. Y.（徐祖耀）. The influence of rare earth element on shape memory effect in Fe-Mn-Si alloys [J]. Scr. Mater1, 1998, 39: 1483~87

[44] Wang S., Chen S., and Hsu T. Y.（徐祖耀）. Effect of rare earth addition on the shape memory behavior of a Fe-Mn-Si-Cr alloy [J]. Materials Letters. 2003, 57: 2789~2791

[45] Zhang Y L, Jin X. J., Hsu T. Y.（徐祖耀）, Y. F. Zhang, and J. L. Shi. Shape memory effect in Ce-Y-TZP ceramics [J]. Mater. Sci. Forum. 2002, 394~395: 573~576

[46] Zhao Y., Qian M., Chen S. et al. Effect of magnetic heat treatment on the magnetically-induced starin in a polycrystalline Ni-MnGa alloy [J]. Mater. Sci. Forum. 2002, 394~395: 557~560

[47] Jin X., Marioni M., Bono D., et al. Empirical mapping of Ni-Mn-Ga properties with composition and valence electron concentration [J]. J. Appl. Phys1, 2002, 91: 8222~24

[48] Jin X., Bono D., Allen S. M., et al. Magnetic field effects on strain and resistivity during the martensitic transformation in Ni_2Mn_2Ga single crystals [J]. J. Appl. Phys1, 2003, 93: 8630.

[49] 徐祖耀. 材料的相变研究及其应用. 全国相变与凝固学术会议特邀报告. 2001 年 11 月. 安徽九华山. 论文及摘要集, 中国金属学会材料科学学会. [C] 2001, 18~28; 热处理, 2002, 17 (1): 1~13

[50] 徐祖耀. 材料热处理的进展和瞻望[J]. 材料热处理学报, 2003, 24 (1): 1~13

导言译文

Progress on the studies of Marensitic Transformations

Progress in the characteristics of martensitic transformation and the development of its close-related shape memory materials were generally described. A summary report was made about the progress of thermodynamics, kinetics, crystallography, nucleation and growth, nonlinear physics models of martensitic transformations as well as shape memory effect, esudoelasticity and pseudoanelasticity of some materials. Perspective in further study and applications of martensitic transformations was presented. This article is published in two issues.

第4章 无机非金属材料的马氏体相变

本文对无机非金属,包括 ZrO_2,CeO_2-ZrO_2,Y_2O_3-ZrO_2 及其他材料的马氏体相变进行了评论。讨论了含 ZrO_2 陶瓷马氏体相变的尺寸效应,论证了 ZrO_2 陶瓷中所谓 $t \to m$ 等温马氏相变为贝氏体相变。

无机非金属材料的马氏体相变在机械工程中的应用,诸如材料的增韧以及特殊功能(压电、阻尼、抗震、超导等)的开发,正日益受到重视,人们极需了解有关相变的信息。本文主要对 ZrO_2 陶瓷马氏体相变的以往文献给以评述,并简介其他无机非金属材料中类似马氏相变的内容。

4.1 概述

陶瓷学者以往将无扩散切变型相变统称为位移型相变。鉴于 ZrO_2 中正方(四角)相 $t \to$ 单斜相 m 的相变系无扩散、变温及具有热滞的相变,Wolten 于 1963 年首次建议将这类相变称为马氏体相变[2],以后发现的 ZrO_2 中 $t \to m$ 相变呈表面浮突[3,4]及相变可逆[4]等特征均支持了这个创议。近年来陶瓷学者已普遍接受"马氏体相变"一词,对含 ZrO_2 陶瓷中 $t \to m$ 马氏体相变进行了大量研究,并认定其中斜方→单斜,以及 Y_2O_3-ZrO_2 快速冷却时立方→正方(四角)也都属马氏体相变。有时将位移很小、点阵不发生(或很小)畸变的铁弹和铁电相变也习惯称为马氏体相变。具钙钛矿结构的压电陶瓷 $BaTiO_3$、$K(Ta,Nb)O_3$(KTN)及 $PbTiO_3$ 中高温顺电性立方相→低温铁电正方相和高温超导体 $Yba_2CU_3O_{7-X}$ 中高温顺电相→超导立方相均称为马氏体相变[5]。Ca_2SiO_4 及 Sr_2SiO_4 经研磨所诱发的 $\alpha' \to \beta$ 相变可能为马氏体相变。NiS 中高温 $\alpha \to$ 低温 β 呈显不变平面型表面浮突等符合马氏体相变特征[7]。

纯 ZrO_2 的力学性能和抗震能力都很差,不能作为结构材料,但加入稳定立方相的氧化物如 CaO、Y_2O_3、CeO_2 等(见图 1[6])后,使正方(t)相能在室温保持,借断裂时裂缝尖端的拉伸应力,使之呈 $t \to m$ 马氏体相变,吸收部分断裂能量,呈现高的强度和韧性(相变韧化),成为增韧 ZrO_2 陶瓷。这类陶瓷可分为三组:①部分稳定的氧化锆(PSZ),含立方相和正方(四角)相;②正方氧化锆多晶体(TZP),含单相正方细晶粒多晶体;③复合型陶瓷,在其他陶瓷(如 Al_3O_2)基体上弥散分布增韧氧化锆(通常由机械合金化制成)。这些增韧陶瓷当含一定量氧化物时具有很高的强度和较好的断裂韧性,如 2mol% Y_2O_3-ZrO_2,见图 2 和图 3[8].

马氏体相变使陶瓷增韧和呈现相变塑性;压电陶瓷在马氏体相变时发生可观的形状改变,可驱动热敏传感器;另一些陶瓷(如 10CeO_2 TZP 和 8CeO_2-0.5Y_2O_3 TZP)由马氏体相变呈现形状记忆效应;促使陶瓷的马氏体相变研究长盛不衰。

陶瓷中相变增韧的效果决定于因发生相变而吸收断裂能量的大小。Lange[9]列出增韧陶瓷的断裂性表达方式为

$$K_c = \left[K_o^2 + \frac{2(|\Delta G_c| - \Delta Uf)E_c V_1 R}{(1-v_c^2)} \right]^{1/2} \quad (1)$$

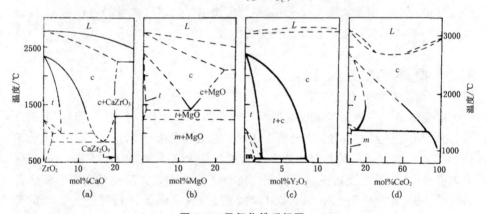

图 1　二元氧化锆系相图
(a) ZrO_2-CaO; (b) ZrO_2-MgO; (c) ZrO_2-Y_2O_3; (d) ZrO_2-CeO_2

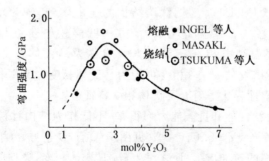

图 2　Y_2O_3 量 Y_2O_3-ZrO_2 的室温弯曲强度

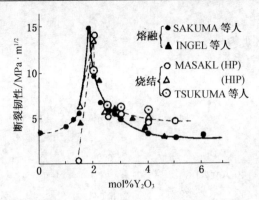

图 3 不同含 Y_2O_3 量的 Y_2O_3-ZrO_2 的断裂韧性

其中,K_0 表示无相变增韧时的断裂性,$|\Delta G_c|$ 为驱动相变的化学自由能变量,Δu_f 为接近断裂表面处相变后的剩余应变能,E_c 为弹性模量,v_c 为泊松比,V_1 为正方(t)相的体积分数,R 为相变区的深度(自断裂表面起至整个相变区)。在 Y_2O_3-ZrO_2 中断裂韧性与 Y_2O_3 含量的关系见图 4[10],其中实线表示由(1)式计算(以 $E_c=165Gpa, v_c=0.25, R=0.5\mu m$,单位体积应力诱发马氏体相变所作功 $=|\Delta G_c|-\Delta u_f=176MJm^{-3}, K_0=3.0Mpa \cdot m^{-\frac{1}{2}}$ 代入)所得的结果。含 $1.5 mol\% Y_2O_3$ 的 ZrO_2,起始断裂韧性值较低,是由于已出现大量的单斜相。图 4 明显地指出正方(t)相对韧性的重要性,在 AL_2O_3-ZrO_2 复合型陶瓷中也存在类似的情况,见图 5[11]。图中,Al_2O_3-ZrO_2(正方)表示 ZrO_2 中含 $2mol\%$,Y_2O_3,Al_2O_3-ZrO_2(立方)表示含 $7.5 mol\% Y_2O_3$。

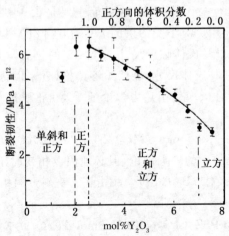

图 4 Al_2O_3-ZrO_2 中含 Y_2O_3 量对断裂韧性的影响

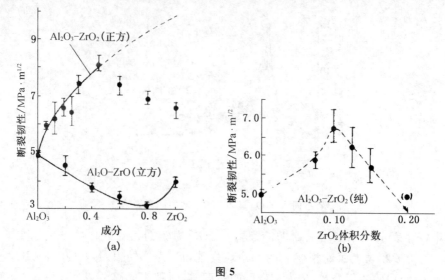

图 5

(a) Al_2O_3-ZrO_2 成分对断裂韧性的影响,Al_2O_3-ZrO_2(正方)含 $2mol\%Y_2O_3$,Al_2O_3-ZrO_2(立方)含 $7.5mol\%Y_2O_3$;(b) Al_2O_3-ZrO_2 中 ZrO_2 的体积分数对断裂韧性的影响

  在 ZrO_2 陶瓷的 $t \to m$ 中存在"尺寸效应",即在 TZP 中,母相的晶粒大小或复合型陶瓷中 ZrO_2 颗粒大小均影响 M_s 温度。尺寸效应对增韧陶瓷具有重要的实际意义,因此很为研究者关注,曾对此提出一些解释,认为很可能不同类型(如 PSZ、TZP 和复合型陶瓷)的材料由于母相状态不同(受约束条件不同)具有不同的尺寸效应机制,对周围受陶瓷基体约束的 $t \to ZrO_2$ 粒子如在 ZrO_2 韧化 Al_2O_3 材料中较难进行马氏体相变,这可能主要是由于粒子和基体间界面的局域应变能起阻力作用。对不受约束的 $t \to ZrO_2$(TZP)中母相晶粒大小对 M_s 的影响,陶瓷界普遍以马氏体临界尺寸 r_c 与 M_s 的热力学推导作用为依据,混淆了母相晶体大小和马氏体尺寸,显然不够严格,近来以母相晶体大小影响强度从而影响 M_s 对尺寸效应作了热力学论证[12],纠正了以往的旧概念,详见本文第 6 节。

  晶体学研究表明[1],$9.5\ mol\%MgO$-ZrO_2、$12mol\%CeO_2$-ZrO_2 中的 $t \to m$ 相变符合马氏体相变晶体学的表象理论,但必须假设相变时不变点阵应变为简单切变,这还有待探讨。对 $YBa_2Cu_3O_{7-x}$ 中由正方→斜方的相变晶体学,也做了表象理论的计算[5]。

  经发现,在 MgO-PSZ、CeO_2-TZP 和 $8mol\%CeO_2$-$0.5\ mol\%Y_2O_3$-TZP 中都呈现形状记忆效应,这也是陶瓷材料利用马氏体相变以开拓其工业潜在应用的一个范例。

纯 ZrO_2、CeO_2-ZrO_2 和 Y_2O_3-ZrO_2 都显示 $t \to m$ 等温相变,且 Y_2O_3-TZP 和 Y_2O_3-PSZ 及 MgO-CaO 和 CeO_2-ZrO_2 中 t 相经等温时效,产生 $t \to m$ 相变后力学性能均恶化,成为工业应用的一个主要问题。$YBa_2Cu_3O_{7-x}$ 中也具有正方→斜方相的等温相变。这些等温相变很可能不是马氏体型的,而属于贝氏体相变[1],详见第 7 节。

4.2 ZrO_2 的马氏体相变

Ruff 和 Ebert[13] 于 1929 年最先由高温 X 线实验发现 ZrO_2 的单斜(m)相加热至 1 100～1 200℃间转变为正方(t)相,以后又有不少学者利用不同方法,诸如高温 X 线衍射、高温金相、示差热分析、膨胀测定、电子显微学及衍射、电阻测量、X 线光谱和高压测试,对 $m \to t$ 同系多型相变加以研究。由于所用氧化锆的纯度、晶粒度及热处理条件等不同,各家所得相变温度差别相当大。如加热时有的测得相变温度范围为 950～1 250℃,有的为 1 175～1 220℃;冷却时为 1 250～740℃,和 920～680℃;请参阅印度学者的总结性文章。各家所测得结果都显示,相变在一段温度范围内进行。同时,加热和冷却相变温度间存在较大失误热滞。Ono[15] 以高温 X 线测得人造 ZrO_2 的平衡相变温度为 1 140±10℃。在 $m \to t$ 相变时突然发生大的体积变化,致使试样断裂;相变时典型的长度变化见图 6[16];由 X 线衍射测定点阵参数的各向异性变化见图 7。大约在 2 370℃发生正方-立方相变。ZrO_2 的点阵常数见表 1。

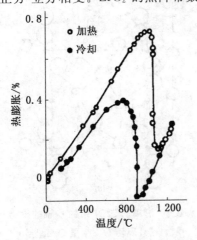
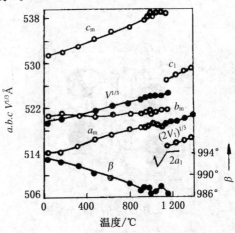

图 6　ZrO_2 的热膨胀曲线　　　　图 7　单斜和正方 ZrO_2 中的点阵参数随温度的变化

表1 ZrO₂ 的点阵常数

晶体类型	温度/℃	a/nm	b/nm	c/nm	β
单斜①	30	0.514 15	0.520 56	0.531 28	99°18′
正方②	1 393	0.365 26		0.529 28	
立方③	2 400	0.527 2			

高温立方相呈 CaF_2 结构,其中 Zr^{4+} 离子位于立方心部, O^{2-} 离子位于角上, 8个氧离子与锆离子之间的距离相等,正方相呈畸变的氟化物结构,其单胞见图8,其中黑球表示的 O^{2-} 在立方体中略为向上位移,白球所示的 O^{2-} 则向下位移,畸变成正方(四角)结构。在正方-ZrO_2 中 Zr^{4+} 离子的配位数(与 O^{2-} 相邻)仍为8,但 Zr^{4+} 与 O^{2-} 之间的距离有两套:0.2455nm 和 0.2065nm(在1 523K)。单斜相结构中 Zr 的配位数为7,并呈层状结构,一层氧离子有3个 Zr 离子近邻(三角配位),以 O_1Zr_3 表示;一层氧离子有4个 Zr 离子近邻(畸变四面体配位),以 O_1Zr_4 表示;Zr-O 离子间距为 0.205nm 和 0.228nm(在室温),次邻间距为 0.358nm。图 9[20] 为沿单斜结构 c 轴的投影,表示 O_1Zr_3 层和 O_1Zr_4。图10 表示正方结构中 Zr 具有8个氧近邻(配位)即 ZrO_8,图11 表示单斜结构中 Zr 具有7个氧近邻(ZrO_7 层),为马氏体相变。由图10和11可见,相变时氧离子似乎难以简单切变完成移位。图11中虚线箭头所示为氧离子在 $m \to t$ 时迁动方向的一种设想[21]。

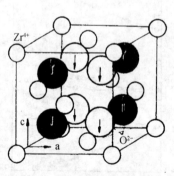

图8 正方 ZrO_2 的单胞示意图

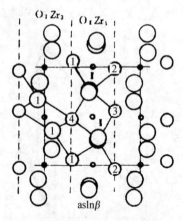

图9 沿单斜 ZrO_2 结构 c 轴的投影(表示 O_1Zr_3 层 O_1Zr_4 层)

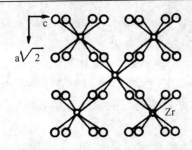 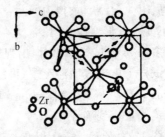

图 10　正方 ZrO_2 结构(110)面投影(表示 ZrO_8 层)

图 11　单斜 ZrO_2 结构(110)面投影(表示 ZrO_7 层,其中小十字表示正方结构中氧的位置;虚线箭头表示 $m \to t$ 时原子移动的可能方向)

第 1 节里以述及 ZrO_2 中正方相(t)→单斜相(m)显示无扩散、变湿、具有热滞[2],并显示表面浮突[3,4],由于 $t \to m$ 相变在较高温度进行,t 相和 m 相之间的位向关系较难测准。常见的位向关系为 $(100)_m // (100)_{fct}[001]_m // [001]_{fct}$(fct 表示面心正方)[15,22]。也有得到 $(100)_m (100)_{bct}[001]_m // [001]_{bct}$(bct 表示体心正方);$(010)_m // (100)_{fct}[001]_m // [100]_{fct}$ 等[14]。

在 $t \to m$ 晶体学研究中,需确定正方相的 c 轴对应于单斜相的 a 轴(称为 A 对应)b 轴(B 对应),还是 c 轴(C 对应)。当 A 对应时,点阵参数间匹配甚差,相应的应变能最高。因此一般选 B 对应(LCB)或 C 对应(LCC),它们的位向关系分别为

B-1　$[100]_m // [010]_t,[010]_m // [001]_t,[010]_m$ 离 $[100]_t 9°$,即 $(001)_m // (100)_t$;

B-2　$[100]_m$ 离 $[010]_t 9°$,即 $(100)_m // (010)_t,[010]_m // [001]_t[001]_m // [100]_t$;

C-1　$[100]_m // [100]_t,[010]_m // [010]_t,[001]_m$ 离 $[001]_t 9°$,即 $(001)_m // (001)_t$;

C-2　$[100]_m$ 离 $[100]_t 9°$,即 $(100)_m // (100)_t,[010]_m // [010]_t // [001]_t$。

因此出现不同位向关系的表示。值得提出的是,Bansal 和 Heuler[23] 中发现:在 1 000 ℃ 以上,两相间的位向关系为 $(100)_m // \approx (100)_{fct}$ 和 $[010]_m // \approx [001]_{fct}$,而在 1 000 ℃ 以下,则为 $(100)_m // \approx (100)_{fct}[001]_m // \approx [001]_{fct}$。是否在高温时两相间容易出现范性协调,使位向关系略有改变,尚待验证。他们以高温金相用双面法测得两类马氏体的惯习(析)面:$(010)_m$ 和 $(106)_m$[4]。当马氏体为透镜状时,出现前一类惯习面;当马氏体为片状时,则出现后者。Bansal 和 Heuler[23] 应用晶体学表象理论进行计算时,当选 $(110)[001]$ 滑移为不变点阵形变、并新相呈透镜状,求得的惯习面为 $(671)_m$ 和 $(761)_m$;当选 $(110)[1\bar{1}0]$ 滑移

时,马氏体呈片状,求得(100)$_m$。单斜相马氏体中常含孪晶亚结构,而高温相变时,不变点阵形变应为滑移,这一矛盾有待晶体学研究解决。

多晶 m 相试样加热时,出现针状 t 相,形态和金属中马氏体相似;在预先抛光的试样上出现表面浮突[3];再冷却时由于表面不平,难以见到相变浮突。以后再单晶 ZrO_2 中,观察到 $t\rightarrow m$ 呈现的浮突[4],并以透射电镜测得切变角为 $2°$[22],经光镜测量得到确证[4]。

图 12 为 ZrO_2 $m\rightarrow t$ 相变的动力学曲线[2],测得相变量为 10%、50% 和 90% 时升温中的相变温度分别为 1 055、1 086 和 1 110℃,在降温中的相变温度分别为 910、878 和 804℃;在 50% 相变时的滞热为 208℃。

很多作者测得 ZrO_2 中 $t\rightarrow m$ 相变为变温相变,但少数作者测得,在遇到障碍(位错)或晶体小于 100nm[24] 时出现等温相变。图 13 为不同晶体大小的 ZrO_2 在 1 150±10℃ 时经相变的单斜相分数随等温时间 t 的增加而增大的实验结果[24]。值得提出疑问的是,在如此高的温度下等温,晶粒将迅速长大[14],根据"尺寸效应"(粗晶材料的 M_s 较高),图 13 所示的却可能是变温相变。

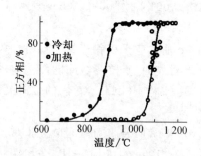

图 12 ZrO_2 $t\rightarrow m$ 相变的动力学曲线

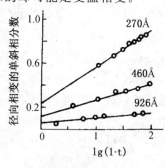

图 13 小晶体 ZrO_2 在 1 150±10℃ 等温时单斜相的相变分数

ZrO_2 高温四角(正方)t 相的密度($6.10g/cm^3$)比低温单斜相的密度($5.83g/cm^3$)约大 4.6%[20]。应用 Clausius-Clapeyron 方程,在 38kbar 压力下,可将 t 相保留至室温[25],有的实验结果与此符合,但有些结果与此不符,可能由于实验所用材料的纯度和晶粒不同所致。

虽然有些作者提出立方-正方相变也为马氏体相变,但在很高的相变温度(2 300℃以上)下,尚难确定其相变特征。

4.3 CeO_2-ZrO_2 的马氏体相变

CeO_2 是能部分稳定 t 相(成为 PSZ)或完全稳定 t 相(成为 TZP)的 CeO_2-

ZrO_2 陶瓷(视 CeO_2 的含量及烧结温度而定),具有较高的强度,并显示相变增韧。图 14 显示出 ZrO_2-CeO_2 陶瓷的维系硬度和断裂韧性都比 3mol% Y_2O_3-ZrO_2 的为高[26]。烧结温度和时间决定 CeO_2-ZrO_2 的晶体大小,也就决定了 M_s(一般 M_s 随晶粒长大而增高);同一烧结温度下,8 mol% CeO_2-ZrO_2 的 M_s 高于 12 mol% CeO_2-ZrO_2(8 mol%、10 mol% 和 12 mol% CeO_2-ZrO_2)的 t-m 两相的平衡温度,其 T_o 分别为 1 000、838 和 698K,比纯 ZrO_2 的 T_o=1 478K 低得多[27]。8 mol% CeO_2 · ZrO_2 t 相的理论密度(d_t)以点阵常数 a = 0.36239nm,c = 0.52166计算得 d_t=6.10g/cm³;12 mol% CeO_2 · ZrO_2 t 相以 a=0.36274nm,c=0.52263nm 计算得 d_t=6.14g/cm³[28]。测得 8 mol% 和 12 mol% CeO_2-ZrO_2 的烧结温度和时间对 t 相晶粒度和相对密度的关系见图 15. 晶粒大小对 m 相形成量(mol%)的关系见图 16[26]。密度的降低是由于 m 相形成时出现微裂缝所致。随烧结时间延长,晶粒致密,但时间过长,t 相晶粒长大,M_s 升高,m 相易形成,导致相对密度下降。由图 16 可见,经 1 600℃ 烧结的 8mol% CeO_2-ZrO_2 和 12mol% CeO_2-ZrO_2,t 相晶粒分别小于 $2\mu m$ 和 $3\mu m$ 时,完全由 t 相组成。

亚稳 t-ZrO_2 中 $t \to m$ 为马氏体型相变,其形状改变可由不变平面应变约 0.16表述[28]。Hugo 等[29,30] 应用电镜研究了 12 mol% CeO_2-TZP(晶粒大小为 $2 \sim 3\mu m$)中的 $t \to m$ 相变,发现应力诱发 m 相的形态和晶体学与冷却时热变得到的 m 相相似。单斜相的形态均为条状,见图 17、18,且部分为自协作,见图 19、20。其中成对的大条 m 相之间以 $(100)_m$ 呈孪晶关系,其交接面为 $(100)_m$[29]。

图 21 为完全经变温相变转变成 m 相的电镜照片,其中并不保留 t 相,也不出现微裂缝,可见,多变体 m 相(马氏体)之间的良好自协作性。

引用 t 相和 m 相的点阵常数[31]:a_t = 0.512nm,c_t = 0.522nm;a_m = 0.512nm,b_m=0.518nm,β=81.1°,a_t 和 c_t 十分接近;但 c_t 轴的位向很难测定,因此难以决定 c_t 平行于 a_m(A 对应)、b_m(B 对应)还是 c_m(C 对应),也就难以决定位向关系。根据 B 对应,t 与 m 相存在明显的两类位向关系:

(1) $(001)_m // (100)_t$ 和 $[100]_m // [010]_t$(位向关系 1)。

(2) $(100)_m // (010)_t$ 和 $[001]_m // [100]_t$(位向关系 2)。

其极图见图 22,两者以 $[010]_m$ 轴相差约 9°转动[29]。

图 17 中正方相基体上存在应力诱发的斜方相变体,如变体条 1 和条 2,它们的电子微衍射花样分别对应于 $[010]_m$ 晶带轴和 $[0\overline{1}0]_m$ 晶带轴;假定点阵系 B 对应,则晶带轴平行于 $[001]_t$。对条 1,$(100)_m$ 平行于 $(200)_t$;对条 2,$(100)_m$ 平行于 $(020)_t$。因此,条 1 和条 2 与母相的位向关系都为位向关系 2。图 18 中的

斜方相的$[010]_m // [001]_t$,晶带轴的选区衍射(SAED)花样显示$(002)_m$平行于$(200)_t$,因此$t \to m$相之间存在位向关系1。图19显示许多马氏体变体。电子微衍射显示条2存在$(002)_m$平行$(200)_t$的关系,即存在位向关系1;而条1及条3均存在$(100)_m // (020)_t$,即位向关系2。变体群中出现不同位向关系以降低总的应变能。图20中两个大的变体间呈现孪晶关系,其$[011]_m$平行于$[011]_t$,而$(100)_m$平行于$(200)_t$,两变体都显示位向关系2。

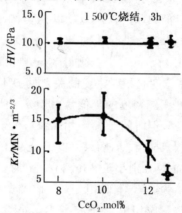

图14 经1 500℃烧结3h的ZrO_2-CeO_2的维氏硬度和断裂韧性(由压痕法测得),图中"□"表示3mol% Y_2O_3-ZrO_2的数据

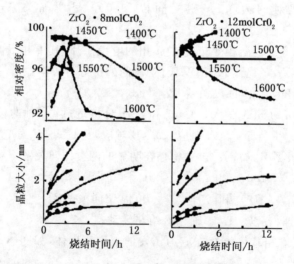

图15 ZrO_2-CeO_2在1 400~1 500°烧结时间对晶体大小和相对密度的影响

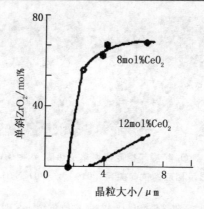

图16 8mol%及12mol%ZrO_2-CeO_2的晶粒大小和单斜相（m相）数量的关系（1 500°烧结）

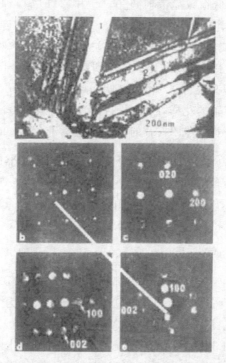

图17 12mol%CeO_2-TZP经应力诱发的条状m相
(a) 选区衍射花样显示相应的位向关系$[010]_m$∥$[001]_t$；
(b) t相的微衍射花样；(c) 条1；(d) 条2；(e) 的电子微衍射花样

图 18 12mol% CeO_2-ZrO_2 经冷却相变所得单个热变 m 相条(a)及其 SAED 花样，显示相应的位向关系：$[010]_m$ // $[001]_t$ (b)

虽然 a_t 和 c_t 相近[31]，使很多低指数轴的位向相同，如 $[100]_t$ 和 $[001]_t$ 晶带轴的衍射花样相同或相差很小(<2%)，使 c_t 轴的位向不能确定，但 Hugo 和 Muddle[30] 发现，有些低指数晶带轴如 $[011]_t$ 和 $[211]_t$，c_t 轴位向难以确定，可是有些晶带轴如 $[110]_t$、$[111]_t$ 和 $[112]_t$，c_t 轴位向却能确定。因此，只要将试样转动至合适晶带轴，就能测定点阵间对应关系。他们选取如图 23(a) 中的含割阶的大条和图 23(b) 中心的薄条作晶体学研究。t 相的电子微衍射花样见图 24(a)、(b)。图 24(a) 似乎也可指标化为 $[100]_t$，但将图 24(b) 对照图 24(c) 所示的 $[112]_t$ 和 $[211]_t$ 晶带轴的花样，断定图 24(b) 的晶带轴为 $[112]_t$，而不是 $[211]_t$，这样固定了 c_t 轴的方向。图 24(a) 的晶带轴应标准化为 $[001]_t$，而不是 $[100]_t$。图 23(b) 中薄条的电子微衍射花样见图 25，表示 $[010]_m$ 平行 $[001]_t$，显示(b)对应。衍射花样中并具有 $(001)_m$ // $(010)_t$，显示这薄条单斜相与 t 相存在位向关系 2。将图 23 中大条的割阶处放大(见图 26(a))，显示由三个单斜相变体组成。其中，X、Y 和 Z 三点的电子微衍射花样分别见图 26(b)、(c)、(d)，都为 $[010]_m$ 晶带轴花样。图 26(b) 显示 $[0\bar{1}0]_m$ // $[001]_t$，(c) 显示 $(010)_m$ // $(001)_t$，(d) 显示 $(0\bar{1}0)_m$ // $(001)_t$。对照图 24(a)，它们都存在 $(100)_m$ // $(010)_t$ 关系，因此具有 B 对应及位向关系 1，他们将 12mol% CeO_2-TZP(晶粒大小为 2~3μm)试样冷至 -50℃ 所得斜方相见图 27，其 t 相的 SAED 花样见图 28(a)，图 27(b) 中亮条的电子微衍射花样见图 28(b)，而临近正方相基体的花样见图 28(c)，经与图 24(c) 比较，图 28(a) 的基体的 SAED 花样代表 $[211]_t$ 晶带，图 28(b) 的几何图形可确定为 $[1\bar{2}1]_m$ 晶带。图 28(c) 系 $[211]_t$ 花样，经 $[1\bar{2}1]_m$ 转动约 4° 所得。经分析平行于 $[011]_t$ 晶带轴的 SAED 花样，得到 $[011]_m$ // $[011]_t$ 及 $(100)_m$ // $(200)_t$，即 t →m 两相间存在位向关系 1。联系 $[1\bar{2}1]_m$ 距 $[211]_m$ 约 4°，同时 $[011]_m$ // $[011]_t$，则 $[011]_m$ 必须平行于 $[011]_t$。由极图可得图 27 所示的斜方相条与母相

点阵呈 C 对应,且具位向关系 1。

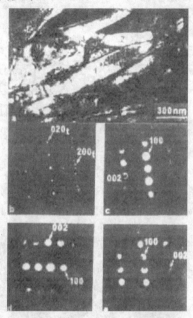

图 19 变温相变所得的 m 相条,呈自协作群(a),SAED 花样,显示$[010]_m /\!/ [001]_t$(b),以及条 1(c),条 2(d)和条 3(e)的电子微衍射花样

图 20 变温形成成对的大条 m 相之间呈孪晶关系(a),SAED 花样显示$[011]_m /\!/ [011]_t$

图 21

(a)完全经变温相变的单斜相呈复杂变体群,晶内及晶界均未出现微裂缝;(b)在(a)中心区的细节

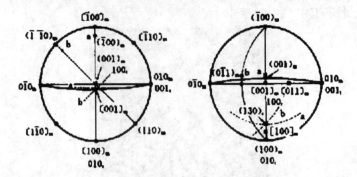

图22 t 相与 m 相之间位向关系极图(选 B 对应)中的 a 和 b 分别表示按电子束方向 $[010]_m$ 及 $[110]_m$(位向关系 1);$[010]_m$ 及 $[011]_m$(位向关系 2)测定惯习面迹线的方向,a、b 虚线表示相应的法线,其交点即为惯习面法线的近似位向

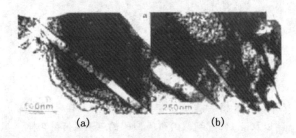

图23 12mol%CeO_2-TZP 中应力诱发单斜相的 TEM 照片

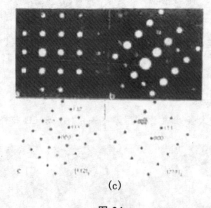

图24

(a) t 相 $[001]_t$ 晶带的电子微衍射花样;(b) t 相的电子微衍射花样,对照(c),确定为 $[112]_t$ 晶带;(c) t 相 $[112]_t$ 和 $[211]_t$ 晶带轴花样示意图

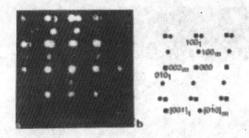

图 25

(a) 图 23(b)中薄条单相斜相的电子微衍射花样;(b) 图(a)花样指标的示意

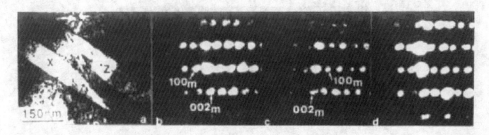

图 26

(a) 图 23(a)中具有割阶大条的 TEM 明场;(b) 由 X 点所得的电子微衍射花样,显示$[010]_m$ // $[001]_t$;(c) 由 Y 点所得的电子微衍射花样,显示$[010]_m$ // $[001]_t$;(d) 由 Z 点所得的电子微衍射花样,$[0\bar{1}0]_m$ // $[001]_t$

可见 12mol%CeO_2-TZP 中 $t \to m$ 呈 B 对应或 C 对应,并具有两种位向关系。

应用表面迹线法测定 12mol%CeO_2-TZP 中单斜马氏体的惯习面时发现,当呈位向关系 2 时,约为$(130)_t$(假定 B 对应)或$(301)_t$(C 对应),近似$(010)_m$ 法线或距$(100)_m$ 17°,如图 22 所示。呈位向关系 1 时的惯习面不能确定[29],不同于位向关系 2 时的惯习面,可能接近$(100)_t$[3]。

12mol%CeO_2-TZP 中 $t \to m$ 相变只具有变温特性,且呈爆发型,其相变的膨胀曲线见图 29[31],经热循环后,相变的潜热测定及其膨胀曲线均显示相同特性,M_s 也无大的改变[32]。8mol% 及 10mol%CeO_2-ZrO_2 中具有等温 $t \to m$ 相变,水分加速试样表面的等温相变见图 30、31(显示表面效应)和 32[24]。图 32 指出,12mol%CeO_2-ZrO_2 即使在水中加热至 140℃、经 160h,也不见等温 $t \to m$ 相变的 TTT 图呈 C 形[34]。曾报导其既具变温相变(显示变温 M_s),见图 33,又具等温相变。文献[1]较详细地研究了 M_s 以上和以下的等温相变,认为系贝氏体相变[35,36],这可以解释已有的实验结果(包括文献[26])。关于等温相变将在第 7 节中再做讨论。

图 27 残余正方相中条状单斜相的 TEM 照片

(a) 明场；(b) 晴场

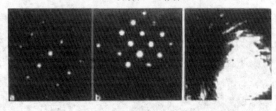

图 28

(a) t 相 $[211]_t$ 晶带的 SAED 花样；(b) 图 27(b) 中亮条单斜相 $[1\bar{2}1]_m$ 晶带的衍射花样；

(c) 将 $[211]_t$ 轴转动 4°所得正方相的衍射花样

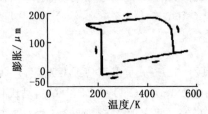

图 29 12molCeO_2-ZrO_2 的膨胀曲线

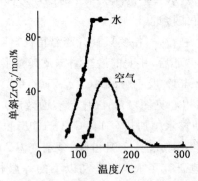

图 30 经 1 500℃ 烧结 3h 的 8mol% CeO_2-ZrO_2 经空气及水中

不同低温等温 36h 后形成的单斜相量

第 4 章　无机非金属材料的马氏体相变

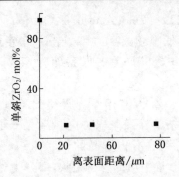

图 31　8mol％ CeO_2-ZrO_2 经 140℃ 水中等温 360h 后自表面至 100μm 厚度处的单斜相量

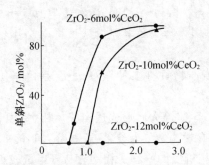

图 32　不同晶粒大小的 8mol％ CeO_2-ZrO_2 及 10mol％ CeO_2-ZrO_2 经 140℃ 水中等温 160h 后形成的单斜相量

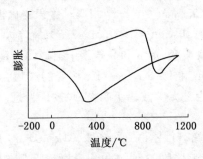

图 33　8mol％ CeO_2-ZrO_2（经 1 500℃ 烧结 2h，晶粒大小为 1.38μm）的膨胀曲线，显示变温 M_s = 320℃

4.4　Y_2O_3-ZrO_2 的马氏体相变

含 Y_2O_3 的 ZrO_2 陶瓷经熔体快速冷却，能抑制扩散型 $c \rightarrow t$ 沉淀，而呈现马

氏体型 $c\rightarrow t$ 相变。2mol%～7mol% Y_2O_3-ZrO_2 中 $t\rightarrow m$ 的变温 M_s 很低，如 2mol% Y_2O_3-ZrO_2 的 M_s 低于液氦温度(4.2K)；一般由应力诱发 $t\rightarrow m$ 马氏体相变，通常为等温相变(100～350C)；在一些条件(如由熔体快速冷却)下，也可能出现变温 $t\rightarrow m$ 相变。

4mol%～7mol% Y_2O_3-ZrO_2 自熔态淬火得到类似钢中透镜状或片状马氏体的 t 相组织(一般由烧结试样经氩保护电弧融化冷至铜器水池中)。3mol% Y_2O_3-ZrO_2 自熔体冷却得到含有内孪晶的带状组织(又称青鱼骨状组织)的 t 相[38～41]。4mol% Y_2O_3-ZrO_2 中局部为透镜状，部分为青鱼骨状组织[39]，烧结的 7mol% Y_2O_3-ZrO_2 中也得到青鱼骨状组织的 t 相[42,43]，都认为由马氏体 $c\rightarrow t$ 相变形成。经两相区退火后，$c\rightarrow t$ 相变产物还有呈不含内孪晶的薄片状组织，也由切变形成[41,43～45]，伴随无扩散 $c\rightarrow t$ 相变，还形成类似反相畴反差的呢绒组织(也称调幅组织)，在烧结试样[37,43,46]和电弧熔融试样[41,47]中都经常出现，其成因有多种说法尚莫衷一是。

马氏体型 $c\rightarrow t$ 相变产物具有多种形态，主要是由于协作应变(相变应变降至最低)的结果。

7mol% Y_2O_3-ZrO_2 熔体淬火后形成透镜状 t' 相(室温稳定的 t 相)，以 EDX 测得几处 t' 相的 Y_2O_3 含量为 7.0 及 6.6，基体为 7.1、6.9 和 7.1，差别均在测量误差范围内，而由立方相析出的平衡 t 相中含 Y_2O_3 量较低[39]；t' 相常横贯母相晶体，因此其尺寸常决定于母相的晶体大小[38]；根据 t' 形成时成分不变，其大小、分布情况又与金属中马氏体相似，因此认为其系马氏体相变产物[38]。t' 相形成时往往伴随低密度位错孪晶[38]。$c\rightarrow t$ 相变时体积变化很小($t\rightarrow m$ 时体积膨胀达 4.5%)，但含高 Y_2O_3 (如 4mol%～7mol%) 经熔体淬火，形成马氏体的应变能较高，为协调较高的相变应变，形成和高碳钢中类似的透镜状马氏体。在金属合金系中，如 In-Tl、Mn-Cu 和 Fe-Pd，fcc→fct 相变的产物在光镜下就能见到含内孪晶的带状组织，被认为是无扩散相变产物，并被认为是以孪生来协调相变的应变。

Scott 最先报道含 Y_2O_3-ZrO_2 自熔体淬火至室温形成"多孪晶"组织。3mol% Y_2O_3-ZrO_2 经电弧熔体淬火，在电子显微镜下观察到青鱼骨状组织(内孪晶带状组织)[38～41]。在 7mol% Y_2O_3-ZrO_2 经烧结试样中也得到类似组织[42,43]。Hayakawa 等对 3mol% Y_2O_3-ZrO_2 的 $c\rightarrow t$ 中青鱼骨状组织的形成作了较详细的研究。试样经离子电弧熔融，在氩气中冷却(电弧熔融试样的晶体很大，约 1mm)。光镜下成束(约几百 μm)的透镜状或层状组织以一定方向排列，未见鱼骨形态。图 34(a)所示为青鱼骨状组织的电镜照片(其中黑色较深部分为类似反向畴区)，带宽约 1μm，每带内含有孪晶。经分析，得到的带内孪晶面及带间相交面均为$\{101\}_t$，t相中任两个变体均可视为以$\{101\}$t面呈孪晶关系，如图34(b)中变体X和Z以$(101)_t$面呈孪晶关系，而Y和Z以$(011)_t$呈孪晶关系。变体Z属A带和B带共有，变体X和Y与带间交接面$(110)_t$呈孪晶关系，三个变体出现的概率相等，共有Z变体的厚度应为Z或Y的一半，如图34所示[48]。

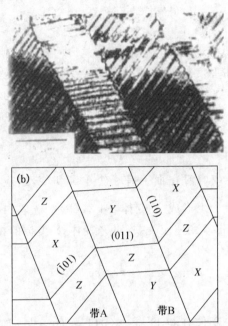

图34 3mol%Y_2O_3-ZrO_2 经熔体淬火所得鱼骨状 t 相组织的电镜照片(a)及变体X、Y和Z的分布(b)

X线衍射测得3mol%Y_2O_3-ZrO_2 中t相的点阵常数为：$a_t=0.5100$nm，$c_t=0.5166$nm，$c/a=1.0129$。电子衍射得$c/a=1.015$[44]，两者结果相近。经EDAX-STEM测定，青鱼骨状组织并无成分波动，每带内含Y量大体相同，干涉图像显示有$c \to t$相变相伴随的表面浮突，其倾动角为$1 \sim 2°$[45]。

Hayakawa等[46]以定量计算证明青鱼骨状形态符合应变协调模型。并出现的切变角符号实验值。设立方相的点阵常数为$a_c=0.5122$nm(假设体积改变为零，由t相点阵常数推算得到)，t相点阵常数为a_t及c_t；$c \to t$时沿$<100>c$的一个方向伸长，其垂直面收缩；t相形态为理想的情况，见图34(b)。则X、Y和Z三变体的应变张量分别为

$$\varepsilon_x = \left\{ \begin{array}{ccc} \varepsilon_3 & & \\ & \varepsilon_2 & \\ & & \varepsilon_1 \end{array} \right\} \tag{2}$$

$$\varepsilon_y = \left\{\begin{matrix} \varepsilon_3 & & \\ & \varepsilon_2 & \\ & & \varepsilon_1 \end{matrix}\right\} \tag{3}$$

$$\varepsilon_z = \left\{\begin{matrix} \varepsilon_3 & & \\ & \varepsilon_2 & \\ & & \varepsilon_1 \end{matrix}\right\} \tag{4}$$

其中,$\varepsilon_1 = a_t/a_c - 1$,$\varepsilon_2 = a_t/a_c - 1$。

假定 A 带和 B 带厚度相等，Z 变体的厚度为 X 或 Y 变体之半（也由实验证明）。A 带内，X 变体和 Z 变体应变差（对 Z 变体，X 变体的相对应变）为

$$\varepsilon_x - \varepsilon_z = \left\{\begin{matrix} \varepsilon_3 - \varepsilon_1 & & \\ & 0 & \\ & & \varepsilon_1 - \varepsilon_3 \end{matrix}\right\} \tag{5}$$

该矩阵表示在 $(101)_t$ 或 $(10\bar{1})_t$ 面上有一个单纯切变，这应变可视作 Z 变体在 $(101)_t$ 或 $(10\bar{1})_t$ 面上孪生形成 X 变体，图 34(b) 中选取 $(10\bar{1})_t$ 为孪晶面。同样，在 B 带内 Y 变体和 Z 变体应变差（对 Z 变体，Y 变体的相对应变）为

$$\varepsilon_y - \varepsilon_z = \left\{\begin{matrix} 0 & & \\ & \varepsilon_3 - \varepsilon_1 & \\ & & \varepsilon_2 - \varepsilon_3 \end{matrix}\right\} \tag{6}$$

(6)式相等于 Z 变体在 $(011)_t$ 或 $(01\bar{1})_t$ 面孪生，形成 Y 变体，现选取 $(01\bar{1})_t$ 面为孪晶面。

考虑带间界面，A 带的平均形状应变为

$$\varepsilon_A = \frac{2}{3}\varepsilon_x + \frac{1}{3}\varepsilon_z = \left\{\begin{matrix} (2\varepsilon_3 + \varepsilon_1)/3 & & \\ & \varepsilon_2 & \\ & & (2\varepsilon_1 + \varepsilon_3)/3 \end{matrix}\right\} \tag{7}$$

同样，B 带的形状应变为

$$\varepsilon_B = \frac{2}{3}\varepsilon_y + \frac{1}{3}\varepsilon_z = \left\{\begin{matrix} \varepsilon_1 & & \\ & (2\varepsilon_2 + \varepsilon_1)/3 & \\ & & (2\varepsilon_1 + \varepsilon_3)/3 \end{matrix}\right\} \tag{8}$$

B 带和 A 带的应变差（对应 A 带、B 带的相对应变）为

$$\varepsilon_{BA} = \varepsilon_B - \varepsilon_A = \left\{\begin{matrix} (2\varepsilon_1 - \varepsilon_3)/3 & & \\ & (2\varepsilon_3 - \varepsilon_1)/3 & \\ & & 0 \end{matrix}\right\} \tag{9}$$

(9)式又表示$(110)_t$或$(110)_t$面上的一个纯切片,可见带间交界面的宏观应变为零。

青鱼骨状组织的整体平均应变为

$$\varepsilon=(\varepsilon_B+\varepsilon_A)/2=\frac{2}{3}\begin{Bmatrix} 2\varepsilon_1+\varepsilon_3 & & \\ & 2\varepsilon_1+\varepsilon_2 & \\ & & 2\varepsilon_1+\varepsilon_3 \end{Bmatrix} \quad (10)$$

(10)矩阵式表示平均应变为膨胀应变。代入点阵常数,得 $\varepsilon_1=a_t/a_c-1=-0.0043$,$\varepsilon_3=a_t/a_c-1=0.0086$,$2\varepsilon_1-\varepsilon_3=0$。(10)式表示青鱼骨状组织符号相变应变协调模型。

由(9)式,A 带和 B 带之间的倾角或切变角可由下式表示:

$$\tan\gamma=\frac{4}{3}(\varepsilon_3-\varepsilon_1) \quad (11)$$

代入 ε_3 及 ε_1 值,得 $\gamma=1°$。倾动轴位于试样表面时,为观察到的最大倾角,当倾角较小,又当 t 相变体厚度偏高于理想组织时(见图34(b)),倾动角就较大,与切应角试验值 1~2° 符合。

$ZrO_2 \cdot Sc_2O_3$ 由熔体冷却,β 相→菱方相呈类似鱼骨状组织[49,50],也符合应变协调模型[51]。

5.2molY_2O_3-ZrO_2 的电弧熔融试样经两相区退火后得到调幅组织和薄层状 t' 相,认为早期经 Spin-odal 分解[41]。Sugiyama 等将 5~6molY_2O_3-ZrO_2 烧结试样经 1 773K 退火,冷却后,得到不含内孪晶的薄片状 t' 相与反相畴共存,平衡 t 相的 $c/a=1.016$,而 t' 相 c/a 为 1.006,并得$[001]_t$∥$[110]_p$(p 指母相),高分辨电镜组织显示 t' 相与基体高度共格,薄片状组织与略早的工作[43,45]中所得的相似。Cupta 等[45]认为 t' 相由 t 相经切片形成。Heuer 等认为薄片组织系 t' 相的内孪晶。Sugiyama 等[44]论证 t' 相为 $c→t$ 产物,在退火过程中立方相中氧离子经位移,正方相的应变能较低(c/a 较小),不需孪生来协调应变,因此形成组织不含孪晶的薄片组织。

伴随 $c→t$ 相变出现的类似反相畴反差,有认为属马氏体相变(如 Ti-Ni-Fe 合金中所呈现的应变玻璃),有的却认为是 t 相共格沉淀所引起的应变场[43,46],电弧熔化试样中出现的呢纹反差被视为 Spinodal 分解的结果[41,47],对此也有异议[52]。较近的工作发现这些反差出现在青鱼骨状组织的 t 相之后,其惯习面为 (223),既可能是片状相,由形核-长大沉淀,也可能是由 Spinodal 分解 $c→t→t+c$ 的结果[53],有待继续探讨。

2molY_2O_3-ZrO_2 中 $t→m$ 的 M_s(变温 M_s)低于液氦温度,1981 年发现

$2mol\%\sim3mol\%Y_2O_3-ZrO_2$ 在 $100\sim300℃$ 进行等温 $t\to m$ 相变,认为属马氏体相变,但过程中阴离子可能扩散[55],Nakanishi 等[33,34] 称 $Y_2O_3-ZrO_2$ 陶瓷中的等温 $t\to m$ 相变为"类贝氏体相变";作者认为属贝氏体相变;将在第 7 节中详细讨论。

含 Y_2O_3 的 ZrO_2 中,晶粒不易长大。如经 1 673K 和 1 773K 烧结 7.2ks,$6mol\%Y_2O_3-ZrO_2$(6Y)的晶粒直径都为 $0.5\mu m$,而 $12molCeO_2\cdot ZrO_2$(12Ce)分别为 $1.45\mu m$ 及 $2.0\mu m$;6Y 的四点弯曲强度为 1 000Mpa,而 12Ce 仅为 650Mpa;晶粒大小相同时,6Y 的维氏硬度比 12Ce 的约高 $200\sim300HV$;认为晶粒较细,本身的较高强度使含 Y_2O_3 的 ZrO_2 不易进行 $t\to m$ 马氏体相变[31]。$2molY_2O_3-ZrO_2$ 中 t 相和 m 相的热力学平衡温度 T_0 约为 1 000K 与 $8molY_2O_3-ZrO_2$ 的 T_0 相近[27],但后者的 M_s 高达 $320℃$[26],其原因除前者强度较高、使相变所需驱动力增大[34]外,主要由于含 Y_2O_3 的 ZrO_2 的强度在 T_0 以下随温度降低而急剧升高,使化学自由能差无法补偿,致难以进行变温 $t\to m$ 马氏体相变。

Hayakawa 等[32]研究了由青鱼骨状 t 相转变为 m 相的情况。将烧结的 $2mol\%Y_2O_3-ZrO_2$ 试样经在氩气中等离子电弧熔融后,制成晶粒大小为 1mm 的试样,经研磨,以 X 线测 t 相和 m 相室温时点阵常数:$a_t=0.51003nm$,$c_t=0.51866nm$,$c/a=1.017$。t 相晶胞体积 $v_t=0.13492nm^3$,$a_m=0.51570nm$,$b_m=0.51909nm$,$c_m=0.53251nm$。$\beta_m=98.61°$时,m 相晶胞体积 $v_m=0.14094nm^3$,可见 $t\to m$ 时体积变化约 4.5%,与钢中 $\gamma\to a'$ 相当,将单晶试样加热至 520K 等温 36ks 后,经 X 线衍射照相,测定位相关系。电镜薄膜取自 573K 保温 10h 的试样,电镜观察到不同区域内相变程度不一,见图 35。其中,图 35(a)显示尚未相变的青鱼骨状组织母相;图 35(b)表示薄片 m 相形成并穿越母相带,在遇到带界时略有倾转;有的遇带界时停止长大,往往激发邻带形成 m 相;(c)表示相变完全时,m 相形成透镜状(向青鱼骨状 m 相发展),得到 $t\to m$ 两相间的位向关系为$(100)_m//\{100\}_t$、$[001]_m//<001>_t$,惯习面接近$(301)_m$(由于 $t\to m$ 间点阵对应不明确,未能以母相点阵中的面表示惯习面)。在一条 t 相带内会形成几个薄片 m 相,推想:由于 t 相内存在$(101)_t$孪晶,呈 $2/m$ 对称,正方对称性较低,几个变体的存在意味着 $t\to m$ 相变时有几个点阵对应和几个点阵不变的切换系统。在薄片 t 相的$\{101\}_m$ 面上,含有面缺陷,$\{101\}_m$ 相当于基体的孪晶面$\{101\}_t$。由于 t 相的带间存在位相差约 $1°$,因此穿越带界的变体呈小角度倾动,带界也限制 t 相的生长,可见母相的组织形态影响 m 相的形成和形态。

等温时间较长时,m 相也呈青鱼骨状组织形态,孪晶界面为$(100)_m$,带间界面$(100)_m$[59]。

虽然由青鱼骨状组织的 t' 相等温形成 m 相,可由马氏体相变表象理论来说明相变呈不变平面切变[60];青鱼骨状 m 相内的孪晶作为马氏体,可描述其切变形成[61]。但似乎没有更多的实验根据来证明 $t \rightarrow m$ 等温相变为马氏体型。已知金属合金系的贝氏相变能较好符合马氏体相变晶体学表象理论,但不能明确论证其相变机制[62]。

水分加速含 Y_2O_3 PSZ 或 TZP 的等温 $t \rightarrow m$ 相变[63,64],可由形成 Zr-O-H 诱发等温相变[63],或形成小晶体 a-$Y(OH)_3$ 团簇,使 t 相晶体表面产生贫 Y_2O_3 的 m 相晶核[64]来解释。经 150MPA、1 550 ℃ 烧结的 $2molY_2O_3$-ZrO_2 试样在 300℃空气中等温 24h 后,在试样表面得 82% 的 m 相,将试样封在石英管内、在静止真空下则得 75% m 相,在运动的真空下仅得 7% 的 m 相(均排除氮的影响),m 相含量由试样表面向内部减少(见图 36),说明试样表面的氧与环境做交换(热激活过程)使 m 相在表面形成核[54]。等温相变的机制将在第 7 节中再作讨论。

图 35　$2molY_2O_3$-ZrO_2 烧结电弧熔化试样经 573K 保温 36ks 的电镜显微像
(a) 青鱼骨状 t 相;(b) 薄片 m 相形成;(c) 透镜状 m 相,平直界面为 $(100)_m$

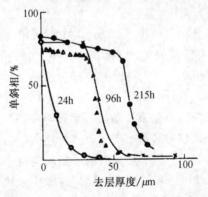

图 36　$2molY_2O_3$-ZrO_2 在 300℃ 等温不同时间后试样由表面至内部的 m 相含量
(△ 表示在 300C 空气中等温 24h 后再经 300℃ 运动真空中等温 72h 的试样)

在经电弧熔化后快速冷却的 $2molY_2O_3$-ZrO_2 试样中,经常出现体积数量很少的针状马氏体(m 相)组织,这在烧结试样中未曾见到[65]。冷至约 300℃以下,

形成针状组织宽约 $5\mu m$,沿$\{111\}$面伸展数百微米,并显示中脊,是由很小马氏体变体在鱼骨状 t 相的$\{100\}$面形成集合体,经 250℃等温后,针状马氏体由自促发形核逐渐增多。作者解释在$\{100\}$面上形成针状马氏体的理由为:快速冷却所产生的热应力,导致$\{100\}$面上滑移;在滑移与鱼骨状 t 相内孪晶面$\{101\}$相交处将引起应变(电镜下观察到应变反差),导致马氏体的择优形核。

4.5 其他无机非金属材料的马氏体相变

Kriven 于 1981 年对无机非金属材料的无扩散位移型相变做了综述[66],包括无机化合物(RbI,Na-Cl;NH_4Br,硝酸盐 $RbNO_3$ 和 KNO_3,硫化物 Mns 和 Bas,$2CaO\cdot SiO_2$ 等)和矿物($MgSiO_3$)以及陶瓷(氮化物,SiO_2,ZrO_2,和 HfO_2 等)中的一些相变。她又于 1995 年对近 20 年来非金属材料中一些无扩散相变的研究作了评论[67],认为除含 ZrO_2 陶瓷中的 $t\rightarrow m$ 以及 $PbTiO_3$ 中的立方相于 445℃(冷却)相变为正方相(体积变化+1%)已确认为马氏体相变外,其他相变虽显示一级、位移型相变特征,但研究尚需深入。例如:Ln_2O_3 中单斜→立方(相变温度 600~2 200℃,冷却时体积变化+10%),Ca_2SiO_4 中单斜→正交(490℃,+12%),Sr_2SiO_4 中正交→单斜(90℃,+0.2%),Nis 中菱方→六方(379℃,+4%),$2Tb_2O_3\cdot Al_2O_3$ 中正方→单斜(1070℃+0.647%),$KnbO_3$ 中正方→正交(225℃,~0%),$LuBO_3$ 中六方→菱方(1310℃,+8%),$MgSiO_3$ 中正交→单斜(865℃,-5.5%),$YNbO_4$ 中正方→单斜(900℃-1.8%),$LnbO_3$ 中六方→六方(550~800℃,-8.2%)等。

压电材料 $PbTiO_3$、$BsTiO_3$ 和 $K(Ta,Nb)O_3$(KTN)属钙钛矿型氧化物,其高温的顺电立方相变为低温铁电四角(正方)相[68]时,包含小的切变型结构调整,现普遍视为马氏体相变[69~71],高温时呈理想的钙钛矿型结构,点阵常数约为 0.4nm;在 $c\rightarrow t$ 时,c_t/a_t 为 1.013($PbTiO_3$)至 1.0002[70](KTN)。这三类材料的 $c\rightarrow t$ 相变晶体学特征类似。c 轴和 t 轴接近平行,点阵对应一致,惯习面有波动,如单晶 $PbTiO_3$ 中 t 相的惯习面离$(011)_c$5~20°趋向$(001)_c$,KTN 和 $BaTiO_3$ 中为:离$(011)_c$5°趋向$(001)_c$[70]。三类材料的 t 相内均有孪晶关系的畴域,在 $PbTiO_3$ 中显示出$\{110\}<110>$和$\{110\}<110>$的孪生系统,在 $PbTiO_3$ 的 $c\rightarrow t$ 中出现可逆 表面浮突,以$(100)[101]$孪生系作为点阵不变应变,由马氏体相变表象理论计算所得惯习面邻近$(011)c$ 面,惯习面随 a_t/a_c 的改变而波动,但在实验值的范围之内[69]。对 KTN 及 $BaTiO_3$ 应用 W-L-R 表象理论计算惯习面颇为成功[70]。杂质、结构不均匀性、残余弹性应变以及温度波动所产生的点阵畸变,会使惯习面有所变动。在计算所得惯习面范围内,可预测其相变的形状应变很小,为 0.004~0.010。

Ca_2SiO_4 和 Sr_2SiO_4 中的正交 $\alpha' \to$ 单斜 β 同时呈铁电相变和马氏体相变。水泥中的重要组元 Ca_2SiO_4 在 1 425℃时 $\alpha \to \alpha'_H$,1 177℃时 $\alpha'_H \to \alpha'_L$ 为铁电相变,675℃时 $\alpha'_L \to \beta$ 兼具铁电及类似马氏体相变[72~74]特征。β 相的组织形态呈条状,类似马氏体,相变的自发应变仅 0.044[72,73]。β 相内存在孪晶,加热时孪晶消失,冷却时很快出现孪晶,认为出现不变平面应变时,其不变点阵应变很小,符合马氏体相变特征[74]。

Sr_2SiO_4 中 $\alpha' \to \beta$,加热时相变温度为 75℃,冷却时为 65℃(也有的测定为 90℃)。加热时孪晶消失,冷却时孪晶出现,也被认为具有马氏体相变特性,与 Ca_2SiO_4 一样都可望具有相变韧性[75,76]。

NiS(35.33wt%S)中 α(六方)$\to \beta$(菱方)的体积变化达 4%,是否可利用来作为材料的相变韧化,引起人们的重视。人造 NiS 由室温 β 相经加热在 396℃发生 $\beta \to \alpha$ 相变,冷却时在 350℃发生 $\alpha \to \beta$[77]相变,相变热滞约 50K,体积变化约 4%[78]。由于大的体积变化[79],相变时常伴随产生微裂纹。此外,还有电阻及磁性变化。Kim 等利用温台 X 线衍射、温台显微镜、干涉显微镜和膨胀试验等对 NiS 中的 $\alpha \to \beta$ 相变作了较深入的研究。他们发现"这类相变受冷却速度的控制;如以 10℃/min 冷却时,在室温时完全变成 β 相加热至 200℃以上,β 相减少,α 相增多;当自 400℃以大于 30℃/min 速度较快冷却时,α' 相将保留至室温。相变时出现切变型表面浮突,相界边缘显示经不变平面应变的弯曲;变体显示惯习面,经热循环可使逆相变完全。膨胀试验测得的热滞达 150℃,电阻测得的相变热滞为 100℃,相变时体积膨胀量为 4.67%(线膨胀 0.015 55),由于相变的不完全性,试样中常会有($\alpha+\beta$)两相;加热时残余 α 相先进行 $\alpha \to \beta$ 转变,呈膨胀,以后发生 $\beta \to \alpha$ 转变,呈收缩;经几次热循环后,在室温的 α 相量减少,加热时 $\alpha \to \beta$ 变弱。Wayman 学派认为,NiS 中 $\alpha \to \beta$ 呈现一级相变(体积突变)特征,并呈切变型浮突,属马氏体相变。其受冷速率控制的原因,可能与 Fe-Ni-Mn 和 Fe-Mn-C 中的等温马氏体相变相同[7]。NiS 的 $\alpha \to \beta$ 是否系等温马氏体相变有待等温实验确证,以应用于材料韧化。

MnS 在室温呈六方的 γ 相($a=0.3983nm,c=0.645nm$),加热至 200℃(有的报道 250~300℃)变为 NaCl 立方的 α 相($a=0.5233nm$)相变的体积变化为 0.8%。一类相变迅速,呈表面浮突,其位向关系:离$[001]_\alpha$//$[0001]_\gamma$、$(010)_\alpha$//$(1210)_\gamma$ 分别为 5°和 15°,可能为马氏体相变;另一类相变缓慢,界面漫乱,不显示不变线,属非马氏体型相变[80]。

$CaFeS_2$ 在 70K 同时发生结构相变和一级磁性相变。结构相变系高温正交相转变为低温三斜相。正交相沿<010>方向互相位移 $c/4$,就形成三斜结构,其位向关系为$<010>^*$（b^*轴）$_{正交}$ // $<010>^*$（b^*轴）$_{三斜}$，认为相变属马氏体型[82]。中子衍射证明，正交→三斜的马氏体相变与反铁磁相变同时进行。经过称群分析得：Neel 反铁磁相变驱动马氏体相变[83]。

$RbNO_3$ 中面心立方Ⅰ相在 282℃时变成菱方Ⅱ相，测得惯习面离$\{001\}\pm3℃$，在(110)面上存在内孪晶，呈表面浮突，位向关系为$(010)_Ⅰ // (011)_Ⅱ$，$[001]_Ⅰ // [111]_Ⅱ$，以$\{110\}<001>$孪生系统作为点阵不变应变，由马氏体相变晶体学表象理论计算得惯习面为 0.138, 0.987, 0.079，约离(010)面 6°，与实验值符合，认为 $RbNO_3$ 中Ⅰ→Ⅱ为马氏体型相变（$NbNO_3$ 中还有 219℃时发生菱方Ⅱ相→CsCl 立方Ⅱ相为非马氏体型相变）。$TiNO_3$、$AgNO_3$ 以及 KNO_3 中正交Ⅱ→菱方Ⅰ的相变已证明存在切变和扩散两类相变[87]。

此外，RbⅠ在常压下的 NaCl 立方结构在高压下变为 CsCl 立方结构时，室温下相变进行得很快，并有声音发出，相变产物呈片状，显示表面浮突。NaCl 在 25℃时在 300kbar 压力下也有类似相变。CsCl 在 469℃时也有 fcc→CsCl 立方的热诱发相变。曾以马氏体相变表象理论应用于 fcc→CsCl，获得满意结果。NH_4Br 在 137℃以上呈 fcc 相，当过冷至室温，将爆发形成 CsCl 立方相，其形状改变、惯习面和位向关系均符合马氏体型相变。当 137℃以上过冷至 7℃，形成 CsCl 立方相较缓慢，晶体学参量不符合马氏体型相变[66]。单晶 NH_4Cl 相变时具有热滞，长度呈突变，也被视作马氏体相变[66]。

氢化锆（含 57mol%H）的 δ→γ 相变成表面浮突，具不变平面应变特征，γ 内含孪晶，孪晶面为(101)，形状应变 $m_1=0.0415$，点阵不变切变 $m_2=0.051$。假定氢在相变前先扩散，相界面贫氢时，以表面理论计算所得的 $m_2=0.07359$，在实验值范围内。氢化锆 δ→ε 相变时，惯习面离$\{011\}_δ 6°$以内，δ 内孪晶的孪晶面为$\{011\}_ε$；$m_2=0.055$，按含氢 63.8 mol%计算所得的 $m_2=0.056$，与实验值很好符合。鉴于氢化锆相变中呈现表面浮突，具不变平面应变特征，以孪生为不均匀切变与马氏体表象理论符合，认为系马氏体相变[89]。估计 Nb-H、Ta-H、及 V-H 中相变也有类似的马氏体相变[90]。

第二族超导化合物 V_3Si（$T_m=21K$, $T_c=17K$）和 Nb_3Sn（$T_m=45K$, $T_c=18K$）中 A15 立方→正方被认为是马氏体相变[91]，在 T_m 以上显示软模弹性模量 $C'=(C_1+C_2)/2$ 随温度下降而软化）的预相变[92,93]。透射电镜观察[94]揭示：在 T_m 以下，正方相平行$\{110\}$面有成层的孪晶，在电子束加热条件下（至 T_m 以上）出现呢纹组织，显示$\{110\}<110>$型的点阵畸变（软化）。$V_{54-x}Ru_{46}Os_x$ 及 $V_{54}Ru_{46-x}OS_x$ 中 CsCl 立方→正方转变时呈现表面浮突，也被认为属马氏体型相变[95]，其马氏体相变（M_s）与超导相变（T_c）互有关联，如在 $V_{54}Ru_{46-x}OS_x$ 中，当电子数/原子数(e/a)为 6.38 时，并无 M_s，$T_c=5K$；当 $e/a=6.44$ 时，并无 T_c，$M_s=$

200K；$V_{54-x}Ru_{46}OS_x$ 中随 x 增加，M_s 剧烈上升，T_c 则迅速下降[95]。其中具体的电子相变模型尚待探明。

高 T_c（约 90K）超导氧化物 $YBa_2Cu_3O_{7-x}$（$YBa_2Cu_3O_{7-x}$ 一般标作 1-2-3，x 称为缺氧值）和 $La_{2-x}Sr_xCuO_4$ 具钙钛矿型结构，存在四角（正方）→正交相变，正交相呈超导态[96]，因此四角→正交相变倍受注意。$YBa_2Cu_3O_7$ 的 t 相和 o 相结构都由平行于 c 轴的三层钙钛矿晶胞堆就，其中 Cu 原子占角上位置，Ba-Y-Ba 依次占每层晶胞的体心位置。在 t 相，氧原子等占据 0,1/2,0 和 1/2,0,0 位置。而在 o 相，氧只有序地居于平行{010}方向的 0,1/2,0 位置上，使 b 轴伸长。在理想的 $YBa_2Cu_3O_7$ 结构内，0,1/2,0 位置均被氧占据，而位置均成为空位，因此 o 相中 x 值在 0 至 0.5 之间变动。t 相稳定在约 675K 以上；在富氧环境下冷却至这温度以下将变为 o 相；在氧分压为 $9.8×10^4$Pa 时加热至 973K 以上出现 t 相[97]。氧的有序化机制可能由 x 值决定。有报道中子衍射结果，当 x 约为 0.5 时正交-四角相变（恒定氧分压）为二级有序化相变[98,99]。组织研究[99~102]揭示：经 $t→o$ 后，o 相组织含有平行孪晶（在{110}。面）的层状畴。可能在 t 相单个晶粒内发生(110)。和{110}。孪晶[100]。原位电镜观察发现[103]，o 相薄膜试样中孪晶加热至约 555K 以上消失，冷却后(110)孪晶又通过 $t→o$ 相变复以同样形态出现。根据 $YBa_2Cu_3O_{7-x}$ 经 $t→o$ 相变后，o 相内存在孪晶亚结构，因此对 $t→o$ 相变又提出两种不同的机制。其一认为，这种相变为马氏体相变[100]，或热弹性马氏体相变[104]，以孪生系(110)。[110]。作为点阵不变应变，假定 t 相和 o 相点阵对应一致，按马氏体相变晶体学表象理论计算，其切变量随点阵常数而改变，并且只有相当的点阵参数（a_t、c_t 以及 a_o、b_o、c_o）才有解。当 $c_o < c_t$ 时，只有 $a_t \leqslant \sqrt{\{2/[(1/a_o)^2+(1/b_o)^2]\}}$ 才有解；当 $c_o > c_t$ 时，只有 $a_t \geqslant \sqrt{\{(a_o^2+b_o^2)/2\}}$ 才有解。形状应变和惯习面的预测都因所选用的点阵参数而改变，这些都有待实验验证[5]。其二认为，$YBa_2Cu_3O_{7-x}$ 中 $t→o$ 相变系有序化孪生[105]——以孪生驰豫氧原子有序化所引起的形状应变，结果形成以{110}为共格孪晶界，呈现 Cu-O 链以 90°相交，见图 37。应用文献[106]的数据，作正交度（由点阵参量 a 和 b 决定）随温度变化的曲线见图 38，可见在相变温度时正交度有突变，表明 $t→o$ 为一级相变。孪晶间距 λ 由减低孪晶界面能和应变能之和至最小来决定，即

$$\lambda = (4\gamma L/a\mu\varepsilon^2)^{\frac{1}{2}} \tag{12}$$

式中，γ 为孪晶界面能，L 为孪晶长度，a 为常数，μ 为切变模量，ε 为应变（正交度）。$YBa_2Cu_3O_{7-x}$ 的 o 相内孪晶间距与孪晶长度的 1/2 方呈线性关系，见图 39，符合(12)式。研究者认为，$YBa_2Cu_3O_{7-x}$ 中 $t→o$ 相变为一级、非马氏体相变，孪晶的形成仅为协调相变应变[105]。

$La_{2-x}Sr_xCuO_4$ ($x=0.5$) 中四角(正方)→正交相变时也伴有孪生,应用文献[107]的数据作成正交度随温度变化的关系曲线见图38。可见,在相变温度时点阵常数并无突变,表明 $La_{2-x}Sr_xCuO_4$ 中 $t \to o$ 为二级相变。Mitchell 由电镜观察并经分析认为,此相变可视作[CuO_6]八面体在降温时以[110]为轴作转动使四角点阵变为正交,其形状应变是孪生驰豫,图40表示 La_2CuO_4 中 t 相和 o 相之间的孪晶界及[CuO_6]八面体在相变时转动[105]。热分析时测定 $YBa_2Cu_3O_{7-x}$ 中 $t \to o$ 相变为二级非马氏体型相变[108]。

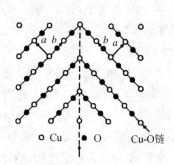

图 37 沿[001]方向显示 $YBa_2Cu_3O_{7-x}$ 中正交相的孪晶界和 Cu-O 链

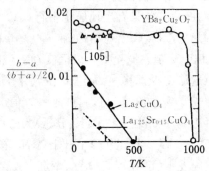

图 38 $YBa_2Cu_3O_{7-x}$(数据引自文献[106])和 La_2CuO_4(数据引自文献[102]及[107])的正交度与温度的关系

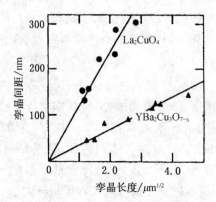

图 39 $YBa_2Cu_3O_{7-x}$ 和 La_2CuO_4 中 o 相内孪晶的间距与孪晶长度的 1/2 方的关系

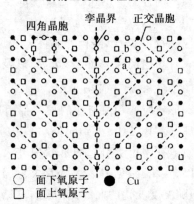

图 40 La_2CuO_4 中 t 相晶胞和 o 相晶胞之间的孪晶界示意图,显示[CuO_6]八面体在相变时发生转动

$YBa_2Cu_3O_{7-x}$ 在含氧流或氛围中的 $t \to o$ 相变机制可能因 x 值的不同而异,也因不同的处理方法而异。将 $YBa_2Cu_3O_{6.86}$ 自 673K 淬火,经高分辨电镜检视,其组织为几十纳米厚的 o 相和 t 相沿[110]作层状交织,其 $2(b-a)/(b+a)$ 值

(a、b 为底面上点阵参量)不同,约为 0 及 3‰~4‰,而 $YBa_2Cu_3O_{6.9}$ 经慢冷后得到 $2(b-a)/(b=a)$ 值为 2‰ 的 o 相孪晶。在氧分压为 $9.8×10^4Pa$ 时,随温度的降低,t 相基本上以 o 相层状形核和长大,可由图 41[109]示意,两相间的位向关系为 $(110)_t//(110)_o$,$[110]_t//[110]_o$。由此可将冷却时的相变视作 o 相自 t 相的沉淀,可将 o 相作为热弹性马氏体,o 相随温度的升降消长,$t→o$ 就不成为有序-无序相变了。

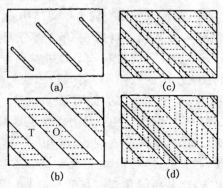

图 41　YBa_2Cu_3O 在 $P_{O_2}=9.8×10^4Pa$ 时随温度下降,o 相在 t 基体上形核和长大示意图[(自(a)至(d)]

此外还得到 $YBa_2Cu_3O_{7-x}$ 的 $t→o$ 呈等温相变,属氧扩散控制的切变机制[110],Nakanishi 称此为类贝氏体相变[104],作者认为可能属贝氏体相变[1]。将 $YBa_2Cu_3O_{7-x}$ 的 t 相在 453 至 503K 温度区间等温氧化,其相变速率受 $t→o$ 相界牵动所控制,显示存在两相区的分解反应。将 o 相在 653 至 713K 区间脱氧,则反应受控于脱氧速率,显示样品中且均匀氧浓度,不存在两相区,系二级有序-无序相变所致[111]。可见,$YBa_2Cu_3O_{7-x}$ 的 $t→o$ 在一定条件下会呈现马氏体型相变特征,在其他条件下,属另外类型的相变。

上述各类材料,有的具有明确的马氏体相变,如钙钛矿结构的 $PbTiO_3$、$BaTiO_3$ 和 KTN;$2CaO·SrO_3$ 及 $2SrO·SiO_2$ 的 $α'→β$ 显示马氏体相变特征,还需显示不变平面应变的浮突来加以确证。Nis 中的 $α→β$ 是否系等温马氏体相变,也需作进一步实验论证。这里需要指出,晶体学理论是马氏体相变研究的主要方法,但符合马氏体相变晶体学理论的不一定为马氏体相变;要肯定相变机制,必须加以进一步论证;只有全面符合马氏体相变特征的,才能将其归属为马氏体相变。无机非金属材料的马氏体相变尚待广泛发掘、深入研究,并开发应用。

4.6 含 ZrO_2 陶瓷马氏体相变的尺寸效应

ZrO_2 在室温呈单斜结构,在 1 170℃将转变为四角(正方)结构。早在 1929 年就发现在室温存在亚稳四角 ZrO_2[13],即使很纯的 ZrO_2 也会在室温以四角结构(亚稳态)出现[112]。Carvie[113]首先以尺寸效应阐明这个亚稳现象,提出 30nm 的四角晶体能在室温存在,而不致使相变成为单斜结构。但他当时以小晶体具有高的表面能作为解释,未必妥当。以后在 CaO 部分稳定 ZrO_2 (Ca-PSZ)和 ZrO_2 韧化 Al_2O_3 ($ZrO_2 \cdot Al_2O_3$ 复合材料,ZTA)中发现 $t \to m$ 马氏体相变的尺寸效应——t 相平均晶粒大小的倒数与 M_s 之间呈线性关系(母相晶粒愈大,其 M_s 温度愈高),在 12Ce-TZP 中也存在类似结果[115]。Garvie 在 ZrO_2[116~118] 及含 ZrO_2 陶瓷[119]的尺寸效应以马氏体相变热力学来定量阐释时,不但对新相面积的估算较为粗略,而且对 ZrO_2 陶瓷中 t 相和 m 相的平衡温度以及一些热力学参量沿用 ZrO_2 的参量,尚欠严谨,对 $t-m$ 的化学自由能差也不是由相图(或两相热力学参量)正确求得,而是由简化式 $[\Delta G_{ch}^{t \to m} = q(1-T/T_o)]$ 求出,不够精确;主要将马氏体(m 相)形成时的临界大小作为 t 相的临界尺寸,不尽合理。在 Garvie 等的热力学处理[116~119]中都列出 $t \to m$ 时总自由能的变化为

$$\Delta G = \frac{4}{3}\pi r^3 (\Delta G_{ch} + \Delta G_{dil} + \Delta G_{sh}) + 4\pi r^2 \cdot \Delta G_s \tag{13}$$

其中,ΔG_{ch} 为 t-m 相之间的单位体积化学自由能差,ΔG_{dil} 为相变引起的单位体积膨胀能,ΔG_{sh} 为单位体积相变切变能,ΔG_s 为总的表面能(单位体积);(13)式中 ΔG_{dil} 与 ΔG_{sh} 之和为单位体积应变能,标以 ΔG_{st}。在 M_s 时,$r=r_c$;将 ΔG_{sh} 简化以

$$\Delta G_{ch} = \Delta H - T\Delta S = q(1-T/T_o) \tag{14}$$

表示,在此假定相变中焓变 ΔH 和熵变 ΔS 均为常数(不随温度而变),(14)式中的 q 为相变热,在等压时 $\Delta H = q$,T_o 为两相平衡温度,在 M_s 时,$T=M_s$,则式(13)成为

$$\frac{1}{r_c} = \frac{q}{3\Delta G_s \cdot T_o} \cdot M_s - \frac{q + \Delta G_{st}}{3\Delta G_s} \tag{15}$$

由(15)式可得 $1/r_c$ 与 M_s 呈线性关系,r_c 显然指新相(m 相)的临界半径,而不是母相(t 相)晶体的临界大小。Srinivasan 等实验[120]指出,$t \to m$ 时 m 相晶体小于 t 相,见图 42。

Evan 等[121]认为新相内形成孪晶并且新相呈变体使相变的应变能降低,以此作为尺寸效应的解释。

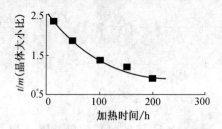

图 42　500℃保温时 t 相晶体大小与 m 相晶体大小之比随保温时间的变化

　　Lange[122]以相变时微裂纹及孪晶的形成减低应变能来解释。这些工作均将新相晶粒面积与母相的相混淆，主要均为考虑到母相晶粒大小为影响相变应变能的重要因素。一些作者[123～128]考虑了 ZrO_2 中的马氏体相变受形核控制，但未能就此定量或半定量推导出 M_s 与母相晶粒大小之间的关系。ZrO_2 陶瓷的马氏体应属软模形核，软模理论也被加以引用[129]，但未和尺寸效应相联系。

　　按 Hall-Petch 公式。晶体的切变强度 τ 与晶体材料的晶粒大小（晶粒直径 d）有关：

$$\tau = \tau_0 + Kd^{-\frac{1}{2}} \tag{16}$$

而材料切变强度一般为马氏体相变的阻力（具有低层错能合金的 $fcc(\gamma) \to hcp(\varepsilon)$ 可能除外）。在马氏体相变热力学研究中，证明 Fe-C[130]、Fe-X 及 Fe-X-C[131,132] 中母相强度愈高，其 M_s 温度愈低，对 Fe-Ni-C[133～135] 及 Fe-Mn-C[135] 的精确测定均得到证明。Cu-Zn-Al 中 M_s 与 $d^{-\frac{1}{2}}$ 呈线性关系，以马氏体相变时的自由能变化 ΔG 可导出 M_s 与 $d^{\frac{1}{2}}$ 的关系[12]：

$$\Delta G = \Delta G_{ch} + \Delta G_{dil} + \Delta G_{sh} + \Delta G_s \tag{17}$$

其中，ΔG_s 指所有表面能的变化，包括新相形成所增表面能，新相（马氏体）内亚结构形成的储存能，以及可能产生微裂纹所形成的表面能。ΔG_{ch} 仍以（14）式表示，ΔG_{dil} 及 ΔG_{sh} 以下面两式表示：

$$\Delta G_{dil} = \frac{E}{9(1-v)} \left(\frac{\Delta V}{V}\right)^2 \tag{18}$$

其中，E 和 v 分别为材料的弹性模量和泊松比。

$$\Delta G_{sh} = \frac{1}{2}\tau\gamma = \frac{1}{2}(\tau_0 + Kd^{-\frac{1}{2}})\gamma \tag{19}$$

其中，τ_0 为材料单晶体的临界切应力，γ 为相变应变，K 为材料常数（正值），将（14）(18) 及 (19) 式代入 (17) 式，得：

$$\Delta G = q(1 - \frac{T}{T_0}) + \frac{1}{2}(\tau_0 + Kd^{-\frac{1}{2}})\gamma + \frac{E}{q(1-v)}\left(\frac{\Delta V}{V}\right)^2 + \Delta G_s \tag{20}$$

当 $T = M_s$，$\Delta G = 0$，则有

$$M_s[1+\frac{\tau_o\gamma}{2q}+\frac{E}{9q(1-v)}\left(\frac{\Delta V}{V}\right)^2+\frac{\Delta G_s}{q}]T_o+\frac{K\gamma T_o}{2q}d^{-\frac{1}{2}} \quad (21)$$

设 $M_S^O=[1+\frac{\tau_o\gamma}{2q}+\frac{E}{9q(1-v)}\left(\frac{\Delta V}{V}\right)^2+\frac{\Delta G_s}{q}]T_o$

$$K=\frac{K\gamma T_o}{2q}d^{-\frac{1}{2}} \quad (22)$$

当晶粒直径 $d\to\infty$，$M_s=M_S^O$，M_S^O 可视为单晶体的 M_s，由于 q 为负值，因此 K 为负值。由(22)式可见，M_s 与母相晶粒直径的 $-1/2$ 方呈线性关系，其斜率为负，即母相晶粒越细（$d^{-\frac{1}{2}}$ 值愈大）、其 M_s 愈低，分别见图 43[12]、44[115]、45[119] 和 46[137]。公式(22)的导出未计晶粒受异相的约束条件。在晶粒受其他材料约束时，情况应当较复杂，虽然图 46 也符合(22)式。(22)式应当能普适于无异相约束条件下马氏体相变的尺寸效应。

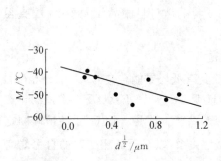

图 43　8Ce-0.25Y-TZP 的 M_s 与母相晶粒大小的关系

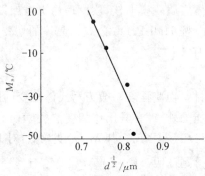

图 44　12Ce-TZP 的 M_s 与母相晶粒大小的关系

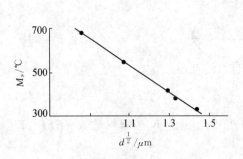

图 45　Ca-PSZ 的 M_s 与母相晶粒大小的关系

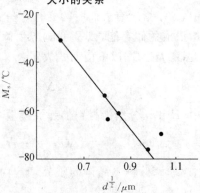

图 46　90wt%(12Ce-TZP)+10wt%(Al_2O_3) 的 M_s 与 TZP 母相晶粒大小的关系

4.7 等温 $t \to m$ 相变

以上已提及,纯 ZrO_2 中的等温 $t \to m$ 相变尚未能确认。Kobayashi 等[55]在 1981 年发展 $2mol\% \sim 3mol\% Y_2O_3\text{-}ZrO_2$ 中在 $100 \sim 300℃$ 等温,发生 $t \to m$ 相变,并称之为等温马氏体相变。以后在 $8mol\% \sim 10mol\% CeO_2\text{-}ZrO_2$ 中也发现 $t \to m$ 等温相变[26,34]。$t \to m$ 等温相变影响 ZrO_2 陶瓷的力学性能[138~140],尤其损害断裂韧性[55,141,142]已多有报道,因此倍受注意。

Nakanishi 等[32]以 X 线衍射法测得 $2.2\ mol\%$、$3.3\ mol\%$ 和 $5\ mol\% Y_2O_3\text{-}ZrO_2$ 的 TTT 图,见图 47。其中(a)表示动力学曲线;(b)为不同成分 $Y_2O_3\text{-}ZrO_2$ 在不同温度下 $t \to m$ 的开始(S)及终了(F)。TTT 图因不同母相晶粒大小而异,见图 48。单斜 m 相先在试样表面形成,因此 X 线衍射较灵敏地先测得相变的开始,弯曲强度法和热膨胀法所测得 TTT 图中的孕育期较长,见图 49。其中(b)表示:对晶粒大小为 $0.9\mu m$ 的试样只能由 X 线衍射测得单斜 m 相,应用其他方法,保温 108ks 尚不能测得单斜 m 相。他们认为,在 $Y_2O_3\text{-}ZrO_2$ 中会出现等温相变是由于形成氧空位的缘故,如下式所示:

$$ZrO_2 + Y_2O_3 \to 2Y + Vo + 3O \tag{23}$$

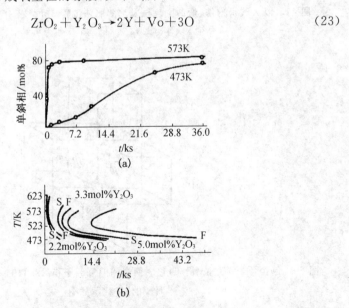

图 47 以 X 线衍射法测得的 TTT 图
(a) $2.2\ mol\% Y_2O_3\text{-}ZrO_2$ 在 473 和 573K 等温时单斜相百分数随时间增长的动力学曲线;
(b) $2.2\ mol\%$、$3.3\ mol\%$ 和 $5\ mol\% Y_2O_3\text{-}ZrO_2$ 等温 $t \to m$ 相变的 TTT 图

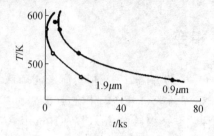

图 48　以 X 线衍射法测得 3 mol% Y_2O_3-ZrO_2 中平均晶粒大小为 1.9μm 及 0.9μm 材料的 TTT 图

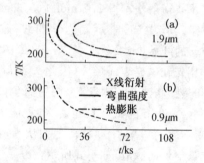

图 49　以 X 线衍射法、弯曲强度法及热膨胀法测得 3 mol% Y_2O_3-ZrO_2 的 TTT 图
(a) 晶粒大小为 1.9μm；(b) 晶粒大小为 0.9μm

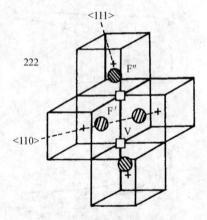

图 50　包含两个氧空位、沿<111>两个间隙氧离子和沿<110>方向两个间隙氧离子的"222"示意图

其中，V_O 表示氧空位，氧空位的产生使其临近的氧离子移向间隙位置，成为 Frenkel 缺陷[143]。按 Cheetham 和 Fender[144] 所提出的模型：氧空位和 Frenkel 氧离子之间的交换作用会形成空位-Frenkel 缺陷丛聚（集团），如图 50 所示。

其中，V 表示空位，F 表示间隙氧离子，形成所谓"222"集团，包含两个氧空位、两个沿<111>间隙氧离子和两个沿<110>的间隙氧离子。他们认为 $t \to m$ 等温相变系切变及氧离子的扩散构成，而空位-间隙氧离子集团组态有利于自 t 相切变成为单斜 m 相。他们将钢中贝氏体相变机制视为切变及碳原子的扩散，因此称 Y_2O_3-ZrO_2 中等温 $t \to m$ 相变为"类贝氏体相变"。和钢中相变不同，3molY_2O_3-ZrO_2 的变温 M_s 未经测出，在 12 molY_2O_3-ZrO_2 中只测得变温 M_s（～180K）（见图 29），而未发现有等温相变，认为氧空位的存在使氧离子易于扩散，是出现等温相变的重要因素[32]。

t 相晶粒直径为 1.38μm 的 8molCeO_2-ZrO_2，其 $t \to m$ 的变温 M_s 为 320℃（见图 33），晶粒直径为 0.96μm 的，其变温 M_s 因受等温相变干涉（实验冷速条件下不能避免等温相变的发生）未能测出；在 M_s 以上具有等温 $t \to m$ 相变，它们的动力学曲线和 TTT 图分别见图 51、52。当试样自 1 100℃淬至 M_s 以下，然后在 M_s 以下一定温度保温，则先形成（M_s 至设定温度间）变温马氏体，然后在等温时又形成等温马氏体；设定的等温温度愈低，形成的变温马氏体量愈大，而等温马氏体量则愈少。图 53 示意膨胀仪测量结果，经精确测定，t 相晶粒直径为 1.38μm。试样自 1 100℃淬至室温所形成的变温马氏体、在 400℃等温 4h 后的等温相变产物（贝氏体）以及经 250℃（M_s 以下）等温 1h 后的相变混合产物（变温和等温产物）的点阵常数见表 2[36]。可见，400℃等温产物（贝氏体）的点阵参量与变温马氏体的不同，250℃等温产物（两相混合）的点阵参量在变温马氏体与贝氏体的参量之间，显示为混合产物的参量。

8molCeO_2-ZrO_2 既在 M_s 以下发生变温马氏体相变又在共析反应 $t \to m + c$ 温度以下、M_s 以上及 M_s 以下发生 $t \to m$ 等温相变，见图 33、图 51～53。至少在 M_s 以上，其等温相变和钢及有色合金中的贝氏体相变相似，也可称为贝氏体相变，其产物可称为贝氏体。业经指出，钢及铜基合金中的贝氏体相变具有扩散型机制[145]。表 2 显示贝氏体的点阵参数不同于马氏体，在相变中可能存在成分变化，正如铜合金中贝氏体的成分改变[146]一样。可以设想，在含 ZrO_2 陶瓷中的等温 $t \to m$ 相变也为扩散型的贝氏体相变，在其过程中不但存在氧的扩散，还可能发生 Ce 和 Zr 的扩散。表 2 中显示，250℃等温后其产物的点阵参量在马氏体和贝氏体之间，揭示其等温过程中也有成分改变。因此在 8molCeO_2-ZrO_2 中 M_s 以下的等温相变，很可能也属贝氏体相变。贝氏体的 c/b 值较马氏体的低得多，显示贝氏体较马氏体为脆，这可能是导致等温相变损害 ZrO_2 陶瓷力学性质的原因。

12molCeO_2-ZrO_2 的变温 M_s 比 8molCeO_2-ZrO_2 的 M_s 至少低 400K，若要进行等温相变，也需要较低温度下进行。由于贝氏体相变过程需要离子的扩散，当离子的扩散率很低时,贝氏体相变就难以进行,因此 12mol%CeO_2-ZrO_2 中未见发生贝氏体相变。

表 2 8molCeO_2-ZrO_2(t 相晶粒 1.38μm)中各相的点阵参量

相	a/nm	b/nm	c/nm	β/(°)	a/b	c/b
变温马氏体	0.519 87	0.521 21	0.536 88	99.04	0.997 4	1.030 1
贝氏体	0.516 87	0.522 97	0.532 85	99.077	0.988 3	1.018 9
变温马氏体及 250℃等温产品	0.518 55	0.521 54	0.351 1	99.033	0.994 3	1.026 0

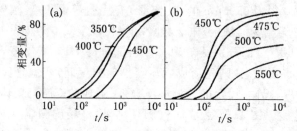

图 51 8molCeO_2-ZrO_2 在 M_s 以上等温 $t \rightarrow m$ 动力学曲线
(a) 晶粒直径 1.38μm;(b) 晶粒直径 0.96μm

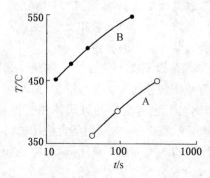

图 52 8molCeO_2-ZrO_2 的 TTT 图(相变开始线)
(a) 试样晶体直径 1.38μm;(b) 晶粒直径 0.96μm

氧空位以及空位-间隙氧离子集团的形成有利于离子的扩散,因此在 2mol%Y_2O_3-ZrO_2 中 M_s 虽然很低(尚无法测得),但可以进行等温相变-扩散型贝氏体相变。由图 48 可见,在 Y_2O_3-ZrO_2 中,晶粒较大的材料,等温相变的孕育期较短。这可能由于晶粒愈大,晶粒中存在的氧空位和空位-氧离子集团愈多,有利于"贝氏体"的扩散形核。和 Y_2O_3-ZrO_2 相反,在 8molCeO_2-ZrO_2 中,晶粒较细的材料,其贝氏体相变的孕育期较短,见图 53,在 CeO_2-ZrO_2 中可能很少存在氧空位,其贝氏体相变主要不是依靠氧空位进行扩散形核,而晶界有利于离子扩散,因此依靠晶界形核,显示细晶材料的孕育期较短。

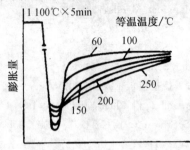

图53 8molCeO$_2$-ZrO$_2$(晶体直径1.38μm)经1 100℃淬至M_s以下不同温度等温时的膨胀测定示意图

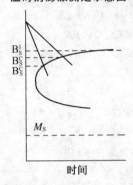

图54 B_s^I、B_s^C和M_s温度示意图

含ZrO$_2$陶瓷中的$t \rightarrow m$等温相变可能都属贝氏体相变,而不是位移型相变。

在此附带申述:国内刊物中一些论文提及Y$_2$O$_3$-ZrO$_2$或其他材料中等温相变时,常将变温M_s与等温相变如图54中B_s^I(等温)和B_s^C(连续冷却)相混淆,宜加注意。

参考文献

[1] 徐祖耀.[J]材料研究学报,1994,8:41(英文)
[2] Wolten G M.[J].J. Am. Caram. Soc,1963,46:418
[3] Fehrenbacher L L,Jacobson L A.[J].J. Am. Caram. Soc,1965,48:157
[4] Bansal G K,Heuer A H.[J]. Acta Metall,1972,20:1281
[5] Muddle B C,Hugo G R [C]. Proc. Intern. Conf. Martensitic Transformations(1992),Monterey Institufe for Advanced Studies,1993. 647

[6] Kim Y J,Shull J L,Sum B N,et al. ibid. 683

[7] Kim B,Chou Chen-Chia,Wayman C M. ibid. 701

[8] Sakuma T. [J]. Trans. Jap. Inat. Metals,1988,29:879

[9] Lange F F. [J]. J. Mater. Sci,1982,17:235

[10] Lange F F. [J]. J. Mater. Sci,1982,17:240

[11] Lange F F. [J]. J. Mater. Sci,1982,17:247

[12] Tu T,Jiang B,Hsu T. Y.(徐祖耀),et al. [J]. J. Mater. Sci,1994,29:1662

[13] Ruff O,Ebert F. Z. anorg. allg. [J]. Chem,1929,180:19

[14] Subbarao E C,Haiti H S,Srivastava K K[J]. Phys. Stat. Sol(a),1975,21:9

[15] Ono A. [J]. Miner. J.,1972,6:442

[16] Wever B C,Aerospace Res,Laber. Rep. ARL,1964,64:205

[17] Patil R N,Subbarao E C. [J]. J. Appl. Cryst,1969,2

[18] Smith D K,Cline C F. [J]. J. Am. Ceram. Soc,1962,45:249

[19] Teufer G. [J]. Acta Cryst.,1962,15:1187

[20] Mc Cullough J D,Trueblood K N. [J]. Acta Cryst,1959,12:507

[21] Smith D K,Newkirk H W. [J]. Acta Cryst,1965,18:983

[22] Bailey J E. [C]. Proc. Roy. Soc,1964,279A:395

[23] Bansal G K,A H. [J]. Acta Metall,1974,22:409

[24] Grain C F,Garvie R C. U. S. Bur. Mines Rep. Inwest. No. 6619,1965,19 转引自[14]

[25] Whitney E D. [J]. J. Am. Ceram. Soc.,1962,45:612

[26] Sato T,Shima M. [J]. Am. Ceram. Soc. Bull,1985,64:1382

[27] Hsu T. Y.(徐祖耀),Li L,Jiang B. [J]. Mater. [J]. Trans. JIM,1996,37:1281~1284

[28] Kelly P M,Ball C J. [J].J,Am. Ceram. Soc.,1986,69:259

[29] Hugo G R,Muddle B C,Hannik R H. [J]. J. Mater. sci. Forum,1988,34~36:165

[30] Hugo G R,Muddle B C. [J]. Mater. sci. Forum,1990,56~58:357

[31] Tsukuma K,Shimada M. J.[J]. Mater. sci.,1985,20:1178

[32] Nakanishi N,Shigematsu T. [J]. Mater. Trans. JIM,1991,32:778

[33] Nakanishi N,Shigematsu T. [J]. Mater. Trans. JIM,1992,33:318

[34] Jiang B,Tu T,Hsu T. Y.(徐祖耀),et al. [J]. Mater. Res. Soc. Symp. Proc,1992,246:213

[35] 徐祖耀,全国相变讨论会特邀报告,文集[C]. 1993

[36] 徐祖耀等[J]. 材料研究报告,1995,9:338

[37] Hannick R H J,[J]. J. Mater. Sci,1979,13:2487

[38] Sakuma T,Yoshizawa Y,Suto H. [J]. J. Mater. sci,1985,20:2399

[39] Sakuma T,Eda H,Suto H. [C]. Proc. ICOMAT-86. Japan Inst. Metals,1987,1149

[40] Scott H G. [J]. J. Mater. sci.,1975,10:1527

[41] Sakuma T,Yoshizawa Y,Suto H. [J]. J. Mater. sci,1985,20:1085

[42] Heuer A H, Ruhle M. Advances in Ceramics, vol. 12. Science and Technology of Zirconia Ⅱ. [J]. The Amer Ceram. Soc, 1984. Ⅰ

[43] Chaim R, Ruhle M, Heuer A H. [J]. J. Am. Ceram. Soc, 1985, 68:427

[44] Sugiyama M, Sato T, Kubo H. [C]. Proc, ICOMAT-86. Japan Inst. Metals, 1987. 1155

[45] Anderson C A, Greggi Jr J, Gupta T K. Advances in Ceramics, vol. 12. [J]. The Amer. Ceram. Soc, 1984. 78

[46] Riihle M, Claussen N, Heuer A H. Advances in Ceram-ics, vol. 12. [J]. The Amer. Ceram. Soc, 1984. 352

[47] Sakuma T, Yoshizawa Y, Suto H. [J]. J. Mater. Sci, 1986, 21:1436

[48] Hayakawa M, Tada M, Okamoto, et al. [J]. Trans. Japan Inst. Metals, 1986, 27:750

[49] Ruh R, Garrett H J, Domagala R F, et al. [J]. J. Am. Cer-am. Soc, 1977, 60:399

[50] Sakuma T, Suto H. [J]. J. Mater. Sci, 1986, 21:4359

[51] Hayakwa M, Oka M. [J] Master. Sci. Forum, 1990, 56~58:383

[52] Heuer A H, Chaim R, Lanteri V. Advances in Ceramics, vol. 24. [J]. Amer. Ceram. Soc, 1988. 3

[53] Hayakawa M, Adachi K, Oka M. [J]. Acta Metall. Mater, 1990, 38:1761

[54] Kuroda K, Saka H, Lio S, et al. [C] Proc ICOMAT-86. [J]. Japan Inst. Metals. 1987. 1161

[55] Kobasyashi K, Kuwajima H, Masaki T. [J]. Solid St. Ion, 1981, 314:489

[56] Hayakawa M, Inone Y, Oka M, et al. [J]. Mater. Trans. JIM, 1995, 36:729

[57] 徐祖耀, 等待发表。

[58] Hayakawa M, Kuntani N, Oka M. [J]. Acta Metall, 1989, 37:2223

[59] Hayakawa M, Kuntani N, Oka M. [J]. Mater. Sci. Forum, 1990, 56~58:363

[60] Hayakawa M, Oka M. [J]. Acta Metall, 1989, 37:2229

[61] Hayakawa M, Adachi K, Oka M. [J]. Acta Metall Mater, 1990, 38:1753

[62] T. Y. Hsu(徐祖耀), Zhou X W. [J]. Metall. Mater, 1994, 24A:2555

[63] Sato T, Shimada M. [J]. J. Am Ceram. Soc, 1985, 68:356

[64] Lange F F, Dunlop G L, Davis B I. [J]. J. Am. Ceram. Soc, 1986, 69:237

[65] Hayakawa M, Onda Y, Oka M. [C]. Proc, ICOMAT-92. Monterey Inst. Adranced Studies, USA, 1993. 707

[66] Kviven W M, [C]. Proc. Inte。Conf. on Solid-Solid Phase Transformations. eds. Aaronson H I, et al. TMS-AIME, 1982. 1507

[67] Kriver W M. [J]. Journal de Phys. IV, 1995, 5:8~101

[68] Shirane G, Hoshimo S, Suzuki K. [J]. Phys. Rev, 1950, 80:1105

[69] Chou C C, Wayman. C M. [J]. Mater. Trans. JIM, 1992, 33:306

[70] Di Domenico M D. Wemple S H. [J]. Phys. Rev, 1967, 155:539

[71] Lieberman D S. in Phase Transformations. [J]. Am. Soc. Metals, 1970. 1

[72] Eysel W,Hahn T Z Krist, 1970,131:322
[73] Groves G W. [J]. J. Mater. Scr, 1981,16:1063
[74] Groves G W. [J]. J. Mater. Scr, 1983,18:1625
[75] Kriven W M. [J]. J. Am. Ceramic Soc, 1988,71:1021
[76] Kriven W M, Chan J,Barinek E A. Advances in Ceran-ics, vol. 24. [J]. Science and Technology of Zirconia. 145
[77] Kullerud G,Yund K A. [J]. J. Petroleum,1962,3:126
[78] Hsiao C C. [J]. Fracture,1977,1:987
[79] Jellinek F. Sulfides in Inorganic Sulfur Chemistry. [M]. Else-Vier,Amsterdam,1970
[80] Kennedy S W,Summerville E. [C]. Proc. Inter. Conf. on Solid-Solid Phase Transformations. Eds. Aaronson H I,et al. TMS-AIME,1982. 1557
[81] Nishi M,Ito Y,Ito A. [J]. J. Phys. Soc. Japan,1983,52:3602
[82] Ito Y,Nishi M,Passell L. [J]. Physica,1986,136B:356
[83] Ito Y,Nishi M,Majkrzak C F. [C]. Proc,ICOMAT-1986. J. Inst. Metals,1987,1133
[84] Kennedy S W. [J]. J. Solid State Chem,1980,34:31
[85] Watanable M. Tokonami M,Novimoto N. [J]. J. Solid State Chem. ,1980,31:265
[86] Kennedy S W,Kriven W M. [C]. Proc,Inst. Conf. on Solid-Solid Phase Transformations,1981. Eds. on Aaronson H I,et al. TMS-AIME,1982. 1545
[87] Krcven W M,Kennedy S W. [C]. proc. Inter. Conf. on Solid-Solid Phase Transformations-1981. Eds. Aaronson H I,et al. TMS-AIME,1982. 1551
[88] Muknerjee K,Efsic E J,Wayman C M. [J]. Physics Letters,1965,15:30
[89] Cassidy M P,Wayman C M. [C]. Proc. ICOMAT-1979. M. I. T. ,1979. 202
[90] Rashid M S,Scott T E. [J]. J. Less-Common Metals,1973,31:377
[91] Weger W,Goldbery I B. Solid State Physics. [M]. Academic Press,New York,1973,28:1
[92] Nakanishi N. Prog. [J]. Mater. Sci, 1980,24:143
[93] Hastings J B,Shirane G,Williamson S T. [J]. Phys. Rev. Lett, 1979,43:1249
[94] Ohnishi N,Onazuka T,Hlirahayashi M. [C]. Proc. ICO-MAT-86. Jap. Inst. Metals, 1987. 1127
[95] Oota A,Muller J. [C]. Proc. ICOMAT-86. Jap. Inst. Metals,1987. 1121
[96] Kisio K,Shimoyama J,Hasegawa T,et al. [J]. J. Appl. Phys, 1987,26:1228
[97] Yukio k,Sato T,Ooba S. [J]. J. Appl. Phys, 1987,26:860
[98] Jorgensen J D,et al. [J]. Phys. Rev, 1987,B36:3608
[99] Aan Tendeloo G,Zandbergen H W, Amelinckx S. [J]. Solid State Commun, 1987,63:389,603
[100] Camps R A,et al. [J]. Nature,1987,320:229
[101] Hewat E A,et al. [J]. Nature,1987,327:400
[102] Mitchell T E,Roy T,Sato H. [J]. J. Less-Common Metals,1991,168:53

[103] Sugiyama M, Suyama R, Inuzuka T. et al. [J]. J. Appl. Phys. ,1987,26:L1202

[104] Nakanishi N, Furukawa T, Shigematsu T. [J]. Mem. Konan Univ. ,Sci. Ser. ,1992,39(2):177

[105] Mitchell T E. [C]. Proc. ICOMAT-1992. Monterey Inst. for Advanced Studies,1993. 725

[106] Capponi J J, et al. [J]. Europhys. Lett. ,1987,3:1301

[107] Moret R, Pouget J P, Callin G. [J]. Europhys. Lett. ,1987,4:365

[108] Wada T, Hamauchi H, Tanaka S. Mater. Analy. and Charct. [J]. Science,1989,3:8

[109] Hiroi Z, Takano M, Bando Y. [J]. Solid State Commun,1989,69:223

[110] Shi D. [J]. Phys. Rev. ,1989,B9:4299

[111] Furukawa T, et al. Jpn. Soc. Powder Metallu. ,1992,34:639

[112] Mazdiyashi K S. , Lynch C T. Smith J S. Preparation to Ultra-High Purity Submicron Refractory Oxides, 66th Annual Meeting. [J]. Am. Ceram. Soc. ,Chicago Ill. ,April,1964

[113] Garvie R C. [J]. J. Chem. ,1965,69:1238

[114] Hannink R H J, Johnson K A, Pascoe R T, et al. [J]. Adv. Ceram. ,1981,3:116

[115] Reyes-Morel P E, Cherng J S, Chen I-Wei. [J]. J. Am. Ceram. Soc. ,1988,71:648

[116] Carvie R C. [J]. J. Phys. Chem. ,1978,82:218

[117] Carvie R C. [J]. J. Mater. Sci. ,1985,20:3499

[118] Carvie R C. Goss M F. [J]. J. Mater. Sci. ,1986,21:1253

[119] Carvie R C. Swain M V. [J]. J. Mater. Sci. ,1985,20:1193

[120] Srinvasan R, Rice L, Davis B H. [J]. J. Am. Ceram. Soc. ,1990,72:3528

[121] Evans A G, Burlingame N, Drong M, et al. [J]. Acta Metall. ,1981,29:447

[122] Lange F F. [J]. J. Mater. Sci. ,1982,17:225

[123] Anderson C A. Gupta T K. [J]. Adv. Ceram. ,1981,3:184

[124] Heuer A H, Claussen N, Kriven W M, et al. [J]. J. Am. Ceram. Soc. ,1982,65:642

[125] Heuer A H, Rüuhle M. [J]. Acta Metall. ,1985,33:2101

[126] Chen I W, Chiao Y A. [J]. Acta Metall. ,1983,31:1627

[127] Chen I W, Chiao Y H. [J]. Acta Metall. ,1983,33:1827

[128] Chen I W, Chiao Y H. Tzuzaki K. [J]. Acta Metall. ,1985,33:1847

[129] Carvie R C, Chen S K. [J]. Phys. ,1986,B150:203

[130] 徐祖耀. [J]. 金属学报,1979,15:329

[131] 徐祖耀. [J]. 金属学报,1980,16:420,426

[132] T Y Hsu（徐祖耀）. [J]. J. Mater. Sci. ,1985,20:23

[133] 徐祖耀,李箭,曾振鹏. [J]. 金属学报,1986,22:A494

[134] 徐祖耀,陈卫中. [J]. 金属学报,1988,24:A155

[135] 潘牧,徐祖耀. [J]. 金属学报,1989,25:A250

[136] Wu J,Jiang B,T. Y. Hsu(徐祖耀). [J]. Acta Metall. ,1986,36:1521

[137] Tsai J F,Yu c s,Shetty D K. [J]. J. Am. Ceram. Soc. ,1990,73:2992

[138] Sukharevskii B Ya,Vishnevskii I I,Dokl. Akad. Nak. SSSR,1962,147:882

[139] Matsui M,Sana T,Oda I. [J]. Adv. Ceram. ,Vol. 3,Sci. Techn. Zirconia. Ed. Hever A H,et al. 1984. 371

[140] Watansbe W,Lio S,Fukura I. ibid. 391

[141] Yoshimura M. [J]. Am. Ceram. Soc. Bull. ,1985,68:356

[142] Sato T,Shimada M. [J]. J. Am. Ceram. Soc. ,1984,67:C212

[143] Koto K,Schulz H,Huggins R A,[J]. Solid State Ionics,1980,1:355

[144] Cheetham A K,Fender B E F. [J]. J. Phys,C(Solid State Phys.),1971,4:3107

[145] 徐祖耀,刘世楷. 贝氏体相变与贝氏体[M]. 北京:科学出版社,1991

[146] T Y Hsu(徐祖耀),Zhou X W. [J]. Acta Metall. ,Sinica (English ed.),Ser. A. ,1991,4:401

导言译文

Martensitic Transformation in Non-Metallic Inorganic Materials

In this paper a critical review on the martensitic transformation in non-metallic inorganic materials, including ZrO_2, CeO_2-ZrO_2, Y_2O_3-ZrO_2 and other inorganic materials is given. The size effect of the martensitic transformation in ZrO_2 containing ceramics is discussed. The so called isothermal "martensitic" transformation of t→m in ZrO_2 ceramics is characterized as a bainitic transformation.

第5章 马氏体相变的形核问题*

在对马氏体相变经典形核理论阐述的基础上，仔细考察了 Fisher 等以统计物理对形核几率的原始推导，指出一些学者近年来否定 Cohen 和 Kaufman 马氏体相变形核几率计算的错误，确定形核几率计算中的形核能垒 ΔG^* 应为临界核胚中所有原子的总自由能变化，而不应为核胚中单个原子的自由能。对他们佐证均匀形核观点所引用的实验给予了重新解释，对他们提出的形核模型进行了评论。最后简要提出研究马氏体相变形核问题的几个可能方向。

5.1 概述

马氏体相变是一种非常重要的固态相变。Kurdjumov[1] 首先提出马氏体相变是形核和长大过程。Shih(师昌绪)等[2] 对等温马氏体相变研究也确认马氏体相变呈明显的形核长大的特征。近80年来，在马氏体相变晶体学[3,4]、热力学[5] 和动力学[6~11]等方面的研究已经取得了许多重要的成果。然而，马氏体相变的形核问题却一直没有得到很好的解决。该问题至今仍是马氏体相变研究的热点之一。本文在引述经典均匀形核理论的基础上，就有些学者的一些错误观点加以剖析，并简要提出研究形核问题的一些方向。

5.2 经典均匀形核理论

经典的形核理论[12~14]认为，新相在母相中的形核率为

$$P = K \exp\left\{\frac{-\Delta Q_D + \Delta G^*}{\kappa_B T}\right\} \tag{1}$$

其中，K 是常数，ΔQ_D 是原子跨越奥氏体和马氏体相界面所需的激活能，ΔG^* 是进行马氏体相变所要克服的形核能垒，k_B 为 Boltzmann 常数，T 为绝对温度。

在一定温度下 $p_0 = K \exp(-\frac{\Delta Q_D}{\kappa_B T})$ 通常是一个常数，因此形核率主要取决于

---

* 原发表于《金属学报》，2004，40(4)：337-541.

ΔG^*，$\exp(-\dfrac{\Delta G^*}{\kappa_B T})$是影响平衡态下形核几率的重要因子。

Cohen 和 Kaufman[9,10]给出了形成一个椭球形马氏体核胚自由能的变化为

$$\Delta G(a,c) = \frac{4}{3}\pi a^2 c \Delta g_{ch} + 2\pi a^2 \gamma + \frac{4}{3}\pi a c^2 A \tag{2}$$

式中，a 和 c 分别是椭球形马氏体核胚的半长轴和半短轴，ΔG_{ch}是单位体积马氏体相变驱动力，γ 为马氏体和母相之间的相界面能，A 是和马氏体相变应变能有关的量，$\Delta G(a,c)$ 随 a,c 变化存在一个临界点，该临界点对应于马氏体的临界核胚尺寸和临界形核能垒。临界核胚尺寸和临界形核能垒可由 $\dfrac{\partial \Delta G(a,c)}{\partial a}=\dfrac{\partial \Delta G(a,c)}{\partial c}=0$ 计算得到：

$$a^* = \frac{4A\gamma}{\Delta g_{ch}^2} \tag{3}$$

$$c^* = -\frac{2\gamma}{\Delta g_{ch}} \tag{4}$$

$$\Delta G^* = \frac{32\pi A^2 \gamma^3}{3\Delta g_{ch}^4} \tag{5}$$

Cohen 和 Kaufman[9,10]对 Fe-30Ni 合金马氏体相变的形核能垒 ΔG^* 进行的理论计算表明，在马氏体相变温度 $M_s=233K$，马氏体临界核胚尺寸是：$a^*=49nm$，$c^*=2.2nm$，临界形核能垒约 $\Delta G^*=9\times10^{-16}J$。该核胚大约包含 200 万个原子。该临界形核能垒 ΔG^* 的值约为 $\kappa_B T$（此时温度 $T=M_s$）的 10^5 倍，所以形核几率是非常小的，因此可以认定依靠热起伏不能克服马氏体均匀形核所需克服的能垒[8-10]。

按照经典的形核理论[12-14]，形核能垒越大、温度越低，形核几率越小[12]，形核所需的孕育时间越长[13,14]。然而，实验证明，当温度降至 0K 附近时，马氏体相变仍然能在 Fe-18Cr-8Ni 和 Fe-20Ni-1C 等合金中发生[15]，而且在 Fe-Ni-C 和 Fe-Ni 等合金中，还会发生爆发型马氏体相变（在极短的时间内，产生大量的马氏体）[16]。

5.3 非均匀形核模型

上述经典理论是基于均匀基体的假设上，因此称为均匀形核理论（模型）。理论和实验的不一致使得人们对马氏体相变的形核问题开展了大量的研究[17-21]，其中研究的焦点主要集中在晶体缺陷可引起马氏体相变非均匀形核上。

Olsen 和 Cohen[17-19]根据 Bogers 和 Burgers 的切变模型,提出了在母相中由于位错的分解,会产生能量低于母相的亚稳定马氏体核胚,由于该亚稳定的马氏体核胚的总能量低于母相的能量,因此,这种核胚可在母相中自发形成。这样,马氏体的形核率将大大地提高。然而构成该核胚的位错组态过于奇巧,在实际晶体中很难存在,事实上到现在为止该种形式的核胚也没有在实验中观察到。Magee[20]提出了预应变场的模型,该模型强调在母相中预先存在有缺陷,该缺陷所产生的应变场是马氏体形核的有利位置,应变场的应变能可达到和马氏体相变形核能垒相当的量级。然而应变能密度通常都是在缺陷中心或接近缺陷处最大,例如位错等。因此该模型的处理又回到了 Kaufman 和 Cohen 模型[22]。Suezawa 和 Cook[21]发展了螺位错应变区形成马氏体核胚的模型,该模型给出了当界面能 $\gamma = 2.3 \times 10^{-2} \mathrm{J/m^2}$ 时,马氏体的形核能垒 ΔG^* 约为 $10^{-19}\mathrm{J}$。$T = 250\mathrm{K}$ 时,这一数值和 $50\kappa_B T$ 相当,由此得出热起伏可以引起形核。但是他们在计算时所采用的界面能,远远低于 Cohen 和 Kaufman[8,9],计算 Fe-30Ni 马氏体临界核胚时所采用的界面能守 $\gamma = 0.2 \mathrm{J/m^2}$ 值,因此这个模型与 Cohen 和 Kaufman 的模型相比对形核能垒的计算值并无本质的改善,表明非均匀形核理论还有待进一步发展。

5.4 对一些错误观点的剖析

近年来,我国一些学者[23-32]认为 Cohen 和 Kaufman 在计算马氏体相变形核几率时出现错误,即式(1)中的 ΔG^* 不应是整个马氏体核胚的能量而应当是单位体积或单位原子的能量。如果这个错误确实存在,则它是惊人的,因为 ΔG^* 经过重新计算后,它的值降低 10^5 数量级,从而使均匀形核变得完全可能,即热波动可使马氏体相变均匀形核。果真如此则近半个世纪以来关于马氏体相变形核的研究都变得没有意义。在经典的形核理论中,式(1)同时适用于气-液、固-液和其他固-固相变形核几率的计算,所不同的是 ΔG^* 的计算方法,要澄清这个问题必须确定式(1)中 ΔG^* 的确切值以及它的物理意义。经仔细考察 Fisher 等[11]用统计力学的推导,ΔG^* 确应为整个核胚的自由能变化,而不应为核胚中单个原子的自由能,类似的表达式也在许多其他的文献[33~36]中出现。通常,对气体→液体、液体→固体的转变,自由能的计算中仅涉及相变驱动力和相界面能,而没有应变能的影响,即使如此,Turnbull 等[37]的著名实验也告诉我们,在无杂质和器壁的情况下,在纯净的过冷液体中结晶都是相当困难的,更何况会引起大应变能的马氏体核胚。

从量纲上看,我们知道 $\kappa_B T$ 是能量单位,因此式(1)中的 ΔQ_D 和 ΔG^* 都应

当具有能量量纲,当式(1)中幂指数部分的分母 $\kappa_B T$ 变为 RT(R 为摩尔气体常数)时,分子也必须乘上 N_A,即分子分母同时乘上 Avogadro 常数[38],这意味着新相的核胚被当作一个大颗粒来看待。我国一些学者与 Kaufman 和 Cohen 的主要分歧(当然也和 Turnbull,Fisher 等的观点存在分歧)就在这里,他们[26-32]认为式(1)中的 ΔG^* 不应当是式(5)直接计算的结果,而应当是 $\Delta G^*/V^*$ 的结果(V^* 是马氏体临界核胚的体积),通过单位转换将 $\Delta G^*/V^*$ 的量纲化为 J/mol,$\kappa_B T$ 变为 RT。他们这样做的中心意思是使式(1)中的 ΔG^* 变为马氏体核胚内单个原子或摩尔原子的自由能变化,而不是整个马氏体核胚或每摩尔核胚数的自由能变化。因为邓永瑞[26]认为经典理论。"用一个含 200 万个原子的晶核的形核功与单个原子的热能比较,似乎是不妥的"。由此看来,他们都将 $\kappa_B T$ 看作单个原子的热能了。关于 $\kappa_B T$ 的物理意义在 Landau 和 Lifehitz 的 "Statistical Physies"[39] 中已有明确的说明,它不应理解为单个原子的热能。

我们必须强调这 200 万个原子必须聚集在一起才能称为马氏体核胚,单个原子只能是晶体缺陷。式(1)中的 ΔG^* 应为整个核胚的自由能变化,这纯粹从几率的观点也能证明。

我们假定新相核胚内包含了 n 个原子,这样,核胚内每个原子的平均自由能变化为

$$\Delta g = \frac{\Delta G}{n} \tag{6}$$

ΔG 为整个核胚的自由能变化,它包括两相的化学驱动力、应变能和界面能。当核胚达到临界尺寸时,ΔG 应写为 ΔG^*,此时在母相中单位体积内一个原子处在 Δg 状态的几率为[12]

$$I = \exp\left(\frac{\Delta g}{\kappa_B T}\right) \tag{7}$$

该数值是邓永瑞[23-26]、杜国维[27]和赵新清等[28-32]所认定的马氏体核胚的形核几率。根据赵新清等的计算,临界核胚内单位原子的平均能量约比 $\kappa_B T$ 小一个数量级,因此 I 是一个接近于 1 的数值。即在单位时间内、单位体积中包含一个处于 Δg 状态原子的几率很大,但是我们可以想象,仅一个原子处于新相的状态是不能称为核胚的,它周围的一些原子也必须同时处在新相的状态时,我们才能确定这是一个新相的核胚。因此,有 n 个相互近邻的原子同时处在 Δg 状态时的几率应为

$$I_n = \prod_n \exp\left(-\frac{\Delta g}{\kappa_B T}\right) \tag{8}$$

将式(6)代入式(8)中,我们就可得到 Fisher 等[12]相同的结果:

$$I_n = \exp\left(-\frac{n\Delta g}{\kappa_B T}\right) = \exp\left(-\frac{\Delta g}{\kappa_B T}\right) \tag{9}$$

从几率的观点来看,这也是非常好理解的,因为在众多原子中间,仅有一个原子处于新相 Δg 状态的几率是非常大的,然而当这个原子的近邻另一个原子也必须同时处在这个状态时,其几率就将下降,而当要达到 cohen 等[9,10]估计的 200 万个近邻原子的同时达到这个状态,这也是非常不容易的。这样,我们可以得出,邓永瑞[23-26]、杜国维[27]和赵新清等[28-32]对 Cohen 和 Kaufman 的纠正是不正确的。

另外,邓永瑞为解决 Cohen 等[9,10,17-19]马氏体形核理论与实验结果的矛盾,提出了自己的形核理论[23-26],其基本的大意是有一系列原子层,如 200 层,同时发生一个方向的位移,要达到马氏体相变所需的切应变量 $\varepsilon=0.2$,这 200 个原子层的每一层仅产生 10^{-3} 应变就够了,并且他认为这一层的应变能即为形核能垒,在铜合金中他估计这一应变能约为 1.2J/mol,该合金的相变驱动力约为 -1.5——-8J/mol。于是,他认为相变驱动力和热起伏都足以克服这一形核能垒。我们认为这一处理方法也存在同样的概念错误。首先,如果一层原子产生应变为 10^{-3} 时的几率是 $p_1(0<p_1<1)$,在不考虑原子层之间的相互作用时,200 层原子同时向一个方向产生平均应变为 10^{-3} 的几率应为 p_1^{200},如果进一步考虑每一层中原子的数目,即要靠热起伏使一层内的所有原子也同时向一个方向位移相同距离,则使得

$$p_1 = \prod_{}^{n} \exp(\frac{\Delta g}{\kappa_B T}) \tag{10}$$

上式中的 Δg 是一个原子处在切应变为 10^{-3} 状态时的自由能变化,n 是所考虑原子层上的原子数,无疑不是一个很小的数,而 200 个相邻的原子层同时向一个方向应变 10^{-3} 的几率 p_1^{200} 应是非常非常小的数。还必须指出,当相邻每一个原子层产生的应变为 10^{-3} 时,200 层原子所产生的总应变仍是 10^{-3},达不到马氏体相变所要的应变 0.2。由此可见,邓永瑞模型本身就存在问题,由此对马氏体相变形核几率的估计也就不可采用了。

赵新清等用来证明马氏体相变可以均匀形核的证据主要来自 Lin 等[40]和 Kajiwara 等[41]的实验。下面我们对此给予说明。Lin 等[40]实验研究表明,在 Cu-2.14Fe-1.07Co(质量分数,%)合金中沉积的、无缺陷的 fcc 结构的 Fe-Co 颗粒可通过均匀形核发生马氏体相变,经仔细阅读 Lin 等的文章,即可知道他们仍然用 Cohen 和 Kaufman 的形核理论[9,10]计算临界形核能垒。对于 Fe-33Co 合金,fcc→bcc 转变的相变驱动力在 200K 时约为 -9 000J/mol,该值约为 Fe-30Ni 合金在 233K 时相变驱动力 -1 260J/mol 的 7 倍。由式(5)可以看到,ΔG^* 与相

变驱动力 Δg_{ch} 的四次方成反比。当 Fe-33Co 合金的 A 和界面能 γ 与 Fe-30Ni 合金相比相差不大时，Δg_{ch} 的增加将大大降低临界形核能垒，均匀形核才能实现。根据 Lin 等的计算，在 Fe-Co 合金中 Co 含量为 3%（质量分数）附近的合金，其马氏体相变的临界形核能垒可以满足 $\Delta G^* < 40\kappa_B T$ 均匀形核的条件[40]。可以说，Fe-Co 合金中马氏体相变可以均匀形核的原因是它的相变驱动力很大。Lin 等用 Cohen 和 Kaufman 马氏体形核理论的解释，正说明了该理论的正确性。因此，Lin 等的实验不能作为赵新清等人重新估算结果的证据。

赵新清等认为马氏体相变可以均匀形核的另一个证据是 Kajiwara 等[41]的实验。Kajiwara 等采用气相沉积制备超细的 Fe-Ni 纳米颗粒，当 Ni 含量为 35.2%（原子分数，下同）时，在室温仍然存在大量 bcc 结构的纳米颗粒，他们认为这些 bcc 结构的颗粒是马氏体相变的产物。根据热力学计算[42]，当 Ni 含量超过 29% 时，马氏体相变的开始温度将低于室温；Ni 含量超过 33.2% 时，即使冷却到 0 K 也不会发生马氏体相变。Kajiwara 等的实验结果不能得到热力学计算的支持，同时也与 Cech 和 Turnbull[43]的实验结果不一致。最早指出 Kajiwara 等对其实验结果解释错误的是 Lin 等[8]。实验证明，采用气相沉积磁控溅射等方法制备纳米颗粒或纳米颗粒的薄膜时，气体分子从团聚凝结结晶有和大块金属完全不同的相变过程。Cech[44]对 Fe-29.5%Ni 和 Kelly 等[45]对成分为 Fe-17.3Cr-8.7Ni 小液滴的迅速凝固行为进行了详细研究，结果发现，对于大块有液态→bcc→fcc→bcc 相变行为的合金，当尺寸小到一定尺寸时其相变可以出现液态→bcc 的直接凝固过程，而不产生通常情况下的液态→bcc→fcc→bcc 的相变过程，对此，Kelly 已从形核几率的角度给予了解释。我们用此原理也解释了 Fe-Ni 合金气相沉积过程中的相变行为[46,47]。一些研究者采用 Landau 理论[48]及计算机模拟[49]也都很好地证实了 bcc 相是凝固过程中最容易形成的亚稳相。另外，我们采用磁控溅射法在不同温度的衬底上制备了各种不同成分的 Fe-Ni 薄膜，其中在室温溅射的 Fe-Ni 薄膜，当 Ni 含量达到 46.31% 时，薄膜的结构仍主要是 bcc 结构，而在 773K 溅射制备的 Ni 含量达 32.45% 的薄膜，在室温观察时为单一的 fcc 结构，由此可以说明，在室温磁控溅射制备 Fe-Ni 合金的 bcc 结构为直接由溅射原子碰撞生成的，而非 fcc→bcc 转变的产物[46,47]。因此，Kajiwara 等的实验结果应不能用以讨论小晶粒马氏体相变的形核问题，也不能作为赵新清等认为马氏体相变可均匀形核的实验证据

5.5 研究马氏体相变形核的可能方向

综上所述，只有在特殊情况下，马氏体相变的形核才能依靠均匀形核来完

成[40]，而对于通常情况下,目前的非均匀形核理论都还不能很好地解释一些实验事实,如爆发型马氏体的转变等。但这也决非我国一些学者所认为的那样错误所致。根据马氏体相变研究的进展[50],形核理论的下列几个研究方向似应引起我们的注意:①应力场的影响:适当方向的应力场可以提高马氏体相变开始温度,相当于增加了马氏体相变的驱动力[51]。同样,马氏体相变驱动力的增加也将降低马氏体相变的形核能垒。对于一个已产生的马氏体片,其周围的应力场可以促发其他较小的马氏体核胚长大[52]。②相界面能的重新估计:相界面能是影响马氏体形核能垒的关键因素。最近 Offerman 等[53]关于碳钢奥氏体分解的研究已经发现,传统方法对相界面能的估计比实际值高两个数量级。而马氏体核胚的界面能是否也存在类似的问题值得我们关注。另外,热力学和统计力学的理论告诉我们,相界面能应当与新相的尺寸有关[54,54],马氏体和母相间的界面能随尺寸的变化关系研究应当是我们的一个任务。③马氏体相变的一些现代形核理论也值得我们关注,如 Landau 理论的应用[56]以及马氏体相变非线性理论的研究[57-62]。对马氏体相变形核理论的研究不仅有利于我们更深入地了解马氏体相变,同时也可帮助我们了解其他相变的形核问题。

参考文献

[1] Кураюмов ГВ. Ж тЕхн Физ, [J]. 1948,18:999.
  Kurdjumov G V. [J]. J Met, 1959,11:449
[2] Shih C H, Averbach B L, Cohen M. [J]. Trans AIME,1955,203:183.
[3] Wechsler M S,Lieberman D S,Read T A. [J]. Trans AIME, 1953,197:1503.
[4] Bowles J S, Mackenzie J K [J]. Acta Metall, 1954,2:129,224,1957,5:137.
[5] Hsu T Y (Xu Zuyao). Martensitic Transformormation and Martensite. 2nd ed., Beijing Scienec Press, 1999:430
  (徐祖耀. 马氏体相变与马氏体. 第 2 版[M]. 科学出版社,1999:430)
[6] Pati S R,Cohen M. [J]. Acta Metall, 1969,17:189.
[7] Pati S R,Cohen M. [J]. Acta Metall, 1971,19:1327.
[8] Lin M,Olson G B,Cohen M. [J]. Metall Trans,1992,23A:2987.
[9] Cohen M. [J]. Trans AIME,1958,212,171.
[10] Kaufman L, Cohen M. In: Chalmers B,King R eds. ,Progress in Metal Physics. Vol. 7 [M]. New York: Pergamon Press,1958:165.
[11] Owen W S, Gilbert A. [J]. JISI, 1961,196:142.
[12] Fisher J C, Hollomon J H, Turnbull D [J]. J Appl. Phys,1948,19:775.
[13] Turnbull D. [J]. Trans AIME,1948,175:774.

[14] Turnbull D, Fisher J G. [J]. J Chem Phys,1949,17:71.

[15] Kulin S A, Cohen M. [J]. Trans AIME,1950,188:1139.

[16] Machlin E S, Cohen M. [J]. Trans AIME,1951,191:746.

[17] Olson G B, Cohen M. [J]. Metall Trans,1976,7A:1897.

[18] Olson G B, Cohen M. [J]. Metall Trans,1976,7A:1905.

[19] Olson G B, Cohen M. [J]. Metall Trans,1976,7A:1915.

[20] Magee C L. In: Aaronson H I ed., Phase Transformation Cleveland [J]. ASM,1970.

[21] Suezawa M, Cook H E. Acta Metall, 1980,28:423.

[22] Russell K G. [J]. Metall Trans,1971,2:5.

[23] Deng Y R. [J]. Rare Met Mater Eng,1991,(1):17.
(邓永瑞. [J]. 稀有金属材料与工程,1991,(1):17)

[24] Deng Y R. [J]. Rare Met Mater Eng,1991,(2):9.
(邓永瑞. [J]. 稀有金属材料与工程,1991,(2):9)

[25] Deng Y R. [J]. Rare Met Mater Eng,1991,(3):16.
(邓永瑞. [J]. 稀有金属材料与工程,1991,(3):16)

[26] Deng Y R. Theory of Martensitic Transformation. Beijing:Science Press,1993:7.
(邓永瑞. 马氏体相变理论[M]. 北京:科学出版社,1993:7)

[27] Xiao J M. Phases and Phase Transformations of Alloys. Beijing:Metallurgy Industry Press,1987:332
(肖纪美. 合金相与相变[M]. 北京:冶金工业出版社,1987:332)

[28] Zhao XQ. [J]. Acta Metall Sin, 2001,37:1153.
(赵新清. 金属学报,2001,37:1153)

[29] Zhao X Q. J Mater Eng,1999,(11):3
(赵新清,材料工程,1999;(11):3)

[30] Zhao X Q. Han Y F. J Mater Eng, 2000,(3):3.
(赵新清,韩雅芳. 材料工程,2000,(3):3)

[31] Zhao X Q, Liu B X. [J]. Scr Mater, 1998,38:1137.

[32] Zhao X Q, Han Y F. [J]. Metall Mater Trans,1999,30A:884.

[33] Landau L D, Lifshitz E M. Statistical Physics, Part 1 (3rd ed). [M]. Butterworth-Heinemann, Division of Reed Educational and Professional Ltd., 1999:533.

[34] Feder J, Russell K C, Lothe J, Pound G M. [J]. Adv Phys,1966,15:111.

[35] Gunton J D, Miguel M S, Sahni P S. In: Domb C, Green M S eds., Phase Transitions and Critical Phenomena, Vol. 8. [J]. London:Academic Press,1983:267.

[36] Gunton J D. J Stat Phys, 1999,95:903.

[37] Turnbull D. [J]. J Chem Phys,1952,20:411.

[38] Trunbull D, Cohen M H. [J]. J Chem Phys. 1958, 29:1049.

[39] Landau L D, Lifshitz E M. Statistical Physics, Part 1 (3rded). [M]. Butterworth-

Heinemann, Division of Reed Educational and Professional Ltd. , 1999:34.

[40] Lin M, Olson G B,Cohen M. [J]. Acta Metall Mater,1992,41:253.

[41] Kajiwara S, Ohno S, Honma K [J]. Philos Mag, 1991,63A:625.

[42] Kaufman L, Cohen M,[J]. Trans AIME,1956,206:1393.

[43] Cech R E, Turnbull D. [J]. Trans AIME,1956,206:124.

[44] Cech R E. [J]. Trans AIME,1956,206:585.

[45] Kelly T F, Cohen M, Sande J B V. [J]. Metall Trans,1984,15A:819.

[46] Meng Q P. [D]. PhD Dissertation, Shanghai Jiao Tong University,2002.
(孟庆平.上海交通大学博士学位论文,2002)

[47] Rong Y, Meng Q, Hsu T Y (Xu Zuyao). In: Handa S, Zhong Z, Nam S W,Wright R N eds. , [C]. The 4th Pacific Rim Int Conf on Advanced Materials and Processing (PRICM4). The Japan Institute of Metals,2001:147.

[48] Alexander S, Mctague [J]. J Phys Rev Lett,1978,41:702.

[49] Auer S, Frenkel D. [J]. Nature,2001,409:1020.

[50] Hsu T Y (Xu Zuyao). [J]. Shanghai Met,2003,25(3): I and 25(4):1.
(徐祖耀.马氏体相变研究的进展.第8次全国热处理大会特邀报告.[C].2003,见:上海金属,2003,25(3):1 和 25(4):1)

[51] Patel J R,Cohen M. [J]. Acta Metall, 1953,1:531.

[52] Meng Q P, Rong Y H, Hsu T Y(Xu Zuyao). to be published.

[53] Offerman S E, Dijk N H, Sietsma J, Grigull S, Lauridsen E M, Margulier L, Poulsen H F, Rekveldt M Th, Zwaag S. [J]. Science,2002,298:1003.

[54] Buff F P, Kirkwood J G. [J]. J Chem Phys,1950,18:991.

[55] Tolman R C. J Chem Phys,1949,17:333.

[56] Olson G B, Cohen M. [C]. Proc Int Conf Solid-Solid Phase Transformations, New York: AIME,1982:1145.

[57] Falk F. Acta Metall,1980,28:1773.

[58] Falk F. Z Phys B,Condens Matter. [J]. 1984,54:159.

[59] Barsch G R, Krumhansl J A.[J]. Metall Trans,1988,19A:761.

[60] Klein W,Lookman T, Saxena A. [J]. Phys Rev Lett,2002,88:085701.

[61] Zhao Y, Zhang J, Hsu T Y (Xu Zuyao).[J]. J Appl Phys,2000,88:4022.

[62] Tang M, Zhang J H, Hsu T Y (Xu Zuyao). [J]. Acta Mater,2002,50:467.

导言译文

Nucleation of Martensitic Transformation

On the basis of describing the classical nucleation theory of martensitic transformation and considering in detail the original derivation of nucleation probability through statistical physics by Fisher *et al*, the present work points out the mistakes appearing in the recent works of some authors who negated the calculation barrier ΔG^* in calculating the nucleation probability should be the free energy change of total atoms in an embryo, rather than that of an atom. The experiments cited by these scholars, supporting their viewpoint of homogeneous nucleation of martensitic transformation, are re-explained and the nucleation model suggested by them is critically reviewed by us with the basic concept of statistical physics. Finally, several research directions are briefly suggested for study of the nucleation of martensitic transformation.

第 6 章 贝氏体相变简介*

  钢、有色合金和一些陶瓷材料中都存在贝氏体相变。贝氏体钢正成为有益的工程材料。总结评述切变学派和扩散学派作者们以形貌、动力学或晶体学对贝氏体相变机制所持的论点。钢中贝氏体相变以过饱和铁素体开始形成之说迄今未得到支持。一些实验已发现替代(置换)型合金元素在相界面上的偏聚，并以此所呈现的拖曳效应说明相变的不完全现象，切变学者以切变机制来解释这个现象，但此现象不是钢中贝氏体相变的普遍情况。贝氏体形成时呈现帐篷形浮突，不具不变平面应变特征；有时马氏体相变晶体学表象理论能近似地应用于贝氏体相变晶体学，但不能以此来判定其相变机制为扩散机制或切变机制。溶质拖曳效应以及高分辨电镜对相界面结构实验、热力学研究、磁场和应力场对贝氏体相变影响以及一些预相变现象都确证贝氏体相变籍扩散机制进行。本文作者定义贝氏体为：在 M_s 温度以上，经扩散相变的产物，多呈片状，形成时会在自由表面上呈现帐篷形浮突。提出贝氏体相变机制进一步研究和应用的展望。

6.1 概述

  贝氏体相变的研究工作正受到材料科学工作者关注。例如，较新的国际期刊《Current Opinion in Solid State and Materials Science》于 1994 年 9 月刊出了贝氏体相变专辑(由 Bhadeshia 院士主编)；2005 年 5 月 29 日—6 月 3 日在美国 Arizona Phoenix 召开的国际固态相变会议(International Conference on Solid-Solid Phase Transformations in Inorganic Materials (PTM-2005))，本人受邀任国际顾问委员会委员并作为特邀报告人，作了《应力作用下贝氏体相变》的报告，听众踊跃，约百余人参加(会议主席 James M. Howe 教授称赞听众"full and attentive")。贝氏体相变论文的小组报告和讨论情况热烈。2005 年 6 月 14—17 日在上海召开的由本人任联合主席的第 11 届国际马氏体相变会议中，设有贝氏体相变的小组，在该小组报告会上也座无虚席(约 100 人，占出席人数的 1/3)。

  贝氏体相变受到重视的原因，可能有二。一是钢中贝氏体可以既具高的强

---

* 原发表于《热处理》，2006，21(2)：1-20.

度,又呈良好韧性,用途前景看好,近年贝氏体钢发展迅猛,现代低合金 TRIP 钢的热处理中有贝氏体相变;二是贝氏体相变的机制自 1971 年 Hehemann 和 Aaronson 等的辩争[1]以来,仍未取得较为一致的见解,相变的复杂性引起关注。如本文作者的亲身体会,在 1981 年国际固态相变会议,1983 年国际钢中相变会议(见会议专辑[2]和[3]),1988 年国际贝氏体相变会议(会议论文载于 Metall Maters. Trans. 1990[4])和 1992 年国际 α_1 片状相(贝氏体)形成会议(夏威夷)(会议论文载于 Metall. Trans. 1994[5])上,对这个相变机制——切变还是扩散型的观点都出现较大分歧,延续至今,几十年来,人们虽在认识上有不少进展,但仍有原则性争议(见参考文献[6]~[8]),可见贝氏体相变的复杂性。本文作者虽早于 1981 年就曾以贝氏体相变中的巨型台阶及碳化物为题,在国际会议上作过报告[9];以后进行了 Fe-C、钢和 Cu-基合金中贝氏体相变热力学以及内耗的研究,于 1991 年还出了专著[10];近年又致力于应力作用下贝氏体相变的思考,但对贝氏体相变的认识尚属浅薄,此文只能对贝氏体相变作简单介绍。对此有兴趣的读者欲探其详,请读拙作[10]及方鸿生教授等的专著[11],本文也许对初探者有所引导,也企望对上述两种专著做一些补充(我国另有康沫狂教授等和俞德刚教授等的专著,因本文作者手头无此两书,未能引用)。

6.2 一些材料中的贝氏体相变及其新近应用

具有马氏体相变的材料在 M_s 温度以上往往存在贝氏体相变,除钢外,很多有色合金,如 Cu-基合金,Ag-Cd 合金、Ti-基合金、Ni-Cr 等,以及一些陶瓷材料中都具有贝氏体相变。本文仅简介钢、Cu-基合金(主要为 Cu-Zn-Al 形状记忆合金)和 ZrO_2 陶瓷中的贝氏体相变及其较新应用。

6.2.1 钢中贝氏体相变

早在 1929 年,Robertson[12]发现钢中不同于珠光体和马氏体的非层状(棒状、片状)显微组织,1930 年 Davenport 和 Bain[13]称这类组织为针状屈氏体,以后为给予 Bain 以荣誉,称此为贝氏体[14]。通常以珠光体相变温区以下、马氏体形成温度(M_s)以上温区形成的相变产物称为贝氏体,如图 1 所示。但有些钢(如高速钢)中,M_s 温度以下也形成贝氏体,或呈现其他较复杂的情况。Mehl[15]又将较高温度形成的贝氏体(如图 1(a)贝氏体 C 曲线鼻部温度以上形成的贝氏体)称为上贝氏体,较低温度(如贝氏体 C 曲线鼻部温度以下)形成的贝氏体称为下贝氏体。前者以羽毛状组织为典型组织,其脆性较大;下贝氏体多呈片状具强韧性,为材料工作者所青睐。但为获得性能良好的下贝氏体组织,必须进行等

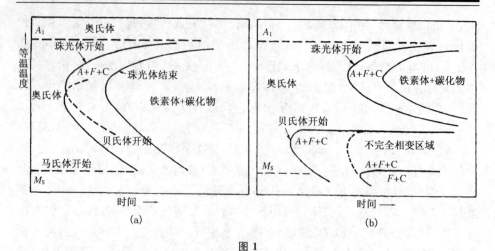

图 1
(a) 珠光体与贝氏体形成区域大体合并为同一 C-曲线上的 TTT 图；
(b) 珠光体与贝氏体形成区域明显分离的 TTT 图
((a) TTT diagram in which the pearlite and bainite regions extensively overlap;
(b) TTT diagram wherein the pearlite and bainite regions are well separated in the temperature ranges within which they occur)

温处理，在生产技术上不甚便利。20 世纪 50 年代发展 Mo－B 系钢[16]，可由空冷获得贝氏体组织，称为贝氏体钢，并发展出由铁素体和马氏体-奥氏体(M/A)岛状物组成的粒状贝氏体[17]，后经发现此类组织较脆[18]。清华大学方鸿生研究组在 20 世纪 70 年代推出 Mn－B 系贝氏体钢[19]，以后又发展出：经适当控制 M/A 岛数量及尺寸，得到强韧性配合较好的粒状贝氏体钢，如 12Mn2VB 钢经锻轧后空冷，其力学性能达到 $R_{p0.2} \geqslant 500$MPa，$R_m \geqslant 800$MPa，$A \geqslant 14\%$，$Z \geqslant 40\%$，$\alpha_{ku} \geqslant 50$J·cm^{-2}；经高温回火，小岛组织分解，韧性进一步提高，达中碳钢调质后的水平：$R_{p0.2} \geqslant 500$MPa，$R_m \geqslant 700$MPa，$A \geqslant 17\%$，$Z \geqslant 45\%$，$\alpha_{ku} \geqslant 80$J·cm^{-2}。该钢轧后空冷，再经中温回火后可用做汽车前桥、连杆等以代替中碳或中碳合金调质钢。前唐山贝氏体钢厂以该钢用做抽油杆，来代替 20CrMo 调质钢，其空冷后的力学性能达 $R_{p0.2} \geqslant 750$MPa，$R_m \geqslant 900$MPa，$A \geqslant 12\%$，$Z \geqslant 45\%$，以及 $\alpha_{ku} \geqslant 58$J·cm^{-2} [20]。他们又在以往工作[21-24]（先形成一定数量的下贝氏体，以分割奥氏体晶粒，再形成马氏体，这样的复合组织，较单一组织的韧性更高）的基础上，发展出下贝氏体-马氏体复相组织钢（0.4%C Mn-B 系贝氏体钢）经 440℃ 回火，使晶界碳化物聚集，以提高韧性[20,25]。方鸿生等还推出了含 1.8%Si 的 Mn-B 系无碳化物贝氏体、马氏体复相组织钢，其中贝氏体亚单元间被宽约 7nm 残余奥氏体所包围，这些残余奥氏体薄膜具有较高的热稳定性和力学稳定性,从而可在较高温度回火,提高韧性,如含 1.8%Si 的中碳 Mn-B 系贝氏体钢以 16℃/min 的冷却速度连续冷却、并经 300℃回火后,其冲击韧度为 96 J·cm^{-2},硬度高达 48HRC[20,25]。他们又发展出含高硅稀土元素及钛的贝氏体铸钢,以及改善焊接性能的超低碳贝氏体钢(强度为 500～800MPa),在一些钢厂生产,用做石油管道、造船及海洋工程[25]。西北工业大学康沫狂研究组也为含贝氏体组织钢的开发做出卓越贡献,如将低碳空冷贝氏体钢经 300℃回火以及加硅,显著改善粒状贝氏体的韧性[26,27]。攀钢新近研制成强度超过 1 000MPa 的珠光体钢,拟用于钢轨,以提高耐磨性。鉴于贝氏体钢的强度能提高更多,开发贝氏体钢用于钢轨,将会呈现更大价值。

Coballero(西班牙)和 Bhadeshia[28]设计出在较低温度(125℃或 150℃)形成贝氏体的新钢种,由于形成温度低,贝氏体片厚度仅 20～40nm,其片间为残余奥氏体膜,不但强度超过 2.5GPa,硬度超过 600HV,且韧性大于 30～40MPa·$m^{1/2}$,号称"很强的贝氏体",其成分如表 1 所示,其中碳含量较高,为的是降低贝氏体形成温度(B_s),加入 Mn,Cr 为的是提高奥氏体的稳定性,加 Mo 以消除回火脆性(钢中不可避免含 P),含足够的 Si 以阻碍碳化物的沉淀。这类钢的缺点是所需等温处理时间很长,如表 1 中 A 和 B 钢贝氏体相变时间在 125～325℃间需时 2 至 60d。为了缩短处理时间,需加入增高 $\gamma \rightarrow \alpha$ 自由能的元素 Co 或(和) Al (2wt%以下),如表 1 中 C 和 D 钢,处理时间减少至以半小时计[29]。细化奥氏体晶粒,既能加快处理,并使残余奥氏体进一步稳定化。

表 1 很强贝氏体的成分/wt%

钢号	C	Si	Mn	Cr	Mo	V	Co	Al
A	0.79	1.59	1.94	1.33	0.30	0.11	/	/
B	0.98	1.46	1.89	1.26	0.26	0.09	/	/
C	0.83	1.57	1.98	1.62	0.24	/	1.54	/
D	0.78	1.49	1.95	0.97	0.24	/	1.60	0.99

新近研发出的 3Cr-1.5W-0.75Mo-0.25V-0.1Ta 贝氏体钢在 615℃具有较高的抗蠕变性能[30],可作为贝氏体相变现代应用的一个范例。低铬、低碳贝氏体钢如 0.1C-3.0Cr-3.0W-0.25V-0.10Ta 贝氏体钢,具有高的强度,易加工和焊接,能较安全地适用于核动能反应器[31]。

6.2.2 Cu 基合金中贝氏体相变及其应用

早在 1954 年,Garwood[32]发现 Cu-41.3Zn(wt%)钢在 350℃以下、M_s 温度

以上呈贝氏体相变,在20世纪60年代至70年代其相继被证实[33,34]。Takezawa等[35,36]得到Cu-Zn-Al马氏体上淬形成贝氏体,其结构为"9R"。杨大智等[37]则得到其结构属N9R的贝氏体。吴明雄等[38]得到:经350℃短时间时效,贝氏体为N9R,而经150℃96h处理后为M18R结构。已揭示,贝氏体经时效后,其内部的层错密度会下降,最终变成α相[38-40]。本文作者等测得Cu-Zn-Al合金中贝氏体相变的动力学特征,属扩散型相变[41]。Cu-27.27Zn-3.73Al(wt%)合金的TTT图如图2所示,而其贝氏体的形貌如图3[42]所示。我们对Cu-20Zn-6Al(wt%)合金的研究[43]表明,由B2或$L2_1$母相所形成的贝氏体不能继承母相的有序性,而马氏体继承母相有序度;认为Wu等[38]及Tadaki等[44]得到Cu-Zn-Al中由$L2_1$母相生成的贝氏体具有低的有序度,这是由于贝氏体在继续时效或缓慢冷却中进行了有序化所致。因此,Cu-Zn-Al合金马氏体相变显示形状记忆效应(SME),而一旦形成贝氏体,SME急剧下降,这已为实验所证实[45]。这在应用Cu-Zn-Al作为形状记忆材料时宜加注意。

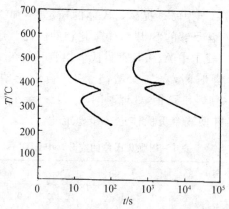

图2 Cu-27.27Zn-3.73Al(wt%)合金从高温母相直接淬火至中温的等温转变曲线
(TTT diagram for precipitation formed through cooling from high temperature parent phase in a Cu-27.27Zn-3.73Al(wt%) alloy)

在70年代,发现具有形状记忆效应的Cu-Zn-Si-Sn合金经低温马氏体变形后加热至250℃以上形成贝氏体时,其形状恢复了低温马氏体变形后的形状,而不是保持母相的形状,称为"逆形状记忆效应"[46],以后在Cu-Zn-Al中也发现同样效应[35,36,47],如图4[47]所示。Cu-30.2Zn-2.2Al(wt%)合金(M_s=269K)片状试样经在293K弯成142°角,试样内局部形变诱发马氏体,随后加热过程中部分马氏体逆相变为母相,产生形状记忆效应(SME),弯曲角变小;加热至520K以上形成贝氏体,弯曲角又增大,显示逆形状记忆效应(RSME)。又如Cu-31.6Zn-4.2Al(at%)合金带经弯成半径为20mm盘状,去应力后,盘状出现开口,见图5

(a),然后加热至 A_s 以上(473K),呈现形状记忆效应,开口张大,如图 5(b)所示,经在 473K 保温 6ks 后,形成贝氏体,盘带又封口,显示逆形状记忆效应,如图 5(c)[36]所示。实验发现在拉应力下形成贝氏体,试样继续伸长[36],我们得到在压应力下形成贝氏体时,试样会继续压缩。Cu-Zn-Al 合金形成贝氏体所引起的宏观形状改变——逆形状记忆效应可望在工业上、尤其在较高温度下工作的设备上得到广泛应用。

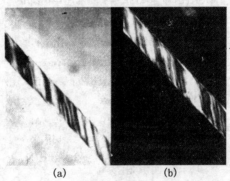

图 3　Cu-27.27Zn-3.73Al（wt%）合金在 300℃ 保温 5min 形成的初期贝氏体典型电镜形貌

(a) 明场；(b) 暗场×35,000

(Typical electron micrograph, BF (a) and DF (b) of bainite plate formed at initial stage in isothermal holding at 300℃ for 5min in Cu-27.27Zn-3.73Al (wt%) alloy. ×35,000)

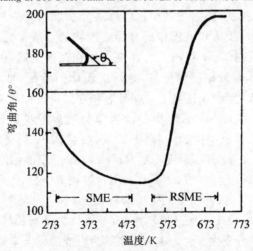

图 4　Cu-30.2Zn-2.2Al 合金片状试样经 293K 处理后弯成 142°角,在随后加热时形状(弯曲角)的变化——形状记忆效应(SME)及逆形状记忆效应(RSME)

(An illustration of shape change with increasing temperature. The sheet was bent to give an initial 142° deflection)

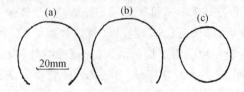

图 5 Cu-31.6Zn-4.2Al（at%）合金带经弯成半径为 **20mm** 的盘状,再经去应力(a)。加热至 473K(b)和在 473K 保温 6ks(c)的形状改变

(Observed shape change with bending mode in Cu-31.6Zn-4.2Al(at%). After preheating for 1.2ks at 473K under bending constraint (r=20mm), (a) without constraint, (b) just after heating (a) at 473K, (c) after heating)

6.2.3 陶瓷中的贝氏体相变

Nakanishi 和 Shigematsu[48] 称 2mol%～5mol% Y_2O_3-ZrO_2 在 473～623K 间的等温相变为类贝氏体相变。Sato 和 Shimada[49] 发现 8mol% CeO_2-ZrO_2 在 100～250℃ 呈等温相变,但未说明其相变特征。本文作者等[50] 对 8mol% CeO_2-ZrO_2 的 $t→m$ 相变作出了 TTT 图,并在综述论文中预测这类合金在 M_s 以上的等温相变为贝氏体相变[51]。以后工作[52] 精确测得不同 t 相晶粒度在 350～550℃ 间 $t→m$ 的 TTT 图,发现粗晶母相的孕育期较长,其连续冷却时的 M_s＝320℃,细晶试样在冷却时不能避免等温相变,不能测得连续冷却时的 M_s)。M_s 温度以下也呈等温相变,但无孕育期。以后又分别准确测得变温马氏体等温相变产物(贝氏体)及马氏体和贝氏体混合相变产物的点阵常数,其中贝氏体点阵的 a 和 c 均小于马氏体的 a 和 c；混合相变产物在两者之间,说明贝氏体形成时成分有变化,贝氏体在母相晶界形核,显示贝氏体的特征,且 c/a 比马氏体 c/a 低很多,因此其脆性较大,论证其 $t→m$ 等温相变属贝氏体相变。

在 ZrO_2-Y_2O_3 中,$t→m$ 等温相变动力学为氧离子扩散所控制[48]。Y_2O_3-ZrO_2 中由于存在过剩氧空位,有利离子扩散,虽然其 M_s 温度很低,等温相变温度也较低,但仍可显示等温相变；而 12mol% CeO_2-ZrO_2 并不显示出等温相变[53],这是由于其 M_s 较低(约 200K),又不含过剩氧空位,不利于扩散相变的进行。含 ZrO_2 陶瓷中贝氏体相变的应用尚待开发。

超导体 Y-Ba-Cu-O 中正交→单斜相变,一般认为是马氏体相变,但在相变中有氧原子的扩散,成分发生变化。本文作者认为可能为贝氏体相变,但有待证实。

6.3 贝氏体相变的机制

在本节中先概述作者们对贝氏体相变是切变机制还是扩散机制的一些论

点,并阐述本文作者对此的看法,以后再根据贝氏体相变热力学研究结果,判定贝氏体系扩散形核;就外场影响及预相变现象论述相变机制,再在这些基础上讨论贝氏体相变的定义。

6.3.1 贝氏体相变的机制概述

早期研究者认为贝氏体相变与马氏体相变有相似之处,但无法定论。柯俊等在1952年发现钢中形成贝氏体时,呈现表面浮突,认为这与马氏体相变一样,属切变型相变。但贝氏体形成速率较慢,由于受碳扩散(分配)的影响[54]。以后认为贝氏体形成时形状变化与马氏体形成时同样属不变平面应变[[55-58]] *,并具切变分力[57,58]。Bhadeshia[60]持贝氏体相变系切变形核、切变长大理论,以此说明贝氏体形成不能穿越晶界,认为贝氏体相变的形状改变诱发邻近奥氏体塑性适配,使界面失去共格性,因此,贝氏体在碰遇晶界等障碍前就停止长大,呈现相变不完全性,形成束状显微组织[61,62],认为替代型溶质元素在贝氏体形成时并不做分配(partition)[63]。他还认为当不发生碳化物沉淀时,贝氏体相变停止,也是切变机制所致[63]。切变相变须在贝氏体铁素体与同成分奥氏体自由能相等的温度(T_0温度)以下进行。他对相变不完全性解释为:由于贝氏体铁素体形成时排碳至奥氏体,使奥氏体富碳,T_0温度降低,当富碳奥氏体处T_0温度以上时,切变相变不能发生,以致贝氏体相变停止(其实扩散理论也能解释这现象,请见下述)。Bhadeshia早在1981年就认定:贝氏体以马氏体方式形核,长大时具间隙碳原子的分配[64],他以图6[65]说明贝氏体的长大过程。

Ohmori和Maki[66]比较客观地综述贝氏体相变的机制,认为目前观察到的一些实验现象,大多既可以切变机制诠释,也可以扩散机制说明。他们以下述几点理由,提出贝氏体相变属切变机制较为有利:①替代型合金元素在贝氏体相变中,除在相界面上呈再分布外,未见在贝氏体铁素体和奥氏体间进行分配[67,68];②Fe-C[69]及低合金钢[66]的B_s温度总是低于T_0温度;③贝氏体相变呈现的表面浮突及晶体学可以马氏体相变晶体学表象理论予以阐释[70,71]。但是,Reynolds等[72]检测得Fe-1Mo-0.9C(at%)合金魏氏组织与母相奥氏体之间的平界面上富Mo达2.7at%。对此他们只能勉强认为:贝氏体片在侧向容易长大,而加厚时较困难,平面相界面富替代元素的扩散机制发生在相变完成之后。高碳钢的B_s温度高于T_0温度[73],对此作解释得颇费周章。贝氏体惯习面上α/γ相界面的位错形态和马氏体的显著不同,很难以贝氏体相变的切变机制解释。他

---

* 注:马氏体相变时出现表面浮突的形状改变,但相界面(惯习面)不应变、不转动,这在马氏体相变晶体学表象理论中,称之为"不变平面应变"(Invariant plane strain),参见[59]中p.10,11,41及第8章。

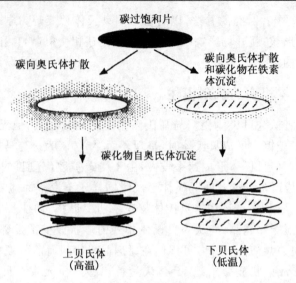

图 6 Bhadeshia 对贝氏体长大及形成上、下贝氏体的示意图
(An illustration of the growth of bainite and the development of upper or lower bainite)

们只能假设这是由于位错在惯习面上重新调整（位错滑动及替代原子扩散）以求得位错更稳定状态,并认为这不是贝氏体相变的基本特征。

Hub Aaronson 等[73-76]认为钢及其他合金中贝氏体相变系扩散形核和扩散长大。Aaronson 近年三次对贝氏体定义的专题评述[75,77,78]中,认为以呈现表面浮突来表征贝氏体相变属切变机制,实不可取,确认他早在 1969 年的论文[74]中,已经提出应将表面浮突定义予以摒弃。马氏体形成时所呈现的表面浮突为不变平面应变所致[79],如图 7 所示。其中浮突表面 ABCD 保持平面,并使原直线刻痕折成 TT',并线性位移至 T'S'。因此由切变形成的表面浮突呈倾斜型（见图 8(a)）,而贝氏体形成时出现的表面浮突多呈帐篷形（见图 8(b)）,这曾被解释为由一对贝氏体片相反应变所形成[64,80,81],但在钢中单个晶体铁素体条[82,83]、Ti-Cr[84]、Ti-Mo[85,86]合金中单晶 α 相条,Cu-Cr 合金中单晶富 Cr 条[87]都呈帐篷形浮突(Ti-Mo 中还呈反帐篷形浮突)。它们都由侧向扩散长大,而不是马氏体型相变的产物。已发现扩散相变中,如 Al-Ag 中 $AlAg_2$ 的扩散型沉淀[88]、Cu-Zn 中 α 相沉淀[34,89]以及 $AuCu_{II}$ 的扩散有序化[90,91]也显示出表面浮突。Aaronson 等[92]论证了贝氏体的帐篷形浮突并非不变平面应变所致,贝氏体相变(及其他扩散型相变)有时也出现"不变平面"浮突,但贝氏体相变中出现的帐篷形浮突和"不变平面"型浮突均由扩散长大的台阶机制形成,不属马氏体型机制。他们指出：在 fcc→hcp、fcc→bcc 及 hcp→bcc 产生片状相变产物的相变

（及其逆相变）所呈现的"不变平面应变"浮突和帐篷形浮突均由未连结构（结构台阶）迁动所产生，当结构中含有一个特定的不全位错就产生"不变平面应变"型浮突；对 fcc→hcp，当生长中的片两边的不全位错具有不同的布氏矢量时就呈帐篷形浮突；对 fcc→bcc 及 hcp→bcc，在相变中，当未连结构与原子位移（shuffle）相结合而迁动时就会出现帐篷形浮突；简单的 fcc→hcp 相变中，生长片两边的不全位错就具有不同布氏矢量[92]。

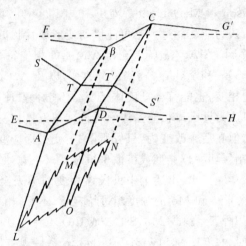

图7 在 EH-FG 自由表面上（虚线）马氏体片（ABCDOLMN）形成时产生的形状变形及不变平面应变表面浮突效应—— ABCD

注意：马氏体片形成后突起表面 CACD 仍保持平面，并使原来的直线穿过马氏体折成 TT'，然后线性位移至最后位置 T'S'。

(The shape deformation (and invariant plane strain surface relief effect-ABCD) produced by a martensite plate (ABCDOLMN) intercepting a free surface (defined by the parallel dashed lines EH and FG))

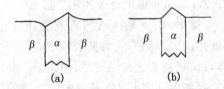

图8 片状相变产物与自由表面相交时形成的表面浮突

(a) 不变平面应变型浮突；(b) 帐篷型浮突

(Surface reliefs formed when plate-shaped transformation products intersect a free surface)
(a) invariantplane-straintyperelief; (b) tent-shapedrelief

早期的一些学者认为钢中上贝氏体与低碳马氏体相变晶体学相近，如惯习面同为{111}，以及下贝氏体与高碳马氏体相变晶体学相似，如惯习面同为{225}。但以后工作显示下贝氏体铁素体内无孪晶亚结构[71,93]。同一合金中贝氏体的惯习面和位向关系不同于马氏体[71,94]。

Aaronson等[76]总结贝氏体相变晶体学工作，从初期一些作者认为贝氏体相变符合马氏体相变晶体学表象理论[70,93,95]，但需作一些假定，如惯习面需收缩[56,71,93,95]。也有一些示例不可能用马氏体相变晶体学表象理论来解释[96-98]。Aaronson等对Watson和McDougall[99]对Fe-0.4C（wt%）贝氏体相变晶体学符合切变模型之说，认为应变能过大不可能以切变形成片状贝氏体[96]。

Muddle等[91]得到$\gamma AlAg_2$、$\alpha_1 Cu-Zn$和$AuCu_{II}$的相变符合马氏体相变晶体学表象理论，但$\alpha_1 Cu-Zn$和$\gamma AlAg_2$需经成分改变，以及$AuCu_{II}$需经长程有序度改变。显然，扩散型相变，也能符合马氏体相变晶体学表象理论。

Christian[100]原认为贝氏体相变晶体学既符合马氏体相变晶体学表象理论，应属切变相变机制，但在后来改变为：只凭所谓"不变平面应变"的浮突及晶体学不能判定其相变机制属切变位移型或扩散型机制[101]。

Aaronson学派[75,77]指出：上述钢中贝氏体相变的不完全性并非普遍现象，如Fe-C-Mo系中，除非C和Mo的浓度超过特定量，不然，相变不完全现象不会出现[102]；在Fe-X-C中（X=3at%Mn，Si，Ni或Cu），C=0.1wt%或0.4wt%，当奥氏体晶粒度不同时，只有Fe-0.1wt%C-3at%Mn系呈现贝氏体相变不完全现象[103]，而且贝氏体相变的不完全现象是由于合金元素如Mo富集在α/γ相界面上[104]，使B_s附近出现相变停止。他们沿用Cahn[105]-Purdy和Brechet[106]关于溶质拖曳铁素体长大理论，解释贝氏体相变的不完全现象，现称为溶质拖曳效应(Solute drag effect)，这在后面还将续述。

Rigsbee和Aaronson[107]发现含Si钢中α/γ相界上存在刃型位错或（和）刃-螺型混合位错，均系不动位错，相界面不可能向其垂直方向切变扩展，铁素体仅能依赖台阶扩散长大。Aaronson提出贝氏体相变扩散长大台阶机制，长大台阶的概念最先由Gibbs[108]提出，认为晶体从蒸汽或液相藉台阶长大。Aaronson在1962年及1970年就建议固态相变为台阶长大机制[109,110]。上述α/γ界面的实验结果[107]为贝氏体台阶扩散长大提供契机，但迄至1981年，尚无直接观察到台阶长大的实验佐证。我们由TEM观察到钢中贝氏体的巨型台阶，在1981年国际固态相变会议上发表这一结果[9,111]曾备受注意，但囿于当时实验条件，未能为贝氏体的台阶扩散长大提供细节。以后Aaronson等对此曾有不少深入的讨论和实验论证，详见[76]。目前，台阶机制已发展成为贝氏体扩散长大动力学的理论基础。

Hillert[112]沿承Hultgren[113]关于钢中初生贝氏体恰如魏氏组织铁素体、接着形成渗碳体和铁素体混合物的概念,认为:贝氏体和魏氏组织一样,由侧向长大控制其长大速率,铁素体内的碳含量决定于 α/γ 界面的局域平衡,即受控于毛细管效应、相界面动力学性质及合金元素对界面的交互作用;贝氏体铁素体的增厚较缓慢,这是由于宽面的共格性(一定程度)迁动缓慢;待渗碳体形成后,线性长大加快,渗碳体和铁素体合作较快长大,但贝氏体铁素体保持面形(facet)发展,其迁动较慢,因此两相合作长大的速率不及珠光体;他并认为合金元素对渗碳体形成的作用(促进或阻碍)、合金元素在 α/γ 界面的富集均影响侧向长大的速率,提出以局域平衡为基础的贝氏体长大模式。他引用贝氏体生长速率的实验结果,论证:①贝氏体和魏氏组织铁素体的侧向长大属相同机制;②没有明显实验结果标志贝氏体以高度过饱和碳进行长大;③在铁基合金中,未经实验发现贝氏体具马氏体相变型的高速长大;④动力学显示贝氏体 α/γ 界面与马氏体界面并没有特征上的紧密联系;⑤即使在某些条件下,贝氏体相变时界面具有马氏体特征,也不意味着其长大速率必须快速,以及碳的高度过饱和,对侧向长大来说,α/γ 界面的晶体学特征更属次要问题。

切变学派认为钢中贝氏体铁素体以过饱和碳形核迄今无直接实验验证。早期 X 射线实验显示贝氏体铁素体中的碳含量未达到可测的量[114]。计算所得碳由铁素体逸出的时间小于秒的数量级[115-117],因此很难测定贝氏体铁素体在相变开始时的含碳量。以侧向长大速率受碳扩散控制的推测,Fe-C 中,贝氏体铁素体的碳饱和度很低[118,119]。Hillert[119] 从贝氏体长大动力学出发,认为即使在较低温度,贝氏体的长大很可能仍由碳扩散控制。由贝氏体长大动力学,相变不完全现象,以及贝氏体内碳化物的排列,Enomoto[120] 认为贝氏体相变时,碳在 α/γ 相界上进行分配,而不是相变后进行分配;合金元素在相界及相界附近的偏聚可能对相变行为有大的影响(如溶质拖曳)。Bhadeshia 等[121,122] 应用合金钢做实验,认为其贝氏体长大速率实验值大于预测的碳扩散控制速率,说明碳的完全过饱和,但合金元素影响碳的扩散[119],合金元素与迁动相界面的交互作用[123] 以及对相界面台阶结构的影响[124-126] 都证明合金元素延缓贝氏体的长大。钢中下贝氏体铁素体内含碳化物,一般被认为是具有过饱和碳的铁素体析出的碳化物。按 Hutgren[113] 和 Hillert[112] 的贝氏体形成模式,奥氏体内析出铁素体后,铁素体和渗碳体一起线性长大,因此呈铁素体内分布渗碳体。Fe-C-Mn[127] 及 Fe-C-Ni[128] 的下贝氏体形成时碳化物在铁素体片之间生成,铁素体长大时将其包围形成下贝氏体组织,碳化物并非由铁素体过饱和而形成。渗碳体自奥氏体析出应符合 Pitch 关系,而测得 Fe_3C/α(或 ε/α)的位向关系后,可由 K-S 关系转换为 Pitch 关系[9,111,129]。渗碳体在 α/γ 界间沉淀[130-134] 也经实验证实。渗碳体形成后可再经铁素体包围,因此下贝氏体内碳化物的分布不足以证明碳自铁素体析出。

贝氏体相变动力学迄今尚未完整建立[135]。虽然 Takahashi[136]认为 Bhadeshia 等[137,138]提出的形核控制定量模型,以及由此建立的包括贝氏体亚单元以过饱和碳形态的生长(其速率很高,堪称切变机制)、排碳至奥氏体以及渗碳体在贝氏体铁素体内沉淀形成下贝氏体或在富碳奥氏体内析出形成上贝氏体(这一过程符合低合金 TRIP 钢中贝氏体相变过程)的 Azuma 等模型[139]足能描述钢中贝氏体相变整体动力学,但扩散控制的长大模型也能完善地符合实验结果。如 Quidort 和 Brechet[140]测得的不同硅含量的系列 Fe-Ni-0.5C 钢中,由贝氏体相变的整体速率及长大速率,可得其形核速率,经 Rosze 和 Trivedi 方程[141]建立扩散控制的贝氏体长大模型。他们强调:这模型指出贝氏体形核速率受碳在奥氏体晶界扩散的控制,贝氏体形核可由经典形核动力学来描述。贝氏体长大速率受控于碳由贝氏体/奥氏体相界面前沿的扩散,碳在相界面上作准平衡分布(Hillert 和 Purdly 等[142,143]较早已提出此概念),合金元素在热力学上影响虽小,但在动力学上呈现拖曳效应[144]。

对贝氏体相变动力学研究,本文作者深感应特别关注溶质拖曳效应和相界面结构、溶质成分分布及其迁动性。Aaronson 等原来为解释 Fe-C-Mo 贝氏体按碳扩散控制长大计算结果与实验测得不一致,提出溶质拖曳之说[74,145,146],以后发现 Mo 在相界偏聚,提出溶质拖曳效应[102-104],这具有重要的理论和实际意义。虽然这现象迄今还未普遍为实验验证,如[68]所述,但正逐渐得到实验证实。如 Quidort 和 Brechet[140]得到 Fe-0.5C-Ni 贝氏体长大速率(在 300℃及 380℃)随含 Ni 量增大而降低与扩散控制模型计算值偏离较大,如图 9 所示,认为是由于 Ni 和相界面交互作用引起拖曳作用所致[151,152]。

又如,Shiflet 和 Hackenberg[153,154]考察了 Fe-C 及 Fe-C-M 马氏体相变动力学后得到:钢中贝氏体形成过程中,无处不存在非平衡的碳和合金元素的长程扩散,但它们对碳化物和奥氏体的分配因不同钢种而异。Zwaag 和 Wang[155]论证 TRIP 钢中贝氏体相变时,替代型和间隙型合金元素的扩散影响奥氏体/贝氏体相界面的原子结构和内在的迁动性。贝氏体/奥氏体界面结构,将提供有关相变机制的信息,目前这方面的工作还很少。Furuhara 等[156,157]以高分辨电镜首次发现 Fe-2Si-1Mn-0.6C 中片状贝氏体与奥氏体的相界面上存在与 Fe-20Ni-5.5Mn 中片状马氏体与奥氏体相界面(即在 $(111)_\gamma//(011)_\alpha$)上、相同的纯螺型位错作为补偿位错,并具相近的惯习面,即近 $(121)\gamma$ 面及宽面上都存在单原子 $(111)_\gamma//(011)_\alpha$ 台阶。Maki 等[158]设想贝氏体形成初期,其相界位错是可动的,相变的应变驰豫使相界面性质改变,而应变驰豫需替代型原子在相界上的长程扩散。对上述存在螺位错的相界面如何迁动,他们认为有待研讨。Kajiwara[159]的高分辨电镜工作揭示:Fe-8.8Cr-1.1C 钢中马氏体/奥氏体相界面的组织(见

图10)与Fe-2Si-1.4C钢中下贝氏体/奥氏体(见图11)的显著不同,前者具有过渡层。Kajiwara的最后遗作[160]中,以高分辨电镜观察马氏体和贝氏体的生长尖端,存在上述同样差异,强调了马氏体相变与贝氏体相变在相变机制上的基本差别,前者为切变机制,后者属扩散机制。

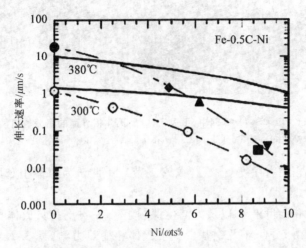

图9 Fe-0.5C-Ni合金在300℃和380℃时贝氏体长大速率随合金中Ni含量的改变,直线表示模型计算结果,○[147]、▼[148]、■[149]、▲[128]、◆[140]、●[150]表示实验值

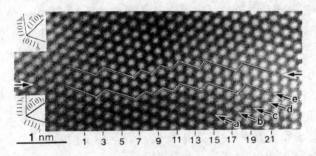

图10 Fe-8.8Cr-1.1C钢中马氏体/奥氏体相界面的高分辨电镜像
(HREM image of the martensite/austenite interface in Fe-8.8Cr-1.1C steel)

Purdy[161]注意到贝氏体相变与马氏体相变缺陷特征的不同,发现Fe-Ni-C和Fe-Mn-Si-Mo-C中350~375℃时形成的贝氏体条,其相界面与文献[107]相同,含刃型位错,与马氏体内移动界面的特征迥异,可见两种相变后遗留缺陷不相同;高碳贝氏体内并无孪晶组织,与高碳马氏体不同,贝氏体相变是否与马氏体相变一样具有继承母相缺陷的特征也属疑问(对Cu-Zn-Al,我们已论证,贝氏体

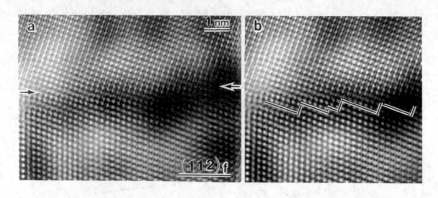

图 11 Fe-2Si-1.4C 钢中,下贝氏体/奥氏体相界面的高分辨电镜像
(HREM image of the lower bainite/austenite interface in Fe-2Si-1.4C steel)

相变不继承母相的有序度[43],见本文 2.2 节),由此认为两种相变具显著不同的相界面迁动模式。

本文作者和刘世楷[10]以及方鸿生课题组[11]一贯支持贝氏体相变的扩散机制。本文作者由 Fe-C、钢及铜基合金贝氏体相变热力学(见 3.2 节)、外场对贝氏体相变的影响(见 3.3 节)和所谓贝氏体预相变现象(见 3.4 节)以及上述诸家支持扩散机制的见解,在本文论证贝氏体系扩散形核并扩散长大。还鉴于切变相变的开始温度(如 M_s)应与母相强度呈线性关系,测得三种 Fe-Ni-C 合金及三种合金钢的 M_s 与奥氏体在 M_s 时屈服强度 $R_{p_{0.2}}(M_s)$ 呈线性关系,如图 12。但它们的 B_s(等温相变贝氏体开始形成温度 B_s^i 和连续冷却时贝氏体开始形成温度 B_s^c 与母相在 B_s 时的屈服强度 $R_{p_{0.2}}(B_s^i)$ 或 $R_{p_{0.2}}(B_s^c)$ 不呈线性关系,如图 13 和 14。三种 Fe-Ni-C 的 B_s^i 与碳和铁的扩散系数呈线性关系,如图 15 和 16,其鼻部温度孕育期符合扩散相变的 Feder 等公式(即孕育期与温度 T 和点阵常数 4 次方 (T_a^4) 成正比,与溶质分子体积平方 V_β^2、体积相变驱动力平方 ΔG_v^2、铁在奥氏体内的扩散系数及溶质浓度 χ_β 成反比)[162]。初步论断:至少在 B_s 至鼻部温度,贝氏体系扩散形核[163,164]。

Aaronson 等提出:在相变中,与基体同一相、但成分不同的晶体在相界面形核沉淀为"交感形核"[165]。方鸿生等沿用此概念并在发现贝氏体由细小亚基元组成[166]、亚基元的帐篷式(非不变平面型)浮突[167]以及碳化物在奥氏体内形核[168]的实验基础上,提出钢中贝氏体相变机制为交感形核及台阶长大[11,169]机制。

第6章 贝氏体相变简介

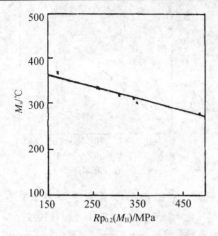

图 12　一些 Fe-Ni-C 合金及钢中 M_s 与
奥氏体强度 $Rp_{0.2}(M_s)$ 的关系

(M_s as a function of $Rp_{0.2}(M_s)$ of austenite in
the Fe-Ni-C alloys and steels)

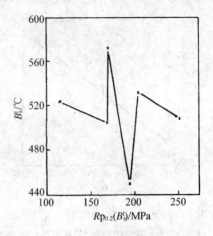

图 13　一些 Fe-Ni-C 合金及钢中，B_s^l 与
奥氏体强度 $Rp_{0.2}(B_s^l)$ 的关系

(B_s^l as a function of $Rp_{0.2}(B_s^l)$ of austenite in
the Fe-Ni-C alloys and steels)

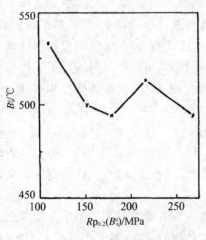

图 14　一些 Fe-Ni-C 合金及钢中，B_s^c 与
奥氏体强度 $Rp_{0.2}(B_s^c)$ 的关系

(B_s^c as a function of $Rp_{0.2}(B_s^c)$ of austenite in
the Fe-Ni-C alloys and steels)

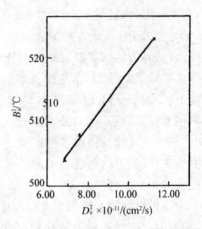

图 15　一些 Fe-Ni-C 合金中，B_s^l 与碳
在奥氏体中扩散系数的关系

(B_s^l as a function of D_s^c of austenite in the
Fe-Ni-C alloys)

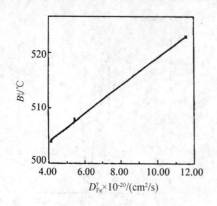
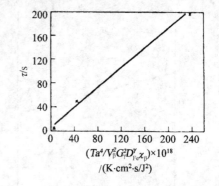

图 16 一些 Fe-Ni-C 合金中，B_s^1 与铁在奥氏体中扩散系数的关系

(B_s^1 as a function of D_{Fe}^γ of austenite in the Fe-Ni-C alloys)

图 17 一些 Fe-Ni-C 合金中，鼻部孕育期与 $(Ta^4/V_\beta^2 \Delta G_\gamma^2 D_{Fe}^\gamma \chi_\beta)$ 的关系

(A plot of the incubation periods at nose temperatures Vs $(Ta^4/V_\beta^2 \Delta G_\gamma^2 D_{Fe}^\gamma \chi_\beta)$ in the Fe-Ni-C alloys)

贝氏体相变机制除上述切变机制（钢中含碳的扩散）和扩散机制外，还有作者认为：这种相变包含扩散和切变的混合机制[170,171]。由贝氏体相变晶体学出发，一般认为：先进行 Bain 切变（使点阵变化），发生形状改变，然后籍扩散长大。Ohmori[172]提出，马氏体相变晶体学可用于贝氏体相变，但需考虑母相形状应变的驰豫，相界面则以扩散机制进行迁动。Liu 和 Zhong[173]等则认为贝氏体相变初期由扩散机制形核，由切变机制长大，作为一级相变，扩散或切变相变动力学均能由 Ginzburg-Landau 理论[174]来表述[175]。Muddle 和 Nie[176]等提出一个既能籍扩散机制，也能籍切变机制进行贝氏体相变的相界结构模式概念。Speer 等[177]提出贝氏体是由碳扩散控制的切变长大。Aaronson[178,179]不同意扩散-切变混合机制，认为两种机制中原子迁动模式迥异，不能混合。[179]这篇论文是这位当代相变大师的绝唱，对此应加珍视。

上述贝氏体相变机制主要以钢中贝氏体相变为研究对象。钢中含间隙原子碳，相变时有碳的扩散及碳化物沉淀等较复杂现象存在，本文作者有鉴于此，在浅涉钢中贝氏体相变研究后就转向有色合金（不含间隙溶质原子）贝氏体相变的研究，尤其对铜基合金贝氏体相变热力学、动力学和缺陷继承以及形状记忆效应加以关注，发现其切变型机制在热力学上是不可能的（$\Delta G > 0$），这将在 3.2 节中再略加论述。实验揭示：Ag-Cd[180,181]、Cu-Zn[182] 和 Cu-Zn-Al[38,40,182-186] 甚至在相变初期已被测得贝氏体成分和母相显著不同，证实贝氏体相变系扩散形核和扩散长大。本文作者等[41]得到：Cu-Zn-Al 合金贝氏体相变动力学符合扩散相变的 Austin-Rickett 方程[187]：

$$\frac{dy}{dt} = kn(1-y)^2(kt)^{n-1}.$$

其中,y 为相变分数,t 为时间,k 为与激活能相关的系数,对 Cu-25.3Zn-3.38Al（wt%）上淬形成贝氏体时,$n=2.25$。贝氏体形成的激活能约为 110kJ·mol^{-1},与溶质原子扩散激活能相当,揭示了相变动力学的扩散本质。

6.2.2 节中述及 Cu-Zn-Al 贝氏体相变并不继承母相的有序性[43,188],以及 Cu-Zn-Al 中当出现贝氏体相变时,会使形状记忆效应急剧下降[45,189],均显示其贝氏体相变的扩散特征。

6.3.4 节中将引述 Ag-Cd 和 Cu-Zn-Al（及 18CrNiW 钢）中贝氏体相变的内耗试验,显示所谓贝氏体预相变实际已在进行相变,论证了贝氏体是扩散形核。

对不含间隙原子的有色合金,贝氏体相变的研究已较清晰地揭示其扩散型相变征状。本文不拟对含间隙原子的有色合金的贝氏体相变展开讨论,容后续议。

本文作者在 1987 年对贝氏体相变机制作了论述,见[190],以此为蓝本,为 1989 年国际贝氏体相变会议上作邀请报告,见[191]。本文重申本人的学术观点,并作补充。

6.3.2 以贝氏体相变热力学判定相变机制

徐祖耀和牟翊文[192~195]在文献[150]的基础上,以改进的热力学模型和较新的 C-C 交互作用能[196,197]计算了 Fe-C 中贝氏体相变可能机制的相变总驱动力和形核驱动力,并以此来判定相变机制,除奥氏体分解形成稳定相（铁素体和渗碳体),其相变驱动力最大（负值绝对值最大）外,扩散机制的驱动力 $\Delta G^{\gamma \to \alpha+\gamma_1}$,远大于切变机制的驱动力 $\Delta G^{\gamma \to \alpha'}$（$\alpha'$ 与 γ 成分相同,α' 还将分解为 α'' 及 Fe_3C,因此总驱动力应为 $\Delta G^{\gamma \to \alpha'} + \Delta G^{\alpha \to \alpha'+Fe_3C}$,但比 $\Delta G^{\gamma \to \alpha+\gamma_1}$ 小得多),对 $\chi_\gamma = 0.04$ 合金,如图 18 所示,扩散机制的形核驱动力（ΔG_N）更显著地大于切变机制,如图 19 所示。可见,按热力学,Fe-C 中贝氏体相变按扩散机制更具优势。

设 T_{max} 为 Fe-C 切变机制形成贝氏体的最高温度。按 Fe-C 马氏体相变的切变机制所需驱动力至少为 1 000 J·mol^{-1}[198-201],以 $\Delta G^{\gamma \to \alpha+Fe_3C}$ 1 000 J·mol^{-1} 的温度约为 810K（537℃）,为 T_{max},B_s[73,201] 为显微组织 B_s 温度,B_s[202] 为 Steven 和 Haynes 所测定的 B_s 温度,并以 KRC 和 LFG 模型求得 Fe-C 的 T_0 温度,作成图 20。可见,χ_γ 大于 0.035 合金的实验 B_s 温度均在 T_0 以上,χ_γ 小于 0.035 合金的实验 B_s 温度均高于 T_{max},表示都不可能以切变机制进行贝氏体相变。

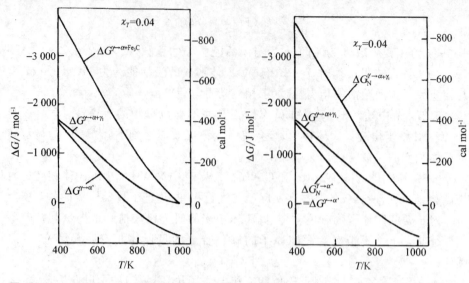

图 18　$\chi_\gamma = 0.04$ Fe-C 中三类反应相变驱动力的比较

(Comparison of driving force for three reactions in Fe-C with $\chi_\gamma = 0.04$)

图 19　Fe-C 中二类反应形核驱动力的比较

(Comparison of driving force for nucleation of two reactions in Fe-C)

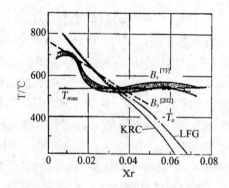

图 20　Fe-C 中，贝氏体以切变形成的最高温度 T_{max}，实验 B_s 值[73,202]和 T_0 温度（$\Delta G^{\gamma \to \alpha'} = 0$ 的温度）的比较

(Comparison among the maximum temperature for producing bainite by shear mechanism Tmax, experimental B_s from [73] and [202] and T_0 temperature (at which $\Delta G^{\gamma \to \alpha'} = 0$) in Fe-C)

牟翊文和徐祖耀[203]以超元素方法[204]计算了低碳 Cr-Ni 钢形成贝氏体的最大相变驱动力 $\Delta G^{\gamma \to \alpha + \gamma_1}$，以 Eshelby 方程[205]计算了该钢切变所需的应变能 W_ε，作两者比较，如图 21，可见相变驱动力远不够抵消切变所需的应变能。因此不可能

以切变机制进行贝氏体相变。

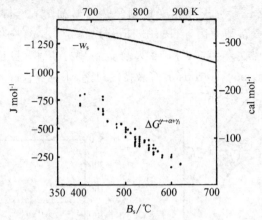

图 21 低碳 Cr-Ni 钢在不同 B_s 温度时的相变驱动力和切变应变能
(Driving force for transformation and shear strain energy at various B_s temperatures in a low carbon Cr-Ni steel)

铜合金(Cu-Zn,Cu-Al 及 Cu-Zn-Al)母相 BCCβ 相在贝氏体相变前先进行有序化:$\beta \rightarrow \beta'$,按切变机制,其相变驱动力表示为 $\Delta G^{\beta' \rightarrow \alpha'}$($\alpha'$ 与 β' 同成分);按扩散机制表作 $\Delta G^{\beta' \rightarrow \beta'_1 + \alpha_1}$ 图,Cu-Zn 合金[206,207]贝氏体相变热力学显示:呈贝氏体相变的典型合金 Cu-40at%Zn,在 200~410℃ 间的 $\Delta G^{\beta' \rightarrow \alpha_1}$ 为正值,而 $\Delta G^{\beta' \rightarrow \beta'_1 + \alpha_1}$ 为较低的负值;其 T_0 温度在 B_s 以下,如图 22 所示。图中均明显提示:贝氏体相变属扩散型机制。Cu-24at%Al 贝氏体相变热力学[208]也给出了切变机制的驱动力值,在 M_s(约 640K)以上为正值,如图 23 所示。设 Cu-Al 按扩散型相变进行,$\beta' \rightarrow \beta'_1 + \alpha_1$,当形成 5%$\alpha_1$ 相时,$\Delta G^{\beta' \rightarrow \beta'_1 + \alpha_1}$ 随 α_1 的成分(x_{Al})改变,如图 24 所示(在 700K 及 750K)。图中揭示在 700K,α_1 相的成分只有 $x_{Al} \leqslant 0.204$,在 750K,只有 $x_{Al} \leqslant 0.209$,$\Delta G^{\beta' \rightarrow \beta'_1 + \alpha_1}$ 才呈负值,说明在 700~750K 间开始贝氏体相变时 α_1 相的成分须急剧改变。图 25 示出 Cu-24at%Al 合金在 680~750K 间,扩散机制最小相变驱动力呈负值,扩散相变得以进行。

Cu-Zn-Al 贝氏体相变热力学处理较复杂,但计算结果仍简单明瞭,即在贝氏体形成温度区间,无论母相为 DO$_3$ 有序或 L2$_1$ 有序,$\Delta G^{\beta' \rightarrow \alpha_1} > 0$,而 $\Delta G^{\beta' \rightarrow \beta'_1 + \alpha_1}$ < 0[209,210],说明贝氏体相变只能按扩散机制形成,相变中成分改变有利于相变的进行,并在热力学上证明贝氏体形成后可能再有序化(在 1989 年国际贝氏体相变会议上,Aaronson 等[75]在关于贝氏体的三种看法的总结文章中(参考文献[121])引述了关于 Cu-Zn-Al 的表述:T. Y. Hsu, Metall. Trans. in press,似指本人的工作,但文献[191]中只述及 Cu-Zn 贝氏体相变热力学,未提及 Cu-Zn-

Al,因此应改为:Acta Metall. Mater. in press,即本文中的文献[209])。Cu-Zn、Cu-Al 及 Cu-Zn-Al 贝氏体相变机制经热力学研究已经清晰,本文作者于 1992 年底在夏威夷召开的国际(PacificRim)片状 α_1 切变和扩散形成会议上作的邀请报告,即从热力学考虑,综论铜基合金中片状 α_1 相(贝氏体)以扩散机制形成[211],引起 Wayman、Aaronson 等教授的讨论,未见异议。

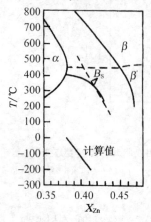

图 22 部分 Cu-Zn 相图中列出 B_s 温度及 T_0 温度

(B_s and T_0 temperatures noted in partial equilibrium diagram of Cu-Zn)

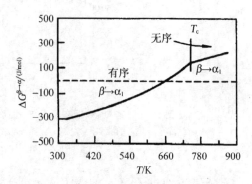

图 23 Cu-24at% Al 合金的相变驱动力 $\Delta G^{\beta'\to\alpha_1}$ 及 $\Delta G^{\beta\to\alpha_1}$

(Driving forces $\Delta G^{\beta'\to\alpha_1}$ and $\Delta G^{\beta\to\alpha_1}$ in a Cu-24at% Al alloy)

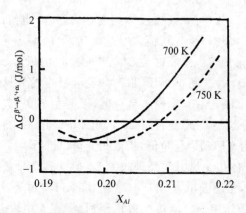

图 24 Cu-24at% Al 合金的相变驱动力 $\Delta G^{\beta\to\beta'_1+\alpha_1}$ 为 α_1 相的成分 x_{Al} 的函数

(Driving force $\Delta G^{\beta\to\beta'_1+\alpha_1}$ as a function of α_1 composition, x_{Al}, in a Cu-24at% Al alloy)

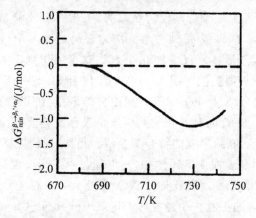

图 25 Cu-24at%Al 合金的最小相变驱动力值 $\Delta G_{min}^{\beta_1' \to \beta_1' + \alpha_1}$

(Minimum value of driving force $\Delta G_{min}^{\beta_1' \to \beta_1' + \alpha_1}$ as a function of temperature for a Cu-24at%Al alloy)

6.3.3 从外场对贝氏体相变的影响看相变机制

Otsuka 等[212]报道强磁场(10T)加速对 Fe-0.52C-0.24Si-0.84Mn-1.76Ni-1.27Cr-0.35Mo-0.13V(mass%)钢贝氏体相变,1 000℃－10min 奥氏体化、300℃－8min 等温相变后以氦冷却至室温,贝氏体量在 10T 强磁场影响下显著增加。10T 强磁场使 Fe-3.6Ni-1.5Cr-0.5C 钢贝氏体量由 0.08(无磁场下)增至 0.97 体积分量[213],B_s 温度升高 40℃以上,而使纯铁铁素体相变温度仅升高 9℃;使 Fe-0.8C 珠光体相变温度仅升高 15℃;使 18Ni 马氏体时效钢的 M_s 也只升高 20℃[214]。磁场使 B_s 升高及贝氏体形成量增加是由于磁性能提高相变驱动力,但为何 B_s 的升高超过铁素体、珠光体相变温度及 M_s 的升高值,作者未作分析。本文作者认为这是由于磁性也能提高合金元素及铁的扩散所致,铁素体相变和珠光体相变在较高温度进行,此时元素的扩散系数较高,磁性能影响但不强烈,相变温度略呈提高。在贝氏体相变温度,磁性影响显著,B_s 大为提高。对马氏体相变而言,磁性仅通过驱动力影响 M_s(与扩散系数无关)。但马氏体具铁磁性,其磁场提高能量较高,使 M_s 升高 20℃。强磁场对贝氏体相变的影响也旁证了贝氏体相变籍扩散型机制进行。

本文作者近年以文献中的实验数据,剖析应力对钢中贝氏体相变的影响,初步结果发表在 2004 年金属学报上[215],并以此为基础做了补充,成为在 2005 年国际固态相变会议上的邀请报告[216]。其中要点分述如下:①以外场弹性应力用做形核功,贡献部分相变驱动力,按形核率方程[217]及 Feder 等[162]孕育期计算式计算共析钢在 150MPa 拉应力下,即使将切变应变估计在内,形核率也只增加

0.33%,可忽略不计;缩短孕育期仅为原来的14.9%,而实验值却是原孕育期的1/2[218]。近年 Hase 等[219]人得到一个大应力显著加速一个近似共析钢的贝氏体相变,但按计算,其形核率仅增加0.35%。这令人想到应力能加强溶质原子的扩散[220,221],以及铁的扩散。图15、16和图17指出,B_s与碳和铁的扩散系数呈线性关系,以及孕育期与 Feder 等方程中含扩散系数因子的线性关系。Hase 等的工作[219]中,计算 B_s 时计及切变能以致结果比实验值高29℃。本文作者认为,如仅考虑膨胀能,其结果就能符合实验值。当然,他们计算 B_s 的方法还值得考虑。②奥氏体形变后加速贝氏体相变,但超过一定形变度后孕育期未必大为缩短,有的文献指出,形变使奥氏体点阵常数减小[222],甚至形成碳化物[223]。可见,形变有利于元素的扩散。③经参考 Olson、Cohen、I. Chen 和 Mecking 等的工作,我们导得用于切变相变的形核率和母相位错密度的关系式[224]似不完全适用于贝氏体相变。④应力和形变增加贝氏体相变驱动力和元素的扩散系数,加速相变。但位错密度超过一定值后,具位向性贝氏体的长大将受到阻碍。⑤马氏体相变中,奥氏体的力学稳定化表现在:随奥氏体加工硬化程度的增高,M_s 线性下降[225],形变不但使贝氏体相变连续冷却时的 B_s 升高,如图26[226]所示。也使等温相变的 B_s 升高,如图27[227]所示。形变奥氏体在贝氏体相变过程(动力学)中显示相变量减少,如图28[228]所示。Bhadeshia 也称之为力学稳定化[63]。这两种奥氏体化的不同表现和形成可由不同相变机制加以解释。因此,从应力场对贝氏体相变的影响又可看出贝氏体相变属扩散机制。

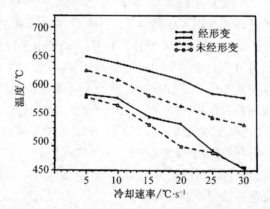

图 26 低碳钢在经压形变和不经压形变条件下的实验 B_s 和 B_f 温度

(The experimental Bs and Bf temperatures for a low carbon steel with and without a prior compressive deformation of austenite)

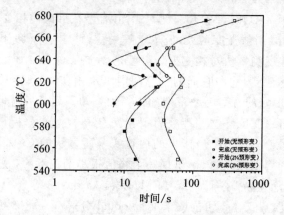

图 27　Fe-0.8C-0.27Si-0.61Mn-0.15V 钢奥氏体经 2% 形变及未经形变条件下的 TTT 图
(TTT diagram of Fe-0.8C-0.27Si-0.61Mn-0.15V steel with 2% and without deformation of austenite)

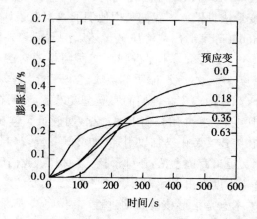

图 28　Fe-0.12C-2.03Si-2.96Mn 钢经 700℃ 时预应变后在 475℃ 等温贝氏体相变
时的膨胀曲线

(Change in radial dilatation during isothermal bainitic transformation at 475℃ following prestrain at 700℃ in a Fe-0.12C-2.03Si-2.96Mn steel)

6.3.4　论贝氏体预相变

Lim 和 Wuttig[229] 以超声传播时间的改变,发现两种钢在贝氏体孕育期内的先期动力学过程为碳的扩散过程,认为让碳的扩散形成局部贫碳,然后进行切变型相变。Entin[230] 和 Harbraken[231] 早年都曾推测,在贝氏体相变前奥氏体内会形成碳在缺陷处偏聚,形成贫碳区。Bojarski 和 Bold[232] 对钢在贝氏体形成前,测得奥氏体的 X 射线衍射强度显著增长,认为存在碳的起伏。目前,将此统称为贝氏体预相变(Prebainitic transformation)。本文作者等[233-235] 测得,当孕育期较长(如在 100 ℃)时,Ag-43.3(wt%)Cd 合金在贝氏体相变孕育期内,其母相(β相)的 X 射线衍射强度增大,显示点阵失稳,且在孕育期内出现内耗峰(内耗法较膨胀等常规测量法对相变更为灵敏);发现 Cu-Zn-Al[236,237]和 18CrNiW 钢及其脱碳合金[236,238]均在它们的孕育期内出现相变内耗峰,峰高因孕育期的缩短而增大,出现峰的时间因孕育期的缩短而缩短。延长等温时间不再出现内耗峰。虽然我们一度也称这些现象为预相变[239,240],但经分析认为此时正是扩散形核,属开始相变。王业宁等[241]的内耗实验所显示的 Cu-Zn-Al-Mn 贝氏体预相变内耗峰的峰值较大,以后出现一个峰值很小的内耗峰,视为正相变峰,值得质疑[242]。无论经热力学计算或 TEM 观察,Aaronson 等[73,75,243]经计算,钢在贝氏体相变温度,奥氏体不可能或未见 spinodal 分解、形成贫碳区,近年还指出,缺陷在热力学上对形成贫碳区的贡献不大[244]。

康沫狂等[245]测得 Cu-Zn-Al 合金在贝氏体相变温度形成贫溶质(Zn、Al)区,认为此区经切变形成贝氏体。我们利用他们的数据做了计算,同样证明不会在母相中进行 spinodal 分解形成贫溶质区。还以溶质偏聚缺陷做了计算,得到位错密度需高于 $7.89 \times 10^9 \mathrm{cm}^{-2}$ 才能得到他们所测得的贫溶质区成分,并高于退火态试样位错密度 3 个数量级,证明贫溶质区也不能以偏聚缺陷而形成。我们还计算得到该合金的 T_0 温度在他们的实验温度以下,说明在他们所做试验的温度下,无法进行切变相变,并用我们上述论据,明确贝氏体在所谓预相变时已扩散形核[246]。这在综述文章中已加以引述,如文献[247,248]。康沫狂等[249]以另外一套数据对此文提出商榷意见,还称形核为预相变,我们欣然给予答复[242],对他们的数据及分析再度提出质疑,并认为"形核"是相变的重要组成,不宜称为"预相变"(预相变的本意是指形核的先期过程)。我们认为,他们经实验得到母相经扩散形成贫溶质区,说明贝氏体相变实已扩散形核。这样公开的讨论,还有待于同行的共同评议。图 29 说明成分为 A 的 L2$_1$,母相形成贫溶质的 α_1 相(和富溶质的 β')后,自由能下降,发生贝氏体相变是自然趋向。

6.3.5 贝氏体的定义

Aaronson 等[75]在 1988 年国际会议上对贝氏体的三个定义详加评述。这三个定义为:①表面浮突定义[54,250,251]:一般在 M_s 或 M_d 温度以上,由切变相变产生片状产物,实验证实当贝氏体片在自由表面形成时呈不变平面应变的浮突效应。②整体动力学定义[250,252]:贝氏体具有独自的动力学 C 曲线(见 TTT 图),其上限温度(动力学 B_s)远低于共析温度,在 B_s 和较低温度之间,在奥氏体分解未完成前,贝氏体反应会停止,称相变不完全性(以后奥氏体经珠光体反应恢复分解)。③显微组织定义[253]:扩散形核、两相竞争性台阶扩散长大的共析分解产

第 6 章 贝氏体相变简介

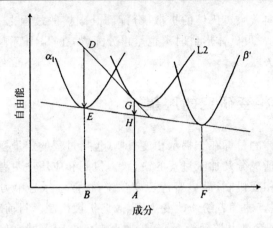

图 29 合金成分为 A 的 LZ_1 相经形成贫溶质相 α_1 及富溶质相 β' 后,体系自由能自 G 下降至 H

(The free energy of alloy with composition A decreases from G to H due to the formation of solute-depleted phase α_1 and solute-enriched phase β')

物(少量相不呈层状分布),其单原子过程为单个原子热激活扩散过程(珠光体为两相合作长大的共析分解产物)。基于 3.1 节中已述及,他们认为浮突定义应予摒弃。鉴于钢中贝氏体相变不完全性并无普遍性,整体动力学定义宜重新核定,他们认为显微组织定义有待发展。显然,上述定义都针对钢中贝氏体相变,不能覆盖不具共析分解的有色合金中的贝氏体相变。1993 年初,本文作者应 James Howe 邀请,访问 Virginia 大学材料科学与工程系,并作贝氏体相变的学术报告,该系不设本科生教学,仅招研究生,好些教授对相变深有造诣。报告后讨论热烈(是我在美国几所大学以及研究机构作 seminar 最感欣愉的一次)。有位教授问及我是如何定义贝氏体的?我即兴答称:贝氏体是在 M_s 温度以上、经扩散相变的产物,多呈片状,在自由表面上会呈现帐篷形浮突。这个回答迄今未作改变。方鸿生等在他们的专著[11]中,对贝氏体下了很长的定义,基本含义雷同上述。上列本文作者所下的定义中强调了"在 M_s 温度以上",指含马氏体相变的合金以扩散机制形成的产物,命名为贝氏体,以与马氏体相区别。但是,对低温(替代元素不能扩散的温度)形成的所谓"贝氏体"如很强贝氏体[28]以及 Ti-H 合金在室温(Ti 不能扩散,H 做长程体扩散)由 hcp Ti-H 形成 fct TiH 也称为贝氏体相变[254],如何命名容后再议。低碳马氏体形成时,相变中含碳的扩散[255-257],因这种碳扩散不影响低碳钢马氏体相变的本质,仍属马氏体相变(虽然 Thomas 等[255,256]对此持疑),但在马氏体相变的定义中应阐明"替代原子的无扩散"[258-260]。近来提出的"Q-P"热处理(Quenching and Partitioning Process)[261,262]指马氏体形成后碳向残余奥氏体的扩散(分配),其碳扩散过程也不影响马氏体形成机制,另当别论。贝氏体形成时碳也呈再分配(如在 TRIP 钢中),这和贝氏体的定义可能并无关联。

6.4 贝氏体相变研究的展望

材料相变研究的目标在于揭示相变机制(包括过程的定量模型)和材料的创新开发、应用(包括成分及加工过程的设计)。机制和应用这两者又互相关联。

关于贝氏体相变机制,最早盛行切变学说,扩散学派势单力薄,经认识的逐渐深入,持切变观点的学者纷纷改变观点,倾向扩散机制。目前对相持双方的观点还需进行研究,就热力学理论而言,扩散形核已勿庸置疑,但还需做进一步实验求证,尤其对钢的贝氏体相变似需以新的实验方法论证铁素体系非饱和碳的浓度形核。有色合金(如 Ag-Cd 和铜基合金)中贝氏体的扩散长大已由成分改变的实验确证。钢中贝氏体生长中,替代合金元素的扩散,虽有些实验揭示,但还需大面积求证。在这些基础上贝氏体相变动力学建模工作亟待开展,研究磁场和应力场影响元素扩散系数的物理本质和定量表述,进而研究它们对贝氏体形核率和长大速率的动力学建模工作,也宜及时推进。用高分辨电镜探视贝氏体/奥氏体相界面结构(包括位错及其他缺陷分布)和成分(合金元素的偏聚)以及其迁动情况和条件,并和马氏体/奥氏体界面相比较,以揭示贝氏体相变机制、进一步了解相变动力学和晶体学,目前正受到重视,瞻望尽多开展这方面的研究工作。

在相变机制及动力学建模研究的基础上,整理出开发贝氏体钢成分和组织的设计思路是开发和应用贝氏体的科学之路。Cu-Zn-Al 中贝氏体的形成使合金的形状记忆效应(SME)急剧下降。我们将阻碍 Zn 和 Al 在 Cu 中扩散的稀土元素加入 Cu-Zn-Al 中,以改善 SME,已取得效果。铜合金贝氏体相变的逆形状记忆效应以及有色合金贝氏体相变的工业应用有待开发。

6.5 结论

钢、有色合金(Ag-Cd、Cu-基合金、Ti-基合金、Co-基合金和 Cr-Ni 等)以及一些陶瓷材料,几乎含马氏体相变的材料都呈现贝氏体相变。贝氏体钢的开发、应用的势头强劲,前景看好。在贝氏体相变机制观点上仍存在切变和扩散两个学派的分歧(也有持扩散—切变论点的部分学者)。几十年来,后一阵营不断扩大。近年,贝氏体相变正受到材料相变研究界的高度重视。

对钢中贝氏体相变,切变学派内有些学者认为先形成过饱和碳的铁素体,迄今未经实验验证;认为贝氏体长大过程中未见置换(替代)元素的长程扩散,正被愈来愈多的实验所否定;以切变机制解释贝氏体相变动力学上不完全现象的论断,也受到抗击,因为相变不完全性并非普遍现象,实验显示合金元素扩散至相界偏聚呈现拖曳现象才是阻碍长大的元凶。以碳扩散控制的、较完善的动力学模型正渐趋成熟。

贝氏体形成时呈现帐篷状浮突,经分析并非"不变平面应变"性质的表面浮突,和马氏体相变时呈现的表面浮突在形状和特征上都不相同;相变晶体学上有的和马氏体相变相近,但不能按此来确定其为切变机制(沉淀型扩散相变中晶体学上也可能符合马氏体相变表象理论的)。更多的、能直接或间接证明溶质元素对相界拖曳效应的理论和实验相继出现,以及高分辨电镜显示贝氏体/奥氏体相界结构不同于马氏体/奥氏体界面(仅一个实验显示相同的结构),都为贝氏体相变属扩散机制提供了有力的确证。热力学研究明确提示:钢中贝氏体相变以扩散机制进行的驱动力较大;铜基合金中,仅能以扩散机制不可能以切变机制进行贝氏体相变,已测得相变初期贝氏体的成分显著不同于母相成分,贝氏体在 T_0 温度(贝氏体和母相成分相同时的平衡温度,即切变形成贝氏体的最高温度)以上形成,以及贝氏体不继承母相的有序度,都充分证明贝氏体相变属扩散机制。对外场(磁场和应力场)影响下贝氏体形核和长大和"预相变"现象的深入分析结果也都是支持扩散机制论点,期望有新的实验方法和研究结果进一步对比加以支持,并推动相变动力学的建模工作和贝氏体成分和组织设计思路的建立。本文作者认为:贝氏体是在 M_s 温度以上经扩散相变的产物,多呈片状,在自由表面上会呈现帐篷形浮突。这个定义有待研讨。

后记

此文自动笔至脱稿历时半年之久。起草于 2005 年 12 月海南之行,返沪后得悉我最为崇仰和体己的海外友人、美国工程院院士、Carnegie-Mellon 大学材料科学与工程系 Mehl 讲座教授(荣退)、当代相变大师 Hubert I. Aaronson 博士经患癌症五年后在 12 月 13 日谢世,甚感哀伤。他终生单身,以全副精力做相变(尤其是贝氏体相变)研究(常通宵工作,出国访问期间只作讨论,不参与游览,最后患病岁月还发表大量论文),造诣深湛,教学严谨,为材料科学的发展做出了卓越贡献。他对我国友好,曾热忱指导西南交大刘世楷、清华大学方鸿生、重庆大学徐祖耀、山东大学李凤照等教授在该系展开相变理论研究和进修;应我们邀请,他自费来华,参加上海(1984 年)和北京(1992 年)召开的全国相变会议,还多次讲学并与我国学者倾情讨论。1988 年邀我访问该系时亲至机场迎接并盛情招待。1992 年他主持夏威夷国际会议时亲赴机场迎接我国柯俊教授赴会,

2005年国际固态相变会议召开之际,他又诚意邀我与会,这些行迹均表示他对我们的情谊。对他的去世在此谨深表哀悼。

舍弟于2004年6月去世,不料今年春节后舍妹又相继西逝,家庭变故对我影响巨大。悲痛之余,追念我在学术上的点滴成就,都凝聚着他们的功绩,而我对他们的健康却疏于关心,以致他们先我而去。本文在悲怆时日里写就,特在文后缀此数语,表述我对他们深切的感怀和沉痛的忆念。

愿此文对我国材料科学和技术的自主创新有所裨益,将引为慰藉。

本文的写作和发表承编辑部叶俭高工、陆金二高工的鼓励,编辑部同仁及上海交通大学戎咏华教授、王晓东博士等的匡助,谨此致谢。

参考文献

[1] R F Hehemann, K R Kinsman, H I Aaronson. [J]. Trans. AIME,1972, 3: 1077.

[2] Proc. Int. Conf. Solid-Solid Phase Transformations,1981[C]. TMS-AIME, 1982.

[3] Proc. Int. Conf. Phase Transformations in Ferrous Alloys, 1983[C]. TMS-AIME, 1984.

[4] Proc. Int. Conf. on Bainite at the World Materials Congress Chicago, 1988[C]. Metall. Mater. Trans. , 1990, 21A: 767,1343.

[5] Proc. Pacific Rim Conf. on The Role of Shear and Diffusion in the Formation of Plate-Shaped Transformation Products, Hawaii, 1992[C]. Metall. Mater. Trans. , 1994, 25A: 1785, 2552.

[6] [J]. Scripta Mater. , 2002, 47: 137-212

[7] [J]. Current Opinion in Solid State & Materials Science, 2004, 8: 211-311.

[8] Proc. Int. Conf. Solid-Solid Phase Transformations in Inorganic Materials-2005[C]. , TMS, 2006.

[9] Hsu T. Y. (Xu Zuyao), Gu W. , Yu X. Proc. Inter. Conf. Solid-Solid Phase Transformations, 1981[J]. ; TMS-AIME, 1982,1029.

[10] 徐祖耀,刘世楷. 贝氏体相变与贝氏体,[M]. 北京:科学出版社, 1991.

[11] 方鸿生,王家军,杨志刚,等. 贝氏体相变[M]. 北京:科学出版社, 1999.

[12] Robertson J. M. . [J]. J. Iron Steel Inst. London, 1929, 119: 391.

[13] Davenport E. S. , E. C. Bain. [J]. Trans. AIME, 1930, 90: 117.

[14] Paxton H. W. , J. B. Austin. [J]. Metall. Trans. , 1972, 3: 1035.

[15] Mehl R. F.. in Hardenability of Alloy Steels, [J]. ASM, 1939, 1.

[16] Irvine K. J. , F. B. Pickering. [J]. J. Iron Steel Inst. London, 1957, 187: 292.

[17] Habraken L. J. . [J]. Rev. de Metall. , 1956, 53: 930.

[18] Mangonon P. L. . [J]. Metall. Trans. , 1976, 9A: 1389.

[19] 方鸿生,邓海金. [J]. 机械工程材料, 1981, 5(1): 5.
[20] 方鸿生, 刘东雨, 徐平光, 等. 机械工程材料, 2001, 25(6): 3.
[21] Ohmori Y., Ohtani H., T. Kunitake. [J]. Met. Sci. J., 1974, 8: 357.
[22] Tomita Y., Okabayashi K.. [J]. Metall. Trans., 1983, 14A: 485.
[23] Tomita Y., Okabayashi K.. [J]. Metall. Trans., 1985, 16A: 73.
[24] 宋余九, 卢锦堂, 刘静华, 等. [J]. 材料热处理学报, 1982, 3(1): 11.
[25] Fang H. S., Yang F. B., Bai B. Z., et al. [J]. J. Iron and Steel Research, 2005, 12(2): 1.
[26] 周鹿宾, 赵洁, 康沫狂. [J]. 西北工业大学学报, 1990, 增刊, 148.
[27] 张明星, 王军, 康沫狂. [J]. 金属热处理, 1992, 17(9): 7.
[28] Caballero F. G., Bhadeshia H. K. D. H., Mawella J. A., et al. [J]. Mater. Sci. Technol., 2002, 18: 279.
[29] Caballero F. G., Bhadeshia H. K. D. H.. [J]. Current Opinion in Solid State & Mater. Sci., 2004, 8: 251.
[30] Abe F.. [J]. Current Opinion in Solid State & Mater. Sci., 2004, 8: 305.
[31] Klueh R. L.: Ibid., 2004, 8: 239.
[32] Garwood R. D.. [J]. J. Inst. Metals, 1954, 83: 64.
[33] Flewitt P. E., Towner J. M.. [J]. J. Inst. Metals, 1967, 95: 273.
[34] Cornelis I., Wayman C. M.. [J]. Acta Metall., 1974, 22: 301.
[35] Takezawa K., Imamura H., Tanizaki K., et al. in Proc. Int. Conf. Martensitic Transformations, ICOMAT-82, J. Phys., Coll. Suppl., 1982, c4: 741.
[36] Takezawa K., Sato S.. [J]. Trans. Jap. Inst. Met., 1988, 29: 894.
[37] An J., Zhu M., Yang D.. Chin. [J]. J. Met. Sci. Technol., 1988, 5: 44.
[38] Wu M. H., Perkins J., Wayman C. M.. [J]. Acta Metall., 1989, 37: 1821.
[39] Lee E. S., Kim Y. G.. [J]. Scritpa Metall., 1990, 24: 745.
[40] Takezawa K., Sato S.. [J]. Metall. Trans., 1990, 21A: 1541.
[41] 姜立新, 吕伟, 江伯鸿, 徐祖耀. [J]. 中国有色金属学报, 1991, 1: 51. L. Jiang, W. Lu, B. Jiang, T. Y. Hsu(xu Zuyao). [J]. Trans. Nonferrous Metals Soc. of China (English edition), 1991, 1(1): 57.
[42] 吕伟, 江伯鸿, 徐祖耀. [J]. 中国有色金属学报, 1992, 2(2): 47. W. Lu, B. Jiang, Xu Zuyao. Trans. Non-ferrous Metals Soe. Of China, 1992, 2(2): 51.
[43] Lu W., Jiang B., Hsu T. Y. (Xu Zuyao). [J]. Scripta Metall. Mater., 1992, 27: 861.
[44] Tadaki T., Cai J. Q., Shimiza K.. [J]. Mater. Trans. JIM, 1991, 32: 757.
[45] Chen S., Xu D., Guo W., et al, in Shape Memory Materials'94, Proc. Int. Symposium on Shape Memory Materials, 1994 [C]., Beijing, China. International Academic Publishers, 1994, 324.

[46] Pops H.. in Shape Memory Effects in Alloys. [J]. J. Perkins ed., Plenum Press, 1975, 525.

[47] Lee I., Chung I.. [J]. Scripta Metall., 1989, 23: 161.

[48] Nakanishi N., Shigematsu T.. [J]. Mater. Trans. JIM, 1991, 32: 778.

[49] Sato T., Shimada M.. [J]. Amer Ceram Soc. Bull., 1985, 64: 1382.

[50] Jiang B., Tu J., Hsu (Xu Zuyao) T. Y., et al. [J]. Mater. Res. Soc. Symp. Proc., 1992, 246: 213.

[51] 徐祖耀. [J]. 材料研究学报, 1994, 8: 41.

[52] 徐祖耀, 江伯鸿, 漆玄, 等. [J]. 材料研究学报, 1995, 9: 338. Chinese Journal of Materials Research, 1995, 9: 338(paper written in English).

[53] Nakanishi N., Shigematsu T.. [J]. Mater. Trans. JIM, 1992, 33:318.

[54] Ko T., Cottrell S. A.. [J]. J. Iron and Steel Inst. London, 1952, 172:307.

[55] Ko T.. [J]. J. Iron and Steel Inst. London, 1953, 175: 16.

[56] Srinivasan G. R., Wayman C. M.. [J]. Acta Metall., 1968, 16: 609.

[57] Sandvik B. P. J.. [J]. Metall. Trans. A, 1982, 13A: 777.

[58] Swallow E., Bhadeshia H. K. D. H.. [J]. Mater. Sci. Technol., 1996, 12: 121.

[59] 徐祖耀. 马氏体相变与马氏体[M]. 第二版, 北京: 科学出版社, 1999.

[60] Bhadeshia H. K. D. H.. [J]. Mater. Sci. Engr. A, 1999, A273-275: 58.

[61] Hehemann R. F.. Phase Transformations, [J]. ASM. Metals Park, Ohio, USA, 1970, 397.

[62] Bhadeshia H. K. D. H., Edmonds D. V.. [J]. Metall. Trans. A, 1979, 10A: 895.

[63] Bhadeshia H. K. D. H.. Bainite in Steels, 2nd Ed. [M]. The Inst. Of Materials, 2001, Chapter 1.

[64] Bhadeshia H. K. D. H.. [J]. Acta Metall., 1981, 29: 1117.

[65] Takahashi M., Bhadeshia H. K. D. H.. [J]. Mater. Sci. Technol., 1990, 6: 592.

[66] Ohmori Y., Maki T.. [J]. Mater. Trans. JIM, 1991, 32: 631.

[67] Bach P. W., Beyer J., Verbraak C. A.. [J]. Scripta Metall., 1980, 14: 205.

[68] Stark I., Smith G. W. D., Bhadeshia H. K. D. H.. [J]. Metall. Trans. A, 1990, 21A: 837.

[69] Okamoto N., Uchida H., Oka M.. Collected Abstracts of the 1989 Autumn Meeting of Japan Inst. Metals. 421, 转自[66].

[70] Bowles S., Kennon N. F.. [J]. J. Aust. Inst. Metals, 1960, 5: 106.

[71] Srinivasan G. R., Wayman C. M.. [J]. Acta Metall., 1968, 16: 621.

[72] Reynolds Jr. W. T., Brenner S. S., Aaronson H. I.. [J]. Scripta Metall., 1988, 22: 1343.

[73] Aaronson H. I., Domain H. A., Pound G. M.. Trans. [J]. Metall. Soc. AIME., 1966, 236: 753.

[74] Aaronson H. I.. in Mechanism of Phase Transformations in Crystalline Solids, [M]. Inst. of Metals, London, 1969, 270.

[75] Aaronson H. I., Reynolds Jr W. T.., Shiflet G. J., et al. [J]. Metall. Trans. A, 1990, 21A: 1343.

[76] Aaronson H. I., Hall M. G.. [J]. Metall. Mater. Trans. A, 1994, 25A: 1797.

[77] Aaronson H. I., Spanos G., Reynolds Jr W. T.., [J]. Scripta Mater., 2002, 47: 139.

[78] Aaronson H. I., Rigsbee J. M., Muddle B. C., et al. [J]. Scripta Mater., 2002, 47: 207.

[79] Bilby B. A., Christian J. W.. [J]. J. Iron and Steel Inst. London, 1961, 197: 122.

[80] Wayman C. M., Srinivasan G. R.. in Mechanism of Phase Transformations in Crystalline Solids, [J]. Inst. of Metals, London, 1969, 310.

[81] Ohmori Y., Ohtsubo H., Jang Y. C., et al. [J]. Metall. Mater. Trans. A, 1994, 25A: 1981.

[82] Hall M. G., Aaronson H. I.. [J]. Metall. Mater. Trans. A, 1994, 25A: 1923.

[83] Ravishankar N., Aaronson H. I., Chattopadhyay K.. [J]. Metall. Mater. Trans. A, 1994, 25A: 2631.

[84] Lee H. J., Aaronson H. I.. [J]. Acta Mater, 1988, 36: 787.

[85] Guo H., Enomoto M.. [J]. Scripta Mater., 2000, 43: 899.

[86] Guo H., Enomoto M.. [J]. Acta Mater., 2002, 50: 929.

[87] Hall M. G., Aaronson H. I., Lorimer G. W.. [J]. Scripta Metall., 1975, 9: 533.

[88] Liu Y. C., Aaronson H. I.. [J]. Acta Metall., 1970, 18: 845.

[89] McI H.. Clark, C. W. Wayman. in Phase Transformations, ASM, Ohio, 1970, 59.

[90] Smith R., Bowles J. S.. [J]. Acta Metall., 1960, 8: 405.

[91] Muddle B. C., Nie J. F., Hugo G. R.. [J]. Metall. Mater. Trans. A, 1994, 25A: 1841.

[92] Hirth J. P., Spanos G., Hall M. G., H. I. Aaronson. [J]. Acta Mater., 1998, 46: 857.

[93] Smith G. V., Mehl R. F.. [J]. Trans. AIME., 1942, 150: 211.

[94] Kennon N. F., Edwards R. H.. [J]. J. Aust. Inst. Met., 1970, 15: 195.

[95] Christian J. W.. in Mechanism of Phase Transformations in Crystalline Solids, [J]. Inst. Metals, Lodon, 1969, 129.

[96] Aaronson H. I., Hall M. G., Barnett D. M., et al. [J]. Scripta Metall., 1975, 9: 705.

[97] Hoekstra S.. [J]. Acta Metall., 1980, 28: 507.

[98] Sandvik B. P. J.. [J]. Metall. Trans. A, 1982, 13A: 777.

[99] Watson J. D., McDougall P. G.. [J]. Acta Metall., 1973, 21: 961.

[100] Christian J. W., Edmonds D. V.. in Phase Transformations in Ferrous Alloys, [J]. TMS., Warrendale, PA., USA, 1984, 293.

[101] Christian J. W.. Prog. Mater. Sci. , 1997, 42: 207.
[102] Reynolds Jr W. T. ., Li F. Z. , Shui C. K. , et al. [J]. Metall. Trans. A, 1990, 21A: 1433.
[103] Reynolds Jr W. T. ., Liu S. K. , Li F. Z. , et al. [J]. Metall. Trans. A, 1990, 21A: 1479.
[104] Fletcher H. A. , Garratt-Reed A. J. , Aaronson H. I. , et al. [J]. Scripta, Mater. , 2001, 45: 561.
[105] Cahn J. W. , [J]. Acta Metall. , 1962, 10: 789.
[106] Purdy G. R. , Brechet Y. . [J]. Acta Metall. , 1995, 43: 3763.
[107] Rigsbee J. M. , Aaronson H. I. . [J]. Acta Metall. , 1979, 27: 351, 365.
[108] Gibbs J. W.. The Scientific Papers of J. Willard Gibbs, Vol. 1: Thermodynamics, [M]. Dover Publications, New York, NY, 1961,325.
[109] Aaronson H. I. . in Decomposition of Austenite by Diffusional Processes, [J]. Interscience, New York, NY, 1962, 387.
[110] Aaronson H. I. , Laird C. , Kinsman K. R. . in Phase Transformations, [J]. ASM, Metals Park, OH. , 1970, 313.
[111] 徐祖耀，顾文桂，俞学节。[J]. 金属学报, 1983, 19: A12.
[112] Hillert M. . [J]. Scripta Mater. , 2002, 47, 175.
[113] Hultgren A. . [J]. Trans. ASM. , 1947, 39: 915.
[114] Werner F. E. , Averbach B. L. , Cohen M. [J]. Trans. AIME. , 1956, 206: 1484.
[115] Kinsman K. R. , Aaronson H. I. . in Discussion to Oblak and Hehemann, Transformation and Hardenability in Steels, [J]. Ann Arbor: Climax Molybdenum Co. , 1967, 33.
[116] Mujahid S. A. , Bhadeshia H. K. D. H. . [J]. Acta Metall. Mater. , 1992, 40: 389.
[117] Hillert M. ; Glund L. H. , J. Ågren. [J]. Acta Metall. Mater. , 1993, 41: 1951.
[118] Simonen E. P. , Aaronson H. I. , Trivedi R. . Metall. [J]. Trans. , 1973, 4: 1239.
[119] Hillert M. . [J]. Metall. Mater. Trans. A, 1994, 25A: 1957.
[120] Enomoto M. . [J]. Scripta Mater. , 2002, 47: 145.
[121] Ali A. , Bhadeshia H. K. D. H. . [J]. Mater. Sci. Technol. , 1989, 5:398.
[122] Bhadeshia H. K. D. H. . in Phase Transformations in Ferrous Alloys, Warrendale, PA. [J]. TMS-AIME. , 1984, 335.
[123] Rao M. M. , Winchell P. G. . [J]. Trans. TMS-AIME. , 1967, 239:956.
[124] Enomoto M. . [J]. Metall. Mater. Trans. A, 1994, 25A: 1947.
[125] Spanos G. , Masumura R. A. , Vandermeer R. A. , et al. [J]. Acta Metall. Mater. , 1994, 42: 4165.
[126] Yada H. , Enomoto M. , Sonoyama T. . [J]. ISIJ Inter. , 1995, 35:976.
[127] Spanos G. , Fang H. S. , Aaronson H. I. . [J]. Metall. Trans. A, 1990, 21A: 1381.

[128] Yada H., Ooka T.. [J]. J. Jpn Inst. Metals, 1967, 31: 766.
[129] Huang D. H., Thomas G.. [J]. Metall. Trans. A, 1977, 8A: 1661.
[130] Ohmori Y.. [J]. Trans. Iron Steel Inst., Jap., 1971, 11: 95.
[131] Davenport A. T., Honeycombe R. W. K., [J]. Proc. Roy. Soc., 1971, 322A: 191.
[132] Heikinnen V. K.. [J]. Acta Metall., 1973, 21: 95.
[133] Heikinnen V. K.. Scan. [J]. J. Metall., 1974, 3: 41.
[134] Honeycombe R. W. K.. [J]. Metall. Trans., 1976, 7A: 915.
[135] Bhadeshia H. K. D. H.. [J]. Mater. Sci. Eng. A, 1999, 273-275: 58.
[136] Takahashi M.. [J]. Current opinion in Solid State & Mater. Sci., 2004, 8: 213.
[137] Bhadeshia H. K. D. H.. [J]. J. de Phys. Colloque C4, Suppl. No. 12, 1982, 43: C4-437.
[138] Rees G. I., Bhadeshia H. K. D. H.. [J]. Mater. Sci. Technol., 1992, 8: 985.
[139] Azuma M., Fujita N., Takahashi M., et al. [J]. Mater. Sci. Forum, 2003, 426-432: 1405.
[140] Quidort D., Brechet Y. J. M.. [J]. Acta Mater., 2001, 49: 4161.
[141] Bosze W. P., Trivedi R.. [J]. Metall. Trans., 1974, 5: 511.
[142] Purdy G., Hillert M.. [J]. Acta Metall., 1984, 6: 823.
[143] Borgenstam A., Hillert M.. [J]. Metall. Trans., 1996, 27A: 1501.
[144] Quidort D., Brechet Y. J. M.. [J]. Scripta Mater., 2002, 47: 151.
[145] Kinsman K. R., Aaronson H. I.. Transformation and Hardenability in Steel, [M]. Climax Molybdenum Co., 1967, 39.
[146] Bradley J. R., Aaronson H. I.. [J]. Metall. Trans., 1981, 12A: 1729.
[147] Matas S. J., Hehemann R. F.. [J]. Trans. Met. Soc. AIME., 1961, 221: 179.
[148] Nemoto M.. in High Voltage Electron Microscopy, ed. P. Swann, C. J. Humphrey and M. J. Goringe, [M]. Academic Press, London, 1974, 230.
[149] Goodenow R. H., Matas S. J., Hehemann R. F.. [J]. Trans. AIME., 1963, 227: 651.
[150] Kaufman L., Radcliffe S. V., Cohen M.. in Decomposition of Austenite by Diffusional Processes, [J]. Interscience, New York, 1962, 313.
[151] Purdy G. R., Brechet Y. J. M.. [J]. Acta Metall., 1995, 43: 3743.
[152] Oi K., Lux C., Purdy G. R.. [J]. Acta Mater., 2000, 48: 2147.
[153] Shiflet G. J., Hackenberg R. E.. [J]. Scripta Mater., 2002, 47: 163.
[154] Hackenberg R. E., Shiflet G. J.. [J]. Acta Mater., 2003, 51: 2131.
[155] Van der Zwaag S., Wang J.. [J]. Scripta Mater., 2002, 47: 169.
[156] Furuhara T., Miyajima N., Moritanti T., et al. [J]. J. Phys. IV, France, 2003, 112: 319.
[157] Moritani T., Miyajima N., Furuhara T., et al. [J]. Scripta Mater., 2002, 47: 193.

[158] Tsuzaki K., Maki T., [J]. J. de Phys. IV, Collogue C8, 1995, 5: C8-61.
[159] Kajiwara S.. [J]. J. Phys. IV, France, 2003, 112: 61.
[160] Ogawa K., Kajiwara S.. [J]. Mater. Sci. Eng. A, 2006.
[161] Purdy G. R.. [J]. Scripta Mater., 2002, 47: 181.
[162] Feder J., Russell K. C., Lothe J., et al. [J]. Advance in Physics, 1966, 15: 111.
[163] Hsu T. Y. (Xu Zuyao), Chen W.. [J]. Scripta Metall., 1987, 21:1289.
[164] 徐祖耀, 陈卫中. [J]. 材料科学进展, 1988, 2(3): 36.
[165] Aaronson H. I., Wells C.. [J]. Trans. AIME., 1956, 206: 1216.
[166] Fang H. S., Wang J. J., Yang Z. G., et al. [J]. Metall. Mater. Trans. A, 1996, 27: 1535.
[167] Yang Z. G., Fang H. S., Wang J. J., et al. [J]. J. Mater. Sci. Lett., 1996, 15: 721.
[168] Fang H. S., Wang J. J., Zheng Y. K.. [J]. Metall. Mater. Trans. A, 1994, 25A: 2001.
[169] Fang H. S., Yang J. B., Yang Z. G., et al. [J]. Scripta Mater., 2002, 47: 157.
[170] Olson G. B., Bhadeshia H. K. D. H., Cohen M.. [J]. Acta Metall., 1989, 37: 381.
[171] Mujahid S. A., Bhadeshia H. K. D. H.. [J]. Acta Metall. Mater., 1993, 41: 967.
[172] Ohmori Y.. [J]. Scripta Mater., 2002, 47: 201.
[173] Liu X., Zhong F.. [J]. Acta Metall. Sin. (English Letters), 2000,13: 901.
[174] Landau L. D., Lifshitz E. M.. Statistical Physics, [J]. Pergamon Press, Oxford, 1980. Chapter 14.
[175] Zhong F., Liu X., Zhang J. X.. [J]. Phys. Rev. Lett., 1996, 77:1394.
[176] Mnddlle B. C., Nie J. F.. [J]. Scripta Mater., 2002, 47: 187.
[177] Speer J. G., Edmonds D. V., Rizzo F. C., et al. Current Opinion in Solid State & Mater. [J]. Sci., 2004, 8: 219.
[178] Aaronson H. I.. Int. [C]. Conf. Displacive Phase Transformations and Their Applications in Materials Engineering, Urbana Illinois, ed. K. Inoue, K. Otsuka and H. Chen, TMS, 1998, 57.
[179] Aaronson H. I.. Invited Talk presented at Solid-Solid Phase Transformations in Inorganic Materials (PTM, 2005), [C]. proc. PTM, TMS. 2006, v1, 497-510.
[180] Wu M. H., Mnddle B. C., Wayman C. M.. [J]. Acta Metall, 1988, 36: 2095.
[181] Tadaki T., Uyeda T., Shimizu K.. [J]. Mater. Trans. JIM., 1989,30: 117.
[182] Gliff G., Hasan F., Lorimer G. W., M. Kikuchi. Metall. [J]. Trans.,1990, 21A: 831.
[183] Wu M. H., Wayman C. M.. [C]. Proc. ICOMAT-86, Jap. Inst. Metals, 1987, 619.
[184] Nakata Y., Tadaki T., Shimizu K.. [J]. Mater. Trans. JIM., 1989, 30: 107.

[185] Hamada Y., Wu M. H., Wayman C. M.. [J]. Mater. Trans. JIM., 1991, 32: 747.
[186] Tadaki T., Cai J. Q., Shimizu K.. ibid, 757.
[187] Austin J. B., Rickett R. L.. [J]. Trans. AIME., 1939, 535: 896.
[188] 吕伟，江伯鸿，徐祖耀. [J]. 上海有色金属，1994, 15(1): 1.
[189] 陈树川，徐彤，徐祖耀. [J]. 上海交通大学学报，1995, 29(5): 68.
[190] 徐祖耀. 材料科学进展，1988, 2(3): 1.
[191] Hsu T. Y. (Xu Zuyao). [J]. Metall. Trans. A, 1990, 21A: 821.
[192] Hsu T. Y. (Xu Zuyao), Y. Mou. [C]. Proc. Phase Transformations in Ferrous Alloys, ed. A. R. Marder and J. I. Goldstein, TMSAIME, 1984, 327.
[193] Hsu T. Y. (Xu Zuyao), Mou Y.. Acta Metall., 1984, 32: 1469.
[194] 徐祖耀，牟翊文. [J]. 金属学报，1985, 21: A107.
[195] 徐祖耀，牟翊文. [J]. 金属学报，1987, 23: A33.
[196] Mou Y., Hsu T. Y. (Xu Zuyao). [J]. Acta Metall., 1986, 34: 325.
[197] 牟翊文，徐祖耀. [J]. 金属学报，1987, 23: A329.
[198] Hsu T. Y. (Xu Zuyao). [J]. J. Mater. Sci., 1985, 20: 23.
[199] Hsu T. Y. (Xu Zuyao), H. Chang. [J]. Acta Metall., 1984, 32: 343.
[200] 徐祖耀，张鸿冰，罗守福. [J]. 金属学报，1984, 20: A751.
[201] Hsu T. Y. (Xu Zuyao). [C]. Proc. ICOMAT-86, Keynote lecture, Jpn. Inst. Metals, 1987, 245.
[202] Steven W., Haynes A. G.. [J]. J. Iron Steel Inst. London, 1956, 183: 349.
[203] Mou Y., Hsu T. Y. (Xu Zuyao). [J]. Metall. Trans. A, 1988, 19A: 1695.
[204] Aaronson H. I., Domain H. A., Pound G. M.. [J]. Trans. TMSAIME, 1966, 236: 768.
[205] Eshelby J. D.. [C]. Proc. Roy. Soc. A, 1957, 241: 376.
[206] Hsu T. Y. (Xu Zuyao), Zhou X. [J]. Acta Metall., 1989, 37: 3095.
[207] 徐祖耀，周晓望. [J]. 材料科学进展，1989, 3: 391.
[208] 徐祖耀，周晓望. [J]. 金属学报，1992, 28: A262. T. Y. Hsu(Xu Zuyao), X. Zhou. [J]. Acta Metall. Sin. (English Edition), Ser. A, 1992, 5: 465.
[209] Hsu T. Y. (Xu Zuyao), X. W. Zhou. [J]. Acta Metall. Mater., 1991, 39: 2615.
[210] 徐祖耀. [J]. 上海金属(有色分册)，1993, 14(5): 1.
[211] Hsu T. Y. (Xu Zuyao), X. W. Zhou. [J]. Metall. Mater. Trans., 1994, 25A: 2555.
[212] Ohtsuka K., Xu Y., Okamoto H.. 待发表，2000, 转引自[63] p.404.
[213] Ohtsuka H.. [J]. Current Opinion in Solid State & Mater. Sci., 2004, 8: 279.
[214] Ohtsuka H.. Abstract, ICOMAT-2005, p.37, [J]. Mater. Sci. Eng. A, 2006.
[215] 徐祖耀. [J]. 金属学报，2004, 40: 113.
[216] Hsu T. Y. (Xu Zuyao). [C]. Proc. Inter. Conf. Solid-Solid Phase Transformations in

Inorganic Materials, eds. J. M. Howeet al. , TMS, 2006, v1, 485-486.

[217] Lange III W. F. , Enomoto M. , Aaronson H. I. , [J]. Metall. Trans. A, 1988, 19A: 427.

[218] Jepson M. D. , Thompson F. C. . [J]. J. Iron Steel Inst. London,1949, 162: 49.

[219] Hase K. , Garcia-Mateo C. , Bhadeshia H. K. D. H. . [J]. Mater. Sci. Technol. , 2004, 20: 1499.

[220] Ardell A. J. , Prikhodko S. V. . [J]. Acta Mater. , 2003, 51: 5013.

[221] Larche F. C. , Cahn J. W. . [J]. Acta Metall. , 1985, 33: 331.

[222] Freiwilling R. , Kudman J. , Chraska P. . [J]. Metall. Trans. , 1976,7A: 1091.

[223] Thomas G. , Schmatz D. , Gerberich W. . in High Strength Materials, ed. V. F. Zackay, [J]. J. Wiley and Sons, N. Y. , 1965,263.

[224] Meng Q. P. , Rong R. H. , Hsu T. Y. (Xu Zuyao). [J]. Mater. Sci. Forum, 2005, 475-479: 69.

[225] Breinan E. M. , Ansell G. S. . [J]. Metall. Trans. , 1970, 1: 1513.

[226] Huang C. Y. , Yang J. R. , Wang S. C. . [J]. Mater. Trans. JIM. , 1993,34: 658.

[227] Jin X. J. , Min N. , Zheng K. Y. , Hsu T. Y. (Xu Zuyao). [J]. Mater. Sci. Eng. A, 2006,438:170.

[228] Singh S. B. , Bhadeshia H. K. D. H. . [J]. Mater. Sci. Technol. , 1996,12: 610.

[229] Lim C. , Wuttig M. . [J]. Acta Metall. , 1974, 22: 1215.

[230] Entin R. I. . In Decomposition of Austenite by Diffusional Processes, [J]. Interscience, New York, 1962, 295.

[231] Harbraken L. . [J]. Rev. Metall. , 1956, 53: 930.

[232] Bojarski Z. , Bold T. . [J]. Acta Metall. , 1974, 22: 1223.

[233] Zhang J. , Chen S. , Hsu T. Y. (Xu Zuyao). [J]. Metall. Trans. ,1989, 20A: 1169.

[234] 张骥华,陈树川,徐祖耀. [J]. 物理学报, 1986, 35: 379.

[235] 张骥华,陈树川,徐祖耀. [J]. 材料科学进展, 1988, 2(3): 27.

[236] Zhang J. , Chen S. , Hsu T. Y. (Xu Zuyao). [J]. Acta Metall. , 1989,37: 241.

[237] 张骥华,陈树川,徐祖耀. [J]. 金属学报, 1986, 22: A372.

[238] 陈树川,张骥华,张寿柏,徐祖耀. [J]. 金属学报, 1986, 22: A379.

[239] Zhang J. , Chen S. , Hsu T. Y. (Xu Zuyao). Prebainitic Transformation, Selected Papers, [M]. Shanghai Jiao Tong University, Book two, 1989, 80.

[240] 张骥华,陈树川,徐祖耀. [J]. 材料科学进展, 1989, 3(2): 105.

[241] Shen H. M. , Zhang Z. F. , Yang Y. Q. , et al. [J]. J. Alloys Compounds, 1994, 211-212: 198.

[242] 徐祖耀,金学军. [J]. 材料热处理学报, 2005, 26(6): 1.

[243] Shiflet G. J. , Bradley J. G. , Aaronson H. I. . [J]. Metall. Trans. , 1978, 9A: 999.

[244] Aaronson H. I. , Hirth J. P. . [J]. Scripta Metall. , 1995, 33: 347.

[245] Kang M. K., Yang Y. Q., Wei Q. M., et al. [J]. Metall. Mater. Trans. A, 1994, 25A: 1941.

[246] Zhang X., Jin X. J., Hsu T. Y. (Xu Zuyao). [J]. J. Mater. Sci. Technol., 2002, 18(1): 1.

[247] 徐祖耀. [J]. 材料热处理学报, 2003, 24(5): 1.

[248] 徐祖耀, 2004年全国固态相变及凝固学术会议特邀报告 [R]. 中国金属学会材料科学学会, 2004.

[249] 康沫狂, 朱明. [J]. 材料热处理学报, 2005, 26(2): 1.

[250] Hehemann R. F.. Phase Transformations, [J]. ASM, Metal Park, OH., 1970, 397.

[251] Wayman C. M.. Phase Transformations, [J]. ASM, Metal Park, OH., 1970, 59.

[252] Hehemann R. F., Troiano A. R. Met. Prog., 1956, 70(2): 97.

[253] Lee H. J., Spanos G., Shiflet G. J., H. I. Aaronson. [J]. Acta Metall., 1988, 36: 1129.

[254] Howe J. M.. Invited Paper at ICOMAT-05, [J]. Mater. Sci. Eng. A, 2006.

[255] Rao B. V. N., Thomas G.. [C]. Proc. ICOMAT-79, Cambridge MA. M. I. T., 1979, 12.

[256] Sarikaya M., Thomas G., Steeds J. W. et al. Proc. Inter. Conf. Solid-Solid Phase Transformations, ed. H. I. Aaronson, et al., [J]. TMS-AIME, Warrendale, PA., 1982, 1421.

[257] Hsu T. Y. (Xu Zuyao), Li X. [J]. Scripta Metall., 1983, 17: 1285.

[258] Hsu T. Y. (Xu Zuyao). [J]. J. de Phys. IV., 1995, 5: C8-351.

[259] 徐祖耀. 中国科学技术文库: 院士卷 [M]. 科学技术文献出版社, 1998, 3120.

[260] 徐祖耀. [J]. 金属热处理学报, 1996, 17: 增刊, 27.

[261] Speer J. G., Matlock D. K., De Cooman B. C., et al. [J]. Acta Mater., 2003, 51: 2611.

[262] Speer J. G., Streicher A. M., Matlock D. K., et al. In Austenite formation and decomposition, E. B. Damm and M.. Merwin ed., [J]. TMS-ISS, Warrendale, PA., 2003, 505.

导言译文

A Brief Introduction to Bainitic Transformation

Bainitic transformation exists in steels, non-ferrous alloys and some ceramics. Bainitic steel is now acting as beneficial engineering material. Point-of-views on mechanism of bainitic transformation given by different authors, displacists and diffusionists, on basis of morphology, kinetics or crystallography are critically reviewed. Theory concerning transformation in steel that the bainite formation begins with the decomposition of ferrite supersaturated with carbon has yet not been supported. Segregation of bstitutional element at interface resulting in solute drag effect which may explain the phenomenon about incomplete transformation was observed by some experiments. The incomplete transformation resulting from shear mechanism, as shearist suggested, is not a universal phenomenon in bainite formation for steels. The tent-shaped relief occurs during bainite formation does not show the characteristics of invariant plain strain. Sometimes the phenomenological theory of martensite crystallography may be approximately applied to crystallography of bainite formation, however, it can no longer be used to ascertain whether the transformation is diffusional or displacive. Experiments on solute drag effect and interface structure by high resolution electron microscopy, study of thermodynamics, influences of magnetic and stress fields on bainite formation as well as some prebainitic phenomena do improve that the bainite formation occurs by means of diffusional mechanism. The present author defines the bainite as product of diffusional transformation usually with plate-shape, presenting tent-shaped relief on free surface during the formation. Perspective in further study on transformation mechanism and application of bainite is given.

第7章 块状相变

概述块状相变研究的进展,包括该相变的特征、发生条件及相界结构。块状相变可以定义为:成分不改变、通过相界扩散的形核-长大型相变;相变包括结构改变和有序化,其产物一般呈块状显微组织,但有时也呈平面边界,与其长大的母相晶粒不具完整的位向关系,与母相不具点阵对应。讨论块状相变热力学上的两种观点:上限温度为同成分两相的 Gibbs 自由能相等的温度 T_0 及以 $\alpha/\alpha+\gamma$ 平衡相界为限制温度,本文作者倾向于前一观点。块状相变动力学及相变产物的形态决定于相界结构。本文阐述相界结构的研究进程,晚近期研究结果已揭示相界的共格程度决定于特殊相界面的位向,从非共格到一维共格。文中提出了对相界微观结构及其动态、定位考察以及相变产物一些性质研究的展望,总结了可能发生块状相变的相图。

7.1 概述

块状相变作为相变的一种类型应予关注。近年为开展 TiAl 高温合金及 Mn-Al 基铁磁材料等的热处理,块状相变倍受重视。由母相经扩散型形核、长大(原子跃过母相/新相界面)转变成同成分新相(块状相)的相变称为块状相变。1930 年 Philips[1] 将 Cu-37.7μ‰Zn 合金由高温 β 相经盐水冷却,得到未经成分变化的 α 相。1939 年,Greninger[2] 由 Cu-Al 的高温 β 相(富 Cu)经快速冷却得到块状形态的 α 相,定名为块状组织,块状相变由此得名。以后 Massalski[3] 在 Cu-Ga(-Ge) 等中发现这类相变,并对其中界面、热力学、动力学及组织等作了研究[4]。图 1 表示 Cu-Zn 相图的一部分,表明 β 相在 T_0 温度以下,可转变为同成分的 α 相。由母相发生块状相变的冷却速率须在长程扩散型相变和马氏体相变之间,以 TTT 图表示如图 2 所示,以 CCT 图表示如图 3 所示。由图 2 和图 3,也可见到块状相变较长程扩散型相变远为迅速。

---

* 原发表于《热处理》,2003,18(3):1-9.

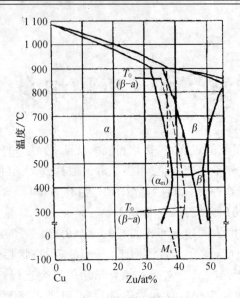

图 1 Cu-Zn 部分相图

(A part of the Cu-Zn phase diagram showing the α/β equilibrium and $\beta \rightarrow \alpha_m$ massive transformation region. The temperature at which $G^\alpha = G^\beta$ is marked as T_0.)

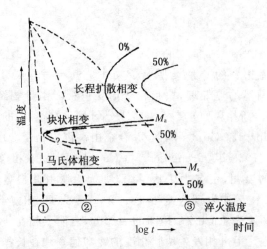

图 2 以 TTT 图表示发生块状相变的冷却速率

(Possible cooling rate in TTT diagram of a massive transformation)

除 β Cu-Zn 基和 Cu-Ga 基合金(Cu-Zn-Si,Cu-Zn-Ga 及 Cu-Ga-Ge)中出现块状相变外,块状相变还在下列合金中出现:Fe,Fe-C,Fe-X(如 Fe-Ni,Fe-Co)、Fe-X-C、Ag-Zn、Ag-Cd、Ag-Al、Pu-Ti、Mn-Rh、Au-Zn 和固化气体 N_2[4] 以及 Mn-Al 基合金[5]和氧化铋基陶瓷[6]。由于高温合金 αTiAl 室温塑性很差,探求经热处

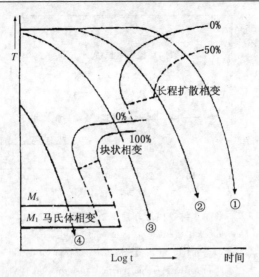

图 3 以 CCT 图表示发生块状相变的冷却速率

(Possible cooling rate expressed in CCT diagram for massive transformation)

理以获得室温脆性较低的组织近来被重视,人们大力开展了 Ti-Al 中 $Ll_0\alpha$—hcpγ 块状相变研究[7~16]。其他钛合金,如 Ti-Si 也会发生块状相变。图 4 表示高纯 Fe($<0.005\%$C)经 5 000~35 000 ℃/s 冷却发生块状相变[17]。图 5 表示不同冷却速率对 Fe-Ni 呈不同相变[18],前一平台指块状相变(开始温度 M_a = 740 ℃)。较低温度的后一平台(M_s = 690 ℃)指马氏体相变($>$7at%Ni 合金仅呈一个马氏体相变平台)。块状平台的本质并未予说明。Massalski 在 1970 年发表的综述文章[4]还引用这两图,但在 1973 年发表的工作总结中[19]对此是否存在块状平台提出质疑。本文在后面还将阐述 Fe-Ni 的块状相变。块状相往往在母相晶界形成,加热时会发生逆相变,块状呈弯曲外表面,也有呈平面的;对块状/母相界面的共格性,以及发生相变的热力学条件(同成分母相和块状相两相 Gibbs 自由能相等温度 T_0 限制还是相界线限制)等问题目前尚存在分歧。1980 年和 2000 年先后在美国召开过块状相变讨论会,分别于 1984 年和 2000 年刊出文献,见文献[20]和[21]。

7.2 块状相变热力学

Massalski[4]早年认为,在热力学上,在 T_0 温度以下,两相区内也发生块状相变。Karlyn, Cahn 和 Cohen (KCC)[22]对 Cu-38at%Zn 合金的实验指出,块状相变只在单相 α 区,如图 6 中的 T_2 和 T_1 之间发生,图 6 中列出 T_0 温度。块状

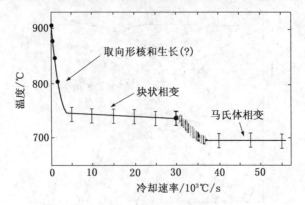

图 4 纯铁中冷却速率对相变的影响

(The two plateau behavior of the transformation temperature with coobing rate in pure iron. The upper plateau corresponds to the $\gamma \to \alpha_m$ massive transformation and the lower plateau to the $\gamma \to \alpha$ martenstic transformation)

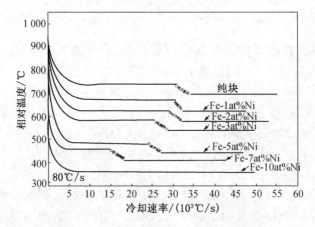

图 5 Fe-Ni 中冷却速率对相变温度的影响

(较低冷速的前一平台系块状相变，相变温度较高；较高冷速的马氏体相变，呈相变温度较低的后一平台)

(Transformation temperature in iron and Fe-Ni alloys as functions of cooling rates.)

相变组织如图 7 所示。Massalski 等[23]和 KCC[22]都以实验提示在 525℃时块状相长大速率为零，虽然 KCC 以动力学理论计算得到两相区内长大速率达最大值，如图 8 所示。他们并指出块状相经 α 单相区形核后经加热至 T_2 以上可向两相区内继续长大。

第 7 章 块状相变

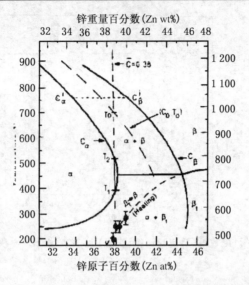

图 6 Cu-Zn 的部分相图及 KCC 对块状相变的实验数据

(Portion of the Cu-Zn phase diagram showing the conditions of the experiment by KCC.)

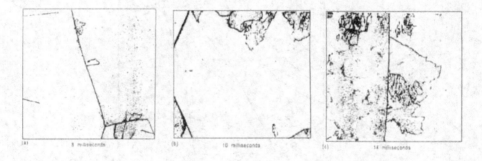

图 7 Cu-38χ%Zn 合金中 β 相在 480℃等温形成的块状组织

(a)8ms;(b) 10ms;(c) 14ms。χ200。NH_4OH/H_2O_2 浸蚀。

(Massive structure isothenmslly formed from β phase at 480℃ in Cu-38at%Zn alloy.)

Aaronson[24]集合文献[8]和[25]等数据,列出 Ti-Al 中,不同含 Al 量合金的 hcpα→Fccγ$_m$(平衡相 γ 或 TiAl 为面心正方结构,γ$_m$ 为面心立方结构[26])块状相变的开始温度 M_a,如图 9 所示。Hillert 等[27]以扩散偶技术测得 Fe-Ni 中γ→α的 M_a,图 10 均显示在两相区内,T_0 以下发生块状相变。目前,认为 Cu-Zn、Cu-Al、Ag-Cd 和 Ag-Zn 分别伸入两相区约 0.45、1.2、1.5 和 0.6μ%,并发生块状相变[27]。但 Aaronson 等[28,29]却未能在 Ti-Ag,Ti-Au 和 Ti-Si 等系两相区内找得块状相变。

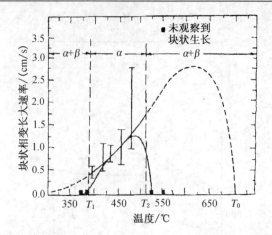

图 8 KCC 计算所得（虚线）以及实验测得（实线）Cu-38Zn 中 $\beta \rightarrow \alpha$ 块状相变的长大速率

（实验测得 377℃ 及 525℃ 时长大速率为零）

(Growth rate during massive transformation in Cu-38μ%Zn. Solid line: experimental result for KCC; Dashed line: calculated from KCC.)

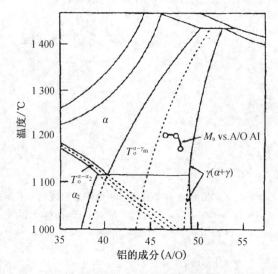

图 9 Ti-Al 部分相图及块状相变温度（M_a）数据

(Portion of the Ti-Al phase diagram and Ma date from [8] and [25].)

KCC[22]认为，在两相区内能否在 T_0 温度以下发生块状相变还需决定于动力学判据。当在指定温度范围内时，体扩散动力学很低，如 Fe-Ni，平衡相或亚平衡相的沉淀不堪与块状相变相抗衡，但当平衡相沉淀很快时，如在 βCu-Zn 中，沉淀将优先发生，块状相变将受阻碍。即当块状相的长大速率足够大到允许界

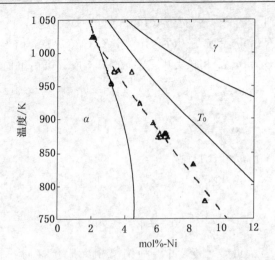

图 10 Hillert 等以扩散偶技术测得 Fe-Ni 中 $\gamma \rightarrow \alpha$ 块状相变的 M_a 温度（图中 △）

(Ma temperature of massive transformation (△) in Fe-Ni measured by Borgenstam and Hillert from diffusion couples technique.)

面上存在偏离平衡相较大的成分（与母相同成分）时，块状相变就能在两相区内发生。KCC 以 T_0 温度作为块状相变的限制温度。

Hillert[30] 鉴于图 6 所示 Cu-38Zn 的块状相变在 T_1—T_2 间单相区发生，以局域平衡概念，讨论 $\beta \rightarrow \alpha$ 块状相变，认为 $\alpha/\alpha+\beta$ 相界（solvus）温度作为块状相变的限制温度，在 T_2 时的局域平衡如图 11 所示。在 T_2 以下，净驱动力就能驱动成分不变的相变进行。在 Hillert 的热力学模型中必然引入界面前沿存在局域浓化，称为成分尖峰（spike）。他以成分尖峰内由于组元间原子大小不同，存在共格应变，在热力学处理中，考虑共格应变，就能解释为何有些合金系中块状相变移向两相区内形成。假说尖峰区很薄，并与母相完全共格，则在 β 相（浓度为 χ^β）内的应变能为

$$G_{el}^\beta = \frac{E}{1-\upsilon}(\frac{d\ln a}{d\chi})^2(\chi_1^\beta - \chi^\beta) \tag{1}$$

其中，χ_1^β 为合金成分，a 为母相 β 的点阵常数，E 为弹性模量，υ 为 poisson 比。考虑材料为各向同性，在化学位中加入弹性能项：

$$G_{Ael}^\beta = K[(\chi_1^\beta)^2 - (\chi^\beta)^2] \tag{2}$$

$$G_{Bel}^\beta = K[(1-\chi_1^\beta)^2 - (1-\chi^\beta)^2] \tag{3}$$

其中

$$K = \frac{E}{1-\upsilon}(\frac{d\ln a}{d\chi})^2 \tag{4}$$

当两相为理想溶液平衡时，有：

$$^0G_A^\alpha + RT\ln(1-\chi^\alpha) = {}^0G_A^\beta + RT\ln\cdot(1-\chi^\beta) + K[(\chi^\beta)^2 - (\chi^\beta)^2] \quad (5)$$

$$^0G_B^\alpha + RT\ln\chi^\alpha = {}^0G_B^\beta + RT\cdot\ln x^\beta + K[(1-\chi^\beta)^2 - (1-\chi^\beta)^2] \quad (6)$$

块状相变时,$\chi^\alpha = \chi_1^\beta$,$\alpha$ 相长大中,界面的平衡成分可由下面两式计算:

$$1 - \chi^\beta = (1-\chi^\alpha)\exp\frac{1}{RT}\{{}^0G_A^\alpha - {}^0G_A^\beta - K[(\chi^\alpha)^2 - (x^\beta)^2]\} \quad (7)$$

$$\chi^\alpha = \chi^\beta \exp\frac{1}{RT}\{{}^0G_B^\beta - {}^0G_B^\alpha - K[(1-\chi^\alpha)^2 - (1-\chi^\beta)^2]\} \quad (8)$$

以 n 指正规平衡成分,则有:

$$1 - \chi^\beta = (1-\chi^\alpha)(\frac{1-\chi^\beta}{1-\chi^\alpha})_n \exp\frac{K}{RT}[(\chi^\beta)^2 - (\chi^\alpha)^2] \quad (9)$$

$$\chi^\alpha = \chi^\beta(\frac{\chi^\alpha}{\chi^\beta})_n \exp\frac{K}{RT}[(1-\chi^\alpha)^2 - (1-\chi^\beta)^2] \quad (10)$$

由上列方程组所得数值解,可得到偏离相界成分移向两相区的浓度范围 ($\Delta\chi^\circ$),如 Cu-Zn 为 $0.07\chi\%$,Ag-Cd 为 $0.5\chi\%$ 与实验值很为符合。考虑到尖峰内的应变能时,两相区内发生块状相变的自由能-成分图如图 12 所示。

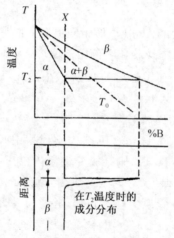

图 11 局域平衡温度为 T_2 时,成分不变的 $\beta \to \alpha$ 相变的局域平衡
(Composition invariant $\beta \to \alpha$ transformation under local equilibrium at T_2.)

可见,Hillert 模型建筑在局域平衡基础上,其中,成分尖峰具有足够宽度,相界面为非共格(个别原子跃越),相界线温度为限制温度。但成分尖峰只在理论上显示存在,迄今还难以实验确证。Hillert 等[27]认为,由于 Cu-Zn 合金中成分尖峰较宽,相界面移动时两相接近于局域平衡;当合金成分含 Zn 较高时,块状相变难以进行;对 Fe-Ni,由于成分尖峰的宽度比原子间距小几个数量级,界面内 Ni 原子相对于 Fe 的扩散,才使两相区内接近 T_0 线并发生块状相变;在

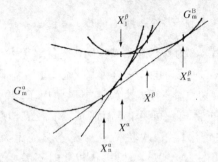

图 12 考虑应变能后两相区内发生同成分相变的自由能图，α 相成分 χ_α，母相成分 χ_1^β，χ_n^α 和 χ_n^β 为正规平衡相成分，χ^α 和 χ^β 系考虑应变能后的平衡浓度

(Gibbs energy diagram for the $\alpha+\beta$ two-phase equilibrium. χ_n^α nand χ_n^β are the normal equilibrium. χ^α and x^β are the equilibrium compositions modified by the strain energy in the spike if the bulk χ_1^β is equal to χ^α)

1 023K，含低 Ni 合金的 M_s 接近 $\alpha/\alpha+\gamma$，随温度下降，临界温度移向 T_0，即块状相长大的驱动力 ΔG_m 随温度下降而增加，如图 13 所示。其中，ΔG_m^{LE} 表示由局域平衡的计算所得的驱动力，ΔG_m^{exp} 表示由实验所得的驱动力；认为这种趋向不受因深入两相区而影响，强调了局域平衡，但对图中 ΔG_m^{LE} 和 ΔG_m^{exp} 之间的偏差及其影响因素未加充分阐释。

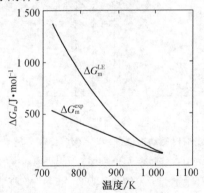

图 13 块状铁素体长大驱动力。ΔG_m^{LE} 为假定 $\alpha/\alpha+\gamma$ 相界面局域平衡条件下的计算值；ΔG_m^{exp} 系实验值

(The driving force for massive growth of ferrite. ΔG_m^{LE}: evaluated under the assumption local equilibrium at the $\alpha/\alpha+\gamma$ interface; ΔG_m^{exp}: from experiment.)

Aaronson[24,33] 倾向于以 T_0 温度作为块状相变的热力学上限温度，根据稳态形核率方程得：

$$J_s^* = C \cdot D \cdot \exp\left[-\frac{\Delta F^*}{kT}\right] = C \cdot D \cdot \exp\left[-\frac{K\gamma^3}{(\Delta F_v + W)^2 kT}\right] \quad (11)$$

其中，J_s^* 为稳定形核率，C 为对温度影响较小的复杂"常数"，D 为速率控制扩散率，ΔF^* 为形成临界核心所需的驱动力，γ 为核心/母相基体间的表面能，ΔF_v 为形核功，W 为膨胀能及切变能之和，K 为核心形状因子，并考虑了晶界形核对晶界面积减小对界面能的影响。可见，界面能项 γ 比 ΔF_v 项对 J_s^* 具有更大的影响。他认为：虽然在一定温度下，块状相变的临界驱动力为 ΔG_m，比平衡沉淀的临界驱动力 ΔG_e 小，如图 14[32] 所示，但块状相变时不需要化学界面能，减小了 γ 项，如界面共格或半共格更有利于 γ 的减小，这就使块状相变可能在能量上的有利程度超越平衡沉淀，使两相区内发生块状相变。即使单相区内发生块状相变，在 $\Delta F^* < 60kT$，能测得 J_s^* 条件下，界面的结构因素（减低 γ 项值）还是很重要的。

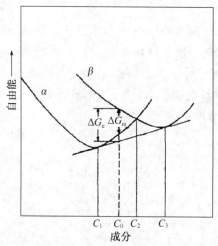

图 14 块状相变临界驱动力 ΔG_m 和平衡沉淀临界驱动力 ΔG_e 的比较
(Comparison of the free energy changes associated with the massive transformation(ΔG_m) and precipitation(ΔG_e). C$_0$: bulk alloy composition, and C$_3$ = composition of the matrix (β) in equilibrium with the precipitate (α).)

Veeraraghavan 等[13] 得到：不同 Al 含量和不同晶粒大小的 Ti-Al(46.55～47.90Al；>500μm 及约 150μm)，其 M_s 均在两相区内或两相延伸区 T_0 以下，而不是在相界线以下，理论动力学表明在 T_0 才开始。

本文作者按热力学概念，粗略认为：T_0 温度可作为块状相变的上限温度；在 T_0 以下，即块状相自由能 G_m 低于同成分母相的自由能时，即 $G_{\alpha(m)} < G^\beta$（或 G_γ），在一定温度(M_s)，$\Delta G^{\beta(\gamma) \to \alpha(m)}$ 足够供块状相形核和长大（通过界面扩散）所需的

能量,而且块状相的形核和长大速率大于平衡相($\alpha+\beta$)的长大速率,则前者满足热力学条件,后者符合动力学条件,即使T_0在两相区内,块状相变即能发生。似乎不必认为$\alpha/\alpha+\gamma$相界线的温度为限制温度,也不必引入局域平衡和成分尖峰的概念。有人认为在氧化铋陶瓷的块状相变中,成分尖峰有其意义,见文献[6]及[21]中的讨论。

7.3 块状相变中的相界结构及其相关现象

由块状相变的动力学数据,求得相变的激活焓仅为体扩散激活焓的2/3[29],如Ti-47.55Al[13]。按Burke-Turnbull方程[33],界面激活焓为155.25kJ/mol,而Al在αTi中的扩散激活焓为264kJ/mol,块状相变无疑由相界扩散控制。相变动力学、块状相的形态以及相界面能的计算等都与相界结构有关。Massalski在早年(1958[3],1970[4])直至近年(1984[34],2002[35])以动力学及下述实验依据,认为块状相变中的相界系非共格界面:①块状相呈曲面;②界面能穿越母相晶界;③母相与块状相之间无位向关系或无理数的位向,与母相匹配成共轭很差的惯习面;④多晶Cu-Ga在温度梯度下经块状相变成为单晶体(吞并母相晶界)。Wang等[36]和Yanar等[5]以类似实验结果给予认同。Hull和Garwood[37]早在1956年、Aaronson等早在1967年[38]和1984年[39]已发现Cu-38.7Zn等块状相有的呈小面(facet)组织,认为其相界面属半共格或部分共格,并以台阶机制长大[37]。迄今,块状相变相界结构的电镜研究还很少,牟翊文和Aaronson[40]对Ag-26χ%Al的β(bcc)$\rightarrow \xi_m$(hcp)的块状相变进行了研究,经TEM揭示所有界面上存在线形补偿错排的缺陷及母相与块状相之间的位向关系(接近于Burgers[41]或Potter[42]的关系)。Howe等[42]以高分辨电镜观察研究Ti-46.54χ%Al中hcp$\alpha_2 \rightarrow$L1$_0$fctγ_m块状相变的界面结构和长大机制,发现块状γ_m晶粒和母相间界面呈现高指数位向关系,结构的无公度性(非共格)程度决定于特殊α_2/γ_m界面的位向和平面性。经晶带轴的倾动,有的如$[210]_{\gamma_m}//[012]_{\alpha_2}$经两晶带轴之间的0.7°倾动,$[241]_{\gamma_m}//[221]_{\alpha_2}$在1°内倾动,相界面在$[241]_{\gamma_m}//[742]_{\alpha_2}$至$[242]_{\gamma_m}//[521]_{\alpha_2}$之间变动,说明$\gamma_m$与相界及$\alpha_2$与相界相接(边—边相接而不是面—面相接)的位向关系。他们认为块状相变可能呈一维的公度(共格)相界,即高指数面的匹配或高指数位向关系,两相间没有点阵对应关系,相界属非共格。他们发现新相长大时,界面运动呈连续型或阶段型(台阶型),由相同位向关系界面的位向决定。

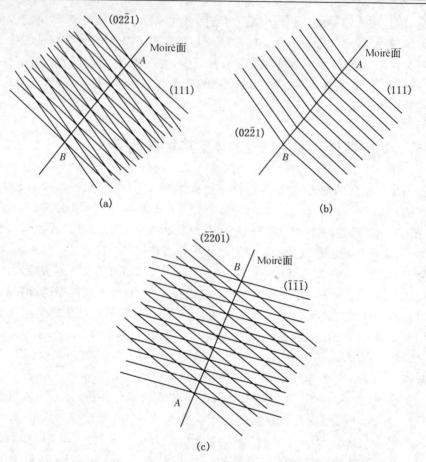

图 15 Ti-46.5at%Al 中 γ_m 和 α_2 密排面之间的关系及其组成 Moire 面的示意图
(a)、(b)示$(111)_\gamma$ 和 $(02\bar{2}1)$;(c)示$(\bar{1}\bar{1}\bar{1})_\gamma$ 和 $(\bar{2}\bar{2}01)$
(An apparently commensurate α_2:γ_m interface shown as Moire plane, schematically illustrated in a Ti-46.54at%Al alloy.)

Wang 等[36]报道的 TEM 背衍射对上述相同成分 Ti-Al 的观察结果,常见到 γ_m 相在母相晶界形核时,与母相一个晶粒呈低指数 Burgers 位向关系,但向相邻的另一晶粒长大,并与长大晶粒之间呈高指数位向关系;观察到在块状/母相相界边际包含巨型台阶,一般不存在补偿错配的位错;既有呈曲面,也有呈平面的小平面,其宏观惯习面为高指数,与密排面有较大偏差;有些沿{111}面呈小面,并有较密的台阶,被认为是非共格结构。对 Ti-Al-Cr[16]及 Al-Mn-C[5]也有类似报道。

Nie 和 Muddle[44]对 Ti-46.5χ%Al 块状相变的 TEM 观察揭示:在通常衍射

和成像条件不会得到上述[36,43]相似的结果,但对平行相界特殊方向成像,发现这些无理数位向界面都平行于 γ_m 和 α_2 两组密排面的交接面,Moiré 面穿交相界面的点阵面呈连续性,在平面相界面内呈一维共格。他们认为相界面呈小面,使能量降低,小面上原子不是混乱的,不是一般所称的完全非共格性,并设想这些平面小面因形核会垂直相界平面滑动,并在面际缺陷的相界平面内作快速线形运动。例如,他们发现 Moiré 面平行于 γ_m 中密排面$(111)_\gamma$与 α_2 中次密排面$(0\bar{2}\,\bar{2}1)_\alpha$的交接面,如图 15 中(a)和(b)所示。其中,AB 为相界面,Moiré 面平行于 AB,Moiré 面和$(111)_\gamma$之间的夹角约为 81.5°,$(111)_\gamma$和$(0\bar{2}\,\bar{2}1)_\alpha$之间约 13.5°;又有$(111)_\gamma$与$(2\bar{2}0\,\bar{1})_\alpha$的交接面形成 Moiré 面,如图 15(c)所示。其中,$(111)_\gamma$与$(2\bar{2}0\bar{1})_\alpha$间的夹角为 27.5°,AB 与$(111)_\gamma$面间约 83°,说明了"边边相接"的情况。他们还发现相界边际曲面是由晶体面和方向的倾转所造成的。在弱束、中心暗场成像条件下,可能检视到曲面截面上存在高密度的线缺陷,表明曲面由多位向、诸多低能平面界面所组成。

Aaronson[31]以上述对 TiAl 的研究[43,44]中相界面呈现平面及"边边相接"的一维共格性,及 Cu-Zn[36]中出现具平面界面的 α_m,Ag-26Al[40,45]中至少在早期 $\beta \to \tau_m$ 及 MnAl(C)合金[46]的 $\alpha \to \tau_m$ 块状相变中,有些块状相不穿越母相晶界,认为块状相变较沉淀更容易重新形核;强调以共格界面形核,在长大时转变为部分共格,并以台阶机制迁动[38,39]。但 Yanar 等[5]通过以高分辨电镜考察 Mn-44at%Al-1.7at%C 的 L1$_0$ 块 τ/hcp 母相 ε 的相界,认为是非共格的,可能尚未检视到相变初期时的情况。如 Men 等[15]在 Ti-45wt%Al 的块状相变开始阶段,得到 γ_m 和 α 相保持完全的晶体学关系:$\{111\}_\gamma//\{0001\}_\alpha$;$<110>_\gamma//<11\bar{2}0>_\alpha$,长大后位向关系消失。长大中,平行片或条相遇,形成剩余残条[31];不但失去完全位向关系,也可能使块状形态变为条状或针状。块状相变相界结构,尤其是相变初期的动态变化尚需要进一步检视。

7.4 发生块状相变的相图

Aaronson[31]总结了有关发生块状相变的相图。图 16(a)表示纯元素在 T_e(即 M_a)以下发生 $\beta \to \alpha$ 块状相变;在 M_s 发生 $\alpha \to \alpha'$ 马氏体相变。由于马氏体相变的应变能较大,$M_s < T_e(M_a)$。图 16(b)表示点线合金发生 $\beta \to \alpha$ 时,由于两相区很窄,α 平衡相很难由沉淀形成,只能发生块状相变。图 16(c)表示两相区很宽时,当点线合金在较高温度发生块状相变(如 Ag-26at%Al 中 $\beta \to \xi_m$),而 β 基

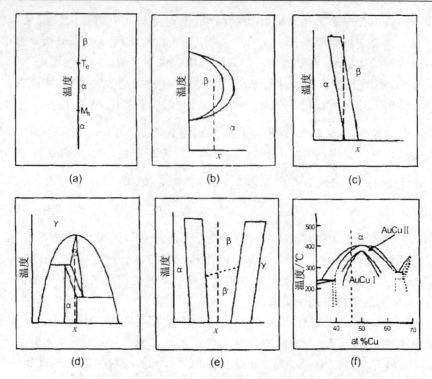

图 16 可能发生块状相变的有关相图,点线表示指定成分的合金,除(e)中 $\beta \rightarrow \beta'$ 为二级相变外,其余经适当热处理后都会发生块状相变

(Phase diagrams related to the massive transformation. Dashed vertical lines represent typical alloy composition in which a massive transformation will occur during an appropriate heat treatment. Except (e), massive transformation may ccur.)

体中的扩散率较高(β 相为 bcc),则在块状相变同时难免会发生平衡 α 相在两相区的沉淀,如 Cu-38x%Zn 淬火中在 $\beta \rightarrow \alpha_m$ 的同时,沉淀平衡 α 相。图 16(d)表示点线成分合金为中间相 β 能发生 $\beta \rightarrow \alpha$ 块状相变,如 Ti-Cr。图 16(e)表示点线合金发生 $\beta \rightarrow \beta'$ 二级相变的有序化相图,相变时,成分没有变化,也属扩散型相变,但不属形核-长大型,不符合块状相变的特征。图 16(f)表示 Au-Cu 相图中点线成分接近 AuCuⅡ,合金由 fcc 母相→有序面心斜方(长周期超点阵)Au-CuⅡ,块状相呈孪晶较密的条状,相变时虽然显示表面浮突,其晶体学符合马氏体相变表象晶体学理论[47,48],但符合该理论,并不能确证为马氏体相变[49,51],由于其长大较慢,Aaronson 认为是块状相变[52]。

7.5 结论

块状相变被发现并命名于20世纪30年代,较系统地进行研究始于50年代。近年由于高温合金 TiAl 和铁磁合金 Mn-Al-C 等材料的热处理涉及块状相变,认识到这种相变具工程价值而倍受重视。参考一些名家对块状相变的定义,似可将块状相变定义为:成分不改变(多数专家赞同用"partition-less"以代替"compositioninvariant"),通过相界扩散的形核—长大型相变。相变包括结构改变和有序化,其产物一般呈块状显微组织,但有时也呈平面边界,一般与其长大的母相晶粒不具完整的位向关系,与母相不具点阵对应。已发现在多种材料中,均能发生块状相变。按热力学理论,在高温相(β)和同成分低温相(α)的 Gibbs 自由能(G)相等时的温度(T_0)以下,ΔG 足够供 α 相形核和长大时,块状相变就能发生,但当 T_0 落在两相区以内时,与 β 同成分的新相(α)的长大速率需大于该温度下平衡 α 相的长大速率,才能在动力学上具备块状相变的条件。当然,如扩散条件有利于平衡 α 相析出时,难免在块状相变的同时发生平衡相的沉淀。以 T_0 温度为块状相变的上限温度似顺理成章,但 Hillert 以局域平衡概念,对两相区内发生块状相变用热力学进行处理,20余年来坚持认为两相区的相界线温度为上限温度。块状相变时新相在母相晶界形核,向一个晶内长大。块状相变较平衡析出相变快得多。虽然不同材料中块状相变时,新相(一般称块状相)的长大速率不一,如 Cu-Zn、Fe-X 中约 10^{-2} m/s[4], Ti-Al 约 10^{-3} m/s[13,25], Mn-Al-C 在 10^{-6} m/s 数量级[5],但块状相变动力学大体服从 Burke-Turnbull 的相界面扩散(晶界扩散)方程[33],由此求得很多合金[4,5,29]块状相的长大激活能均较溶质原子在 α 相中体扩散激活能低得多(前者约为后者的 2/3),公认块状相变籍相界扩散形核长大。Massalski 等从动力学、块状相形态和块状相常穿越母相晶界长大,认为块状相变的相界为完全非共格;Aaronson 等以降低界面能考虑,认为相界部分共格。晚近期的高分辨电镜及背散射电镜显示相界的共格程度决定于特定位向,揭示存在一维共格的相界,待继续探求。相变早期可能先形成共格或部分共格相界,随着其长大,共格性会减低,有的块状相呈平面界面,并不穿越母相晶界。块状相变的产物一般呈块状(massive),由此将其命名为块状相变,但块状相也会呈片状或针状,失去原来形态。受有些晶粒转动的影响,或重新形核向邻晶内长大,均可能被视作穿越母相晶界。因此,相界微观结构及其动态位向的考察亟待开展。块状相变动力学受相界扩散控制,不同于长程体扩散控制的沉淀,一般块状相的长大速率较沉淀的为大,但较马氏体的长大速率为小。块状相变时一般不呈现表面浮突,块状相与母相不呈点阵对应关系。除二级有序化外,在各类一般相图中均能发生块状相变,可能还会出现未经发现过的块状相变。块状相变的各种性能也有待研测。

参考文献

[1] Phillips A J,Trans. [J]. AIME 1930,89:194.

[2] Creninger A B,Trans. AIME[J]. 1939,133:204.

[3] Massalski T B, [J]. Acta Matall 1958,6:243.

[4] Massalski T B,in Phase Transformations, ASM [M]. 1970,433.

[5] Yanar C,Wiezorek J M K, Radmilovic V,et al, [J]. Metall. Mater. Trans. 2002,33A:2413.

[6] Virkar A V, Su P, Fung K Z, [J]. Metall. Mater. Trans 2002, 33A:2433.

[7] Wang P, Viswanathan G B,Vasudevan V K, [J]. Metall. Trans. 1992,23A:690.

[8] Jones S A,Kaufman M, [J]. Acta Metall. Mater. 1993,41:387.

[9] Denquin A,Naka S, [J]. Phil. Mag. Lett. 1993,68:13.

[10] Zhang X D,Dean T. A. ,Loretto M H,[J]. Acta Metall. Mater. 1994,42:2035.

[11] Zhang X D,Godfrey S. ,Weaver M,et al. [J]. Acta Mater. 1996, 44:3723.

[12] Nie J F,Muddle B. C. , Furuhara T, et al, [J]. Scr. Mater. 1998,39:637.

[13] Veeraraghavan D, Wang P, Pilchowski U, et al, Proc. Inter. Conf. Solid-Solid Phase Transformations [C]. Jpn. Inst. Metals,1999,149.

[14] Nakai K,Ohmori Y. ,ibid,153.

[15] Wen C E,Yasue K. ,Wei S Q. ,et al,ibid,285.

[16] Wittig J E. ,Metall. [J]. Mater. Trans. 2002,33A:2373.

[17] Bibby M J,Parr J G,J. [J]. Iron. Steel. Inst. 1964,202:100.

[18] Swanson W D,Parr J G, [J]. Iron. Steel. Inst. 1964,202:104.

[19] Bhattacharyya S K,Perepezko J H, Massalski T B, [J]. Scr. Metall. 1973,7:485.

[20] Papers Presented at Symposium on the massive transformation,held at pittsburgh meeting AIME-TMS,Oct. 1980,[J]. Metall. Trans. 1984,15A:411-447.

[21] Papers presented at Symposium on mechanism of the massive tran-formation,part of the Fall TMS Meeting[C]. held Oct. 2000,at St. Louis, Missouri,[J]. Metall. Mater. Trans. ,2002,33A:2277-2470(包括总讨论,2445-2470).

[22] Karlyn D A,Cahn J W,Cohen M, [J]. Trans. TMS-AIME,1969,245:197.

[23] Massalski T B,Perkins A J,Jaklovsky J, [J]. Metall. Trans,1972,3:687.

[24] Aaronson H I,The selected works of John W. Cahn,Ed. W Craig Carter and William C Johnson,[M]. TMS,Warrendale,PA. ,1998,231.

[25] Veeraraghavan D, Wang P,Vasudevan V K, [J]. Acta Mater,1999,47:3313.

[26] Wang P, Kumar M, Veeraraghavan D, et al, [J]. Acta Mater,1998,46:13.

[27] Borgenstam A,Hillert M. , [J]. Acta Mater,2000,48: 2765.
[28] Plichta M R,Williams J . C. , Aaronson H. I. , [J]. Metall. Trans, 1977,8A: 1885.
[29] Plichta M R, Aaronson H. I. ,Perepezko J. H. , [J]. Acta Metall, 1978,26: 1293.
[30] Hillert M. [J]. Metall. Trans,1984,15A: 411.
[31] Aaronson H I, Metall. [J]. Mater. Trans,2002,33A: 2285.
[32] Perepezko J H, [J]. Metall. Trans,1984,15A: 437.
[33] Burke J E,Turnbull B,Progr. [J]. Metal. Phys,1952,3: 220.
[34] Massalski T B, [J]. Metall. Trans,1984,15A: 421.
[35] Massalski T B, [J]. Metall. Mater. Trans,2002,33A: 2277.
[36] Wang P, Veeraraghavan D. Kumar M, et al, [J]. Metall. Mater. Trans,2002,33A: 2353.
[37] Hull D, Garwood R D, in The Mechanism of Phase Transforma-tions in Metals[M], Inst . Metals,London,1956,219.
[38] Aaronson H I,Laird C. , Kinsman K R, [J]. Scr. Metall,1968,2: 259.
[39] Plichta M R,Clark W A T,Aaronson H. I. , [J]. Metall. Trans, 1984,15A: 427.
[40] Mou Y,Aaronson H I, [J]. Acta Metall. Mater,1994,42: 2159.
[41] Burgers W G, [J]. Physica,1934,1: 561.
[42] Potter D I, [J]. J Less-Common Met,1973,31: 299.
[43] Howe J M,Reynolds Jr W T. ,Vasudevan V K, [J]. Metall. Mater. Trans,2002,33A: 2391.
[44] Nie J E,Muddle B C,[J]. Metall. Mater. Trans, 2003, 33A: 2381.
[45] Plichta M R,Aaronson H I, [J]. Acta Metall,1980,28: 1041.
[46] Soffa W A,转自[31] .
[47] Smith R,Bowles J S, [J]. Acta Metall,1960,8: 405.
[48] Muddle B C,Nie J F, Hugo G R, [J]. Metall. Mater. Trans,1994,25A: 1841.
[49] Christian J W,Progr. [J]. Mater. Sci,1997,42: 101.
[50] Aaronson H I,Muddle B C,Nie J F,Scr. [J]. Mater,1999,41: 203.
[51] Hall M G,Aaronson H I, [J]. Metall. Mater. Trans,1994,25A: 1923.
[52] Aaronson H I,Kinsman K R, [J]. Acta Metall,1977,23: 367.

导言译文

Massive Transformation

The progress in massive transformation, involving the characteristics and requi red conditions for the occurrence of the transformation and the interface structure, is generally described. Massive transformation may be defined as a partition-less transformation with nucleation and growth by means of interphase boundary diffusion. The transformation involves structural change and ordering and generally yields a massive microstructure, but sometimes the morphology of the product phase shows plane-boundary. There is no complete orientation relationship and lattice correspondence between the prod-uct phase and the parent phase. Twopoints of view on thermodynamics of the massive transformation, i. e (1) the limited temperature is T_0, the temperature at which the Gibbs free energies of the parent phase and the product phase are equal, and (2) the equilibrium phase boundary $\alpha/\alpha+\gamma$ is the limited temperature, are discussed. The present author prefers the former one. Kinetics and the morphology of the product phase of the massive transformation are determined by the structure of interphase boundaries. Progress in the study of interphase structure is presented. Recent results revealed that the coherency of the interphase boundary depends on the orientation of a particular interphase plane, from incoherent to one-dimensional coherent. Perspective in dynamic in-situ observation of the microstructure of the interphase boundaries, as well as survey of the properties of the product phase in various alloys, are suggested. Phase diagrams related to the massive transformation are summarized.

第 8 章 Spinodal 分解浅介[*]

主要以经典理论,即二元合金 spinodal 分解的热力学判据 $\frac{\partial^2 G}{\partial C^2}<0$ 为基础,简介 spinodal 分解的一般概念、理论和动力学。强调指出:spinodal 分解的经典理论也面临由 Binder 等提出的新概念的强烈挑战,即形核-长大机制与 spinodal 分解是连续变化的,以及 Binder 等思想的重要性。对 spinodal 一词的来源作简单的论述。

好些合金中会发生 spinodal 分解,有的还显示重要性能的变化,如强度和磁性。国内有些读者要求了解该种相变的概念。目前,spinodal 分解的新理论对经典理论又提出巨大挑战。本文特就这类相变的一般概念作粗浅介绍。

8.1 概述

按 Gibbs 的概念[1],相变由两种不同方式开始进行,一种由程度(浓度、结构与母相相差程度)大、范围小的涨落(起伏)(浓度、结构涨落)形成新相核心,经长大成为新相,现称为形核-长大型相变。另一种由程度小,但范围广的涨落(起伏)连续地长大形成新相,属连续型相变,如 spinodal 分解和连续有序化。早年 Gibbs 称 spinodal 分解(当时针对液相的分解)为亚稳性的极限分解,所谓极限分解是指亚稳态与不稳定态的分界。按二元系自由能—成分图,如图 1[2] 所示,左、右图分别表示亚稳相和不稳定相分解时的自由能曲线。成分为 C_0 的亚稳相需分解成为成分相差很大的 C_α 和 C_0' 两相,才使自由能下降,形成成分相差小的相均使自由能上升;由成分为 C_0 的母相分解成为成分为 C_α 和 C_0' 两相就需形核过程。而成分为 C_0 的不稳定相中,微小的成分分离都使体系的自由能下降,因此会自动地、连续地分解成成分为 C_α 和成分为 C_0' 的两相。由图 1 右图可见,不稳定相的摩尔自由能曲线呈负曲率,负曲率自由能表征负扩散函数,为 spinodal 分解所需的上坡扩散(由成分为 C_0 相形成 C_0' 相)提供条件。因此,在二元系相图上只在不稳定相区内的合金才能进行 spinodal 分解,如图 2(a) 所示[2],部分

---

[*] 原发表于《上海金属》,2010,32(5):1-7.

相图中存在呈形核-长大型亚稳相分解和不稳定相呈 spinodal 分解,图 2(b)是相应的自由能曲线。其中,c 和 d 点处 $\dfrac{d^2G}{dC^2}=0$,因此 spinodal 分解的热力学条件为

$$\frac{\partial^2 G}{\partial C^2} < 0 \tag{1}$$

其中,G 表示自由能,C 为浓度。(1)式的推导如下:

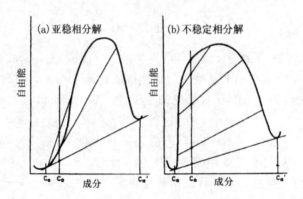

图 1 成分为 C_0 的自由能变化

(The free energy vs composition curves to illustrate the free-energy changes during decomposition of a metastable (left-hand curve) and an unstable (right-hand curve) phase of composition C_0)

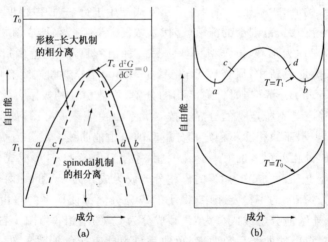

图 2 (a)二元系部分相图中含互溶间隔,包括形核-长大机制和 spinodal 机制的相分离及(b)其在 T_1 和 T_0 温度时相应的自由能曲线

((a) A miscibility gap in part of phase diagram of a binary system containing phase separation by nucleation and growth mechanism and phase speration by spinodal decomposition and the (b) correspondent free energy curves at temperature T_1 and T_0)

设在 A-B 合金中浓度为 C_0 的溶液内形成浓度为 C' 的起伏，$\delta_c = C' - C_0$，其自由能的改变对 B 组元为 $[\mu_B(C') - \mu_B(C_0)]C'$，对 A 组元则为 $[\mu_A(C') - \mu_A(C_0)] \cdot (1-C')$，因此体系总的自由能变化 ΔG 为

$$\Delta G = [\mu_B(C') - \mu_B(C_0)]C' + [\mu_A(C') - \mu_A(C_0)](1-C')$$

或

$$\Delta G = C'\mu_B(C') + (1-C')\mu_A(C') - C_0\mu_B(C_0) - (1-C_0)\mu_A(C_0) + (C_0 - C')[\mu_B(C_0) - \mu_A(C_0)]$$

$$\Delta G = G(C') - G(C_0) - (C' - C_0)\left(\frac{dG}{dC}\right)_{C_0} \tag{2}$$

G 以 C 做泰勒级数展开，得

$$G(C') = G(C_0) + \delta_c G'(C_0) + \frac{1}{2}(\delta_c)^2 G''(C_0) + \cdots \tag{3}$$

(3)式中，G' 表示对 C 的一阶导数，G'' 为二阶导数。将(3)式代入(2)式，有：

$$\Delta G = \frac{1}{2}(\delta_c)^2 G''(C_0) + \cdots \tag{4}$$

由(4)式，不计高次项，可见，对 spinodal 线以外的合金，由于 $G'' = \dfrac{d^2 G}{dC^2} > 0$，形成极小涨落（起伏）($\delta_c$) 将使 $\Delta G > 0$，因此小的起伏将现而复灭，不能引起母相的失稳，对 spinodal 线以内的合金，由于 $G'' = \dfrac{d^2 G}{dC^2} < 0$，任何小的起伏的形成，均使 $\Delta G < 0$。这类一定波长的小的起伏借上坡扩散，使浓度波幅连续增高，形成新相，由于此时 $\dfrac{d^2 G}{dC^2} < 0$，因此符合上坡扩散的条件。

由图 3 可见，在 spinodal 线以内的合金，例如成分为 C'_0 合金中，出现任何小的起伏，使 ΔG 下降。而在 spinodal 线以外的合金，例如 C_0，如出现 C_s 的起伏使 ΔG 上升，只有当起伏浓度超过 C_a 时，才提供形核的驱动力，进行脱溶分解。spinodal 分解时，起伏浓度应随时间而连续地改变。波幅呈正弦分布的一定波长的起伏，只有当波长使 $|G''|$ 大于一定值时，波幅才随时间增长而加大。

二元 A-B 系中不稳相 α 经 spinodal 分解为富 A 的 α' 相和富 B 的 α'' 相，由于连续分解过程不但两新相共格，而且开始时 α' 和 α'' 两相的晶格保持连接，呈交替互接的显微组织称为调幅（modulated）组织，如图 4 所示。

由于 spinodal 分解是由范围广的涨落开始的，因此其共界能量较形核机制中小得多，但其共格引起的弹性应力较大。呈 spinodal 分解的合金系，往往限于新相与母相晶体相似，两相的晶体结构只能稍呈差异，只是成分各异。因此，Cahn[3] 认为在计算共格混合相的摩尔自由能曲线时，宜加上弹性能，描述自发

分解的应为共格自由能曲线和共格相图。对弹性效应较小的合金系，如 Al-Zn，其 spinodal 分解温度约被压低 20℃，如图 5[5] 所示。而弹性效应较大的 Au-N,i 共格使 spinodal 被压低达 600℃并移向较软的富 Au 区，如图 6[6] 所示。Binder 对此持怀疑态度[7]，因此尚待确证。

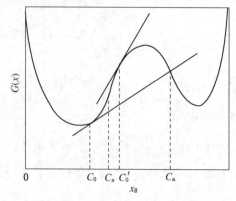

图 3 二元系中涨落（起伏）形成对 ΔG 的影响
(Effect of fluctuation formation on ΔG in binary system)

图 4 51.5Cu-33.5Ni-15.0Fe(at%)合金经 775℃时效 17 h 后的共格显微组织
（录自 E. P. Butler 和 G. Thomas 发表在 Acta Metall. 1970. vol. 17：p354. Fig6(b)的照片）
Coherent microstructure of 51.5Cu-33.5Ni-15.0Fe(at%) alloy aged at 775℃ for 17h.
(The photograph taken from E. P. Bulter and G. Thomas's work published at Acta Metall. 1970. vol. 17：p. 354，Fig. 6 (b))

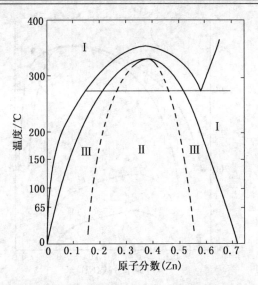

图 5　共格应变能较小的 Al-Zn 合金部分相图及 spinodal 线
(The part of phase diagram and spinodal line in Al-Zn alloys where the elastic effect is small)

弹性效应的各向异性影响组织形态。Cahn[8] 对立方系做了计算。立方系中，如存在点阵错配和弹性各向异性，沉淀相将在较软的(100)面或(111)面上形成。对六方系，不同方向的弹性常数不同，而且 c 轴和 a 轴的长度随成分改变，会产生零错配度的方向。由于共格适配以及惯习面的选择，沉淀相往往呈正方(四方)或菱方(对(100)和(111)惯习面)，这是由于共格应力所造成的，其无应力态为立方点阵。

Cahn[2] 给出形核-长大型经扩散相分解和 spinodal 扩散相分解中浓度变化剖面的示意图，分别如图 7 上、下部分所示。从图中可明显地领略两者之间的差别。

8.2　Spinodal 分解理论和动力学浅介

迄今对 spinodal 动力学方程还没有共识。Cahn 和 Hillard[9] 对与平均成分只存在较小差异的、并存在小的成分梯度的非均匀溶液，给出的自由能值为

$$F = \int [f(C) + k(\nabla C)^2] dV \tag{5}$$

其中，$f(C)$ 指成分为 C 的均匀材料的自由能密度，$k(\nabla C)^2$ 为当材料具成分梯度时增加的自由能密度。Cahn[10] 由此做下列的推导：假定摩尔自由能不依赖于成分，当以平均成分 C_0 对 $f(C)$ 作展开：

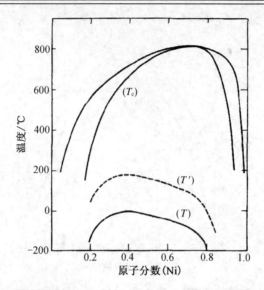

图 6　弹性效应较大、弹性模量因成分呈较大改变的 Au-Ni 合金中的共格 spinodal 线（虚线）

注：T_c 为化学 spinodal 温度；T' 和 T 分别为实验及理论估算的共格 spinodal 温度

(The coherent sp inodal (dashed line) in Au-N I where the coherent stra in is large and in w hich elastic-moduli vary strongly with composition. T_c is the chem ical sinoda;l T' and T are, respectively, an expermi enta l and theoretical estmiate of the coherent spinodal)

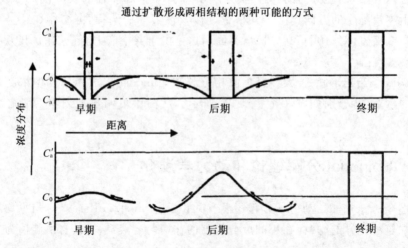

图 7　形核-长大型扩散相分解和 spinodal 扩散相分解浓度变化剖面示意图（说明两者之间的差别）

(Schematic evolution of concentration profiles to illustrate the difference between the phase separation by nucleat ion and growth and that for spinodal mechanism)

$$f(C) = f(C_0) + (C - C_0)\frac{\partial f}{\partial C} + \frac{1}{2}(C - C_0)^2 \frac{\partial^2 f}{\partial C^2} + \cdots \tag{6}$$

但
$$\int (C - C_0) dV = 0 \tag{7}$$

均匀溶液和不均匀溶液在开始阶段的自由能差为

$$\Delta F = \int \left[\frac{1}{2}(C - C_0)^2 \frac{\partial^2 f}{\partial C^2} + k(\nabla C)^2\right] dV \tag{8}$$

设 k 为正值。当 $\frac{\partial^2 f}{\partial C^2} > 0$ 时,可见对所有无限小的涨落溶液是稳定的。当 $\frac{\partial^2 f}{\partial C^2} < 0$ 时,使上式首次成为主项的涨落将使溶液呈现不稳定性。当划定足够距离,总能找到这样的涨落。考虑成分的 Fourier 组元,每个 Fourier 组元分别对自由能做贡献,其总和即为 ΔF,一个组元 $A\cos\beta x$ 对 ΔF 的贡献量为

$$\frac{1}{4}VA^2\left(\frac{\partial^2 f}{\partial C^2} + k\beta^2\right) \tag{9}$$

当溶液处于不稳定区时,具有足够大的波长或小的波数的 β 将降低自由能。最大的波数为

$$\beta_c = \left(\frac{-\partial^2 f/\partial C^2}{2k}\right)^{\frac{2}{3}} \tag{10}$$

简单地解扩散方程就能获得相分离初期的动力学值,设 M 为迁移率,是扩散通量 J 与化学势梯度的比值,为负值。

$$J_B = -J_A = M\nabla(\mu_A - \mu_B) \tag{11}$$

对(5)式求导,得

$$\mu_A - \mu_B = (\partial F/\partial C_A) = (\partial f/\partial C_A) - 2k\nabla^2 C_A + 高阶项 \tag{12}$$

将(12)式代入(11)式,并略去高阶项,即得扩散方程为

$$\frac{\partial C}{\partial t} = M(\partial^2 f/\partial C^2)\nabla^2 C - 2Mk\nabla^4 C \tag{13}$$

由此,Cahn 还推得不同时间分解后两相的浓度,借助计算机,模拟得调幅组织的形态[10]。Cook[11] 认为(13)式存在明显的缺陷,即未考虑随机统计涨落,即热涨落的布朗运动,应附加一随机项 $\eta_T(x,t)$,即

$$\frac{\partial C}{\partial t} = M(\partial^2 f/\partial C^2)\nabla^2 C - 2Mk\nabla^4 C + \eta_T(x,t) \tag{14}$$

其中,η_T 项称为高斯型噪声项,其平方振幅 $<\eta_T^2>_T$ 可通过涨落耗散关系与迁移率 M 相联系。

$$<\eta_T(x',t)\eta_T(x',t')>_T = <\eta_T^2>_T \nabla^2\delta(x-x')\delta(t-t') \tag{15}$$

$$<\eta_T^2>_T = 2k_B TM \tag{16}$$

(14)~(16)式即为 Cahn-Hilliard-Cook 方程，Langer-Bar-on-Miller 提出对此方程求解的方法[12]。但对 Fe-Cr 合金，其计算值与实验值不符[13]。Cook 的附加项也未起到重要作用[13]。

也有应用 Lifshitz-Slyojov-Wagner(LSW)粗化理论，即分散粒子大小随时间的 1/3 次方长大来计算 spinodal 分解后期组织的粗化，如文献[13]所述，但不能描述分解全部动力学及调幅组织特征。Langer 等[12] 扩展 Cahn 的一维线性方程，建立三维的非线性方程，能作数值解，与实际数据定性地相符。据 Ditchek 和 Schwartz 评述[14]，Langer 等的方程不能确定涨落的位置，不能显示成分的周期性变化，似不尽人意。

Binder[7] 及其合作者异军突起，自 1974 至上世纪 90 年代在物理学刊上发表数十篇论文，以统计物理为基础论述金属合金、玻璃、陶瓷及其他固态材料及流体混合物的相变形核问题。他认为形核-长大型相变和 spinodal 分解是连续变化的；spinodal 分解的能垒并不为零，而是小于 kT，因此呈不稳定态，所谓 spinodal 分解的异点分解是没有物理意义的；spinodal 分解可以粗化理论为基础给予定量描述。他于 1981 年以图 8 否定了 Cahn-Hillard 平均场理论所谓的不稳定奇异性，证明了由极短程交互作用所导致结果的准确性(见文献[7]和图 7—10)。在图 8 中，R^* 为临界微粒半径，ξ 为与浓度涨落相关的长度，λ_c 为临界调幅浓度。

本文作者认为，Binder 的异见甚为重要，但限于本人水平，尚未能窥其全貌。特郑重引述，希望引起重视。数十年来对 Cahn 的工作已有定见，因此上述对他的理论的介绍占主要篇幅。Binder 等理论如能证实，相变理论将发生重大突破，很多论著需做改写。

Hillert[15-17] 首先导出规则溶液 spinodal 分解(及有序化)时分离点阵一维扩散的通量方程，指出不同成分相之间的界面能对分解驱动力的影响，该方程能显示相分离在达到平衡态前成分涨落波幅和波长会增大，因此可解释为什么不同成分相产生周期性的调幅组织。Cahn[18] 将其扩展为三维各向同性固体，spinodal 分解时应一并考虑表面能和弹性能，以说明 spinodal 分解温度被压低，以及具有弹性的各向异性材料经 spinodal 分解后的组织形态，并给出了线性动力学方程。1994 年，Cahn 和 Novick-Cohen[19] 将分离点阵的计算与后来的连续模型结合，考虑三维分离点阵的处理，给出动力学的微分方程。他们于 2000 年对局域规则成分的计算又做了延伸[20]。

Hillert[21] 于 2001 年又提出：应用绝对反应速率理论可推得一分离点阵单个面成分变化速率，可求得局部成分变化速率的微分方程，为 spinodal 分解和有序化动力学又做出重要贡献。这些动力学方程似都待实验求证对 spinodal 合金

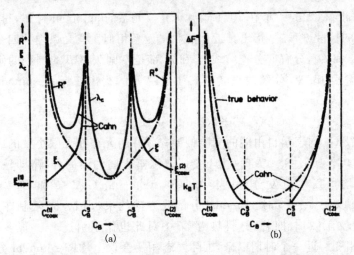

图 8 (a)R^*、ξ^*、λ_c 和(b)成核势垒 ΔF^* 与浓度 C_B 的关系

注:实线表示 Cahn-Hillard 线性理论;点虚线为 Binder 的结果(1981)。

((a) R^*、ξ^*、λ_c and (b) nucleation barrier vs concentration C_B. Solid line-represents the results of Cahn-Hilliard linear theory; point-dotted line-the results from Binder (1981))

的分解作出的温度—时间—相变(TTT)图,不论在理论研究还是在材料生产中热处理工艺的制订都很有价值,如电子工业上广泛应用的 Cu-15Ni-8Sn(w%t)合金(具高强度、高延展性和优良的应力松弛性能的商业合金)的 TTT 图已由 Zhao 和 Notis[22] 由电镜和电阻实验测得,如图 9 所示。可见在 500℃以下,在有序化之前发生 spinodal 分解。这是鲜见的现象,需做理论分析,作为工业生产很好的基础资料。

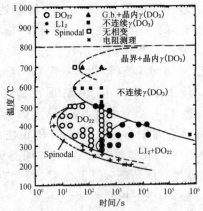

图 9 Cu-15Ni-8Sn(wt%)合金的 TTT 图

(TTT diagram for Cu-15N i-8Sn (wt%) alloy)

Morral 和 Cahn[23]早在 1971 年就研究三元系的 spinodal 分解,得出含多元扩散系数的扩散方程解,指出其近似解和二元系相似。三元系中的四个变量:速率因子 D_1 和 D_2,分解成分连结线 r_1 和 r_2 都是空间矢量 β 的倒数的函数,并指出:随着温度的改变,分解线呈转动。江伯鸿等[24]提出三元系 spinodal 分解的热力学判据为

$$G_{xx}(\delta_x)^2 + 2G_{xy}\delta_x\delta_y + G_{yy}(\delta_y)^2 < 0 \tag{17}$$

其中,G_{xx} 及 G_{yy} 均表示自由能的二阶偏导;δ 为 i 组元存在无限小量的成分涨落。当 $G_{xx}<0$,$G_{xx}^2 - G_{xx}G_{yy}<0$ 时,为不受成分涨落方向约束的分解,即任意方向的成分涨落均可发生自发分解;当 $G_{xx}<0$, $G_{xx}^2 - G_{xx}G_{yy}>0$ 和 $G_{xx}>0$, $G_{xx}^2 - G_{xx}G_{yy}>0$ 以及 $G_{xx}=0$ 时,spinodal 分解受方向约束,即 δ_x/δ_y 限制在一定范围之内,详见文献[24],拙著《材料热力学》中对此也作了引述[25]。很多材料涉及 spinodal 相变。近一个时期以来,国际固态相变会议上均辟 spinodal 分解专题,有关论文可参阅会议专辑。本文作者曾以 spinodal 分解为例说明相变研究的重要性外[26],还温习有关文献,撰写了"spinodal 分解始发形成调幅分解组织的强化机制"稿(待发表)及本文,供国内同业参考指正。

8.3 Spinodal 词的来由

Cahn 在 1967 年美国金属学会年会报告"Spinodal Decomposition"[2]中,述及"Spinodal"名词来源时,说有些"玄"(mystery)。本文开卷提及 Gibbs[1]于 1877 年提出两类不同方式相变,即形核-长大型和不稳定相分离时,未提及"spinodal"一词。这词是由 vander Waals 于 1890 年首次使用(Z. Phys. Chem. 1890. 5:123)。他于 1908 年出版的热力学教材[27]中,作了叙述。在文献[2]中,对此摘引 Anne(Cahn 夫人)翻译的一段,称在单元系(当时指单元气体→液相)相变时,其自由能为两个独立变量熵和体积的函数。作以熵-体积为轴的曲线,使其与自由能面相切,切面遇 spinodal 线(母相不稳定)时,形成尖端(cusp),呈刺形(thorn),即拉丁字 spina,因此由 spinadal 命名,而在二元系热力学中,一般应用恒定压强和温度的自由能,仅一个自由度,因此这类尖端或刺就不出现,只在三元系中,具自由能和两个成分轴时,vander Waals 的说法才能说得通。因此,对研究二元系 spinodal 分解时一般都对"spinodal"一词感到玄乎。spinodal 线作为亚稳定和不稳定的分界线当能清晰表达其含意(因此有的将 spinodal 分解翻译成"失稳分解",似乎译成"不稳定相分解"更为妥贴)。关于 spinodal 分解的译名,在拙作《相变原理》[28]及《材料热力学》中(文献[25]P197)有所议及,尚待定夺。

参考文献

[1] Gibbs J W. The Collected Works of Gibbs J W [M]. Yale University Press, New Haven, 1948, 1: 105-115, 252-258. Gibbs J W. The Scientific Papers of J. Willard Gibbs [M]. Dover, New York, 1961: 105.

[2] Cahn J W. Spinodal decomposition [J]. Trans. Met Soc. ASME, 1968, 242: 166-180.

[3] Cahn J W. Coherent fluctuations and nucleation in isotropic solids [J]. Acta Metall, 1962, 10: 907-913.

[4] Cahn J W. Coherent two-phase equilibrium [J]. Acta Metall, 1966, 14: 83-84.

[5] Rundman K B, Hilliard J E. Early stages of spinodal decomposition in an aluminum-zinc alloy [J]. Acta Metall, 1967, 15: 1025-1033.

[6] Golding B, Moss S C. Are-calculation of the gold-nickel spinodal [J]. Acta Metall, 1967, 15: 1239-1241.

[7] Binder K. 失稳分解 [M]. 刘俊明译, 雷新亚校. 材料的相变. Hasson P, 编, 刘治国等, 译. 北京: 科学出版社, 1999: 402.

[8] Cahn J W. On spinodal decomposition in cubic crystals [J]. Acta Metall 1962 10: 179-183

[9] Cahn J W, Hilliard J E. Free energy of a nonuniform system I Interfacial free energy [J]. J. Chem. Phys, 1958, 28: 258-267.

[10] Cahn J W. Phase separation by spinodal decomposition in isotropic systems [J]. J. Chem. Phys, 1965, 42: 93-99.

[11] Cook H E. Brownian motion in spinodal decomposition [J]. Acta Metall, 1970, 18: 297-306.

[12] Langer J S, Bar-on M, Miller H D. New computational method in the theory of spinodal decomposition [J]. Phys. Rev. A, 1975, 11: 1417-1429.

[13] Hyde J M, Miller M K, Hetherington M G., Cerezo A, Smith G D W, Elliott C M. Spinodal decomposition in Fe-Cr alloys: experimental study at the atomic level and comparison with computer models II, Development of domain size and composition amplitude [J]. Acta Metall. Mater, 1995, 43: 3403-3413.

[14] Ditchek B, Schwartz L H. Applications of spinodal alloys [J]. Annu. Rev. Mater Sci, 1979, 9: 219-233.

[15] Hillert M A theory of nucleation for solid metallic solutions [J]. Sc. D. Thesis, Mass. Inst. Tech, 1956, 转自 [16], [17].

[16] Hillert M A solid-solution model for inhomogeneous systems [J]. Acta Metall, 1961, 9: 525-535.

[17] Hillert M Cohen M, Averbach B L. Formation of modulated structure in copper-nickel-

iron alloys[J]. Acta Metall, 1961,9: 536-546.
[18] Cahn J W. On spinodal decom position[J]. Acta Metall, 1961, 9: 795-801.
[19] Cahn J W, Novick-Cohen A Evolution equations for phase separation and ordering in binary alloys[J]. J. Stat. Phys, 1994,76: 877-909.
[20] Cahn J W, Novick-Cohen A Motion by curvature and impurity drag: resolution of a mobility paradox[J]. Acta Mater, 2000,48: 3425-3440.
[21] Hillert M A model-based continuum treatment of ordering and spinodal decom position [J]. Acta Mater, 2001, 49: 2491-2497.
[22] Zhao J-C, Notis M R. Spinodal decomposition, ordering transform ation, and discontinuous precipitation in a Cu-15N i-8Sn alloy[J]. Acta Mater, 1998, 46: 4203-4218.
[23] Morral J E, Cahn J W. Spinodal decomposition in ternary systems[J]. Acta Metall, 1971, 19: 1037-1045.
[24] 江伯鸿, 张美华, 徐祖耀, 等. 三元系调幅分解的热力学判据[J]. 金属学报, 1990, 26 (5): B303-309.
[25] 徐祖耀, 李麟. 材料热力学[M]. 科学出版社, 2005: 200-204.
[26] 徐祖耀. 相变研究的重要性——以 spinodal 分解示例[J]. 材料热处理学报, 2010, 31 (1): 3-9.
[27] vander Waals J D, Kohnstamm P. Lehrbuch der Thermodynamik [M]. 1st ed. Maas and Suchtelen, Amsterdam, 1908: 133.
[28] 徐祖耀. 相变原理[M]. 科学出版社, 1988 年第一次印刷, 2001 年第三次印刷: 124.

导言译文

An Elementary Introduction to Spinodal Decomposition

The general concept theory and kinetics of spinodal decomposition are elementally introduced mainly based on the classical theory, i e., the thermodynamics criterion of spinodal decomposition in binary alloys is $\frac{\partial^2 G}{\partial C^2}<0$. It is emphasized to point out that the classical theory of spinodal decomposition is now facing a forceful challenge made by the new idea of Binder et al. that there is a continuous variation between nucleation growth mechanism and spinodal decomposition and the importance of his thought, The origin of spinodal name is simply discussed.

第 9 章 相变研究的重要性*
——以 Spinodal 分解示例
（为庆贺《材料热处理学报》创刊 30 周年而作）

以 Spinodal 分解为例，说明相变研究的重要意义。铁素体不锈钢中呈现 400～550 ℃时效脆性的原由为 Spinodal 分解而非有序化。介绍了含不溶区间及 Spinodal 线的 Fe-Cr 相图。Mn-Al2C 钢奥氏体经 Spinodal 分解显示抗拉强度和屈服强度分别增至 1 120MPa 和 1080MPa，伸长率约 30%，值得给予关注。Cu-15Ni-8Sn 和 Cu-15Ni-8Sn-0.2Nb 合金由于 Spinodal 分解和有序析出相呈显著强化，并具良好应力松弛，高的弹性模量和导电性。Cu-Ni-Sn 经 Spinodal 分解还会出现胞状或条状组织，称非连续 Spinodal 分解，铝合金时效时也会发生 Spinodal 分解，$Co_{45}Cu_{55}$ 薄膜通过 Spinodal 分解显示 18% 的最大巨磁阻。

9.1 概述

拙文《热处理的基本理论——相变研究的新进展（一）》有幸发表在本刊刊首（《金属热处理学报》，1980，1(1)：1；该文（二）发表在 1980，1(2)：1)[1-2]。三十年来相变研究获不少成绩，但还宜进一步呼吁相变研究的重要性，以为材料热处理和工业应用的新发展做出贡献。本文先以 Spinodal 分解为例，概略阐介相变研究的重要性。应读者要求，关于 Spinodal 分解的浅简介绍将另文发表。

9.2 铁素体不锈钢 400～550℃时效致脆原由

铁素体不锈钢，含 Cr 大于 13wt%（15at%～80at%）的不锈钢，以及双相不锈钢和用于核反应堆的不锈钢在 550℃附近时效，会发生物理性质变化，并增硬致脆。Fe-Cr 系时效时的硬度增高，如图 1～图 3 所示，分别为 Williams[3] 根据 1957 年 Williams 和 Paxton[4]，1964 年 Marcinkowski，Fisher 和 Szirmae[5]，以及 1982 年 Brenner，Miller 和 Soffa[6] 等所揭示的。

---

* 原发表于《材料热处理学报》，2010，31(1)：3-9.

第 9 章 相变研究的重要性

Fe-Cr 系的 475℃致脆现象在 20 世纪 40 年代已被多国学者所关注,如英国 Cook 和 Jones 的有关论文发表于 1943 年[7]。分析表明这和 σ 相致脆无关。有人认为这种强化是由于有序化所致[8-12],如 X 射线测得 Fe_3Cr,FeCr 和 $FeCr_3$ 等为超晶格[13],但中子衍射未能证实[3]。有人发现时效中出现反磁性相,如 Fisher 等[14]于 1953 年发表的文章中提到:在含 28.5at%Cr 钢中经 475℃时效 1~3 年后提取得到直径为 20nm、无磁性、含 Cr 约 80at%的细粒,认为 Fe-Cr 系中在 550℃以下存在不互溶区间,沉淀出共格沉淀相,形成脆性。这为 Williams 和 Paxton[4]以及 Williams[3]所证实。因此将 Fe-Cr 相图的低温部分由图 4 改成图 5[3]。

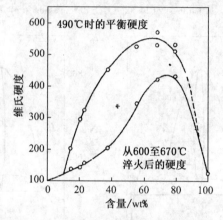

图 1　Fe-Cr 系合金淬火态及时效态的硬度[3]

(Hardness of Fe-Cr alloys as-quenched and as-aged[3])

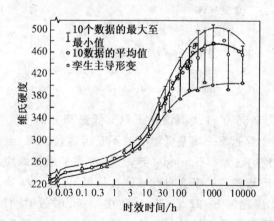

图 2　Fe-47.8at%Cr 合金经 1 000℃淬火和 500℃时效后室温所测得的硬度[5]

(Room-temperature hardness measured on a 47.8 at% Cr-Fe alloy, quenched from 1000 ℃ and aged at 500 ℃[5])

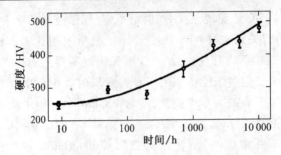

图3 Fe-32at%Cr 合金在 470℃时效时硬度的增值[6]

(Increase in hardness of Fe-32 at%Cr during aging at 470 ℃[6])

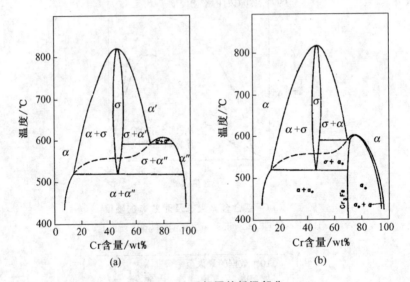

图4 Fe-Cr 系相图的低温部分

(Low-temperature phase diagram for Fe-Cr system)

(a) as orginally proposed; (b) ordering possibility

Imai 等[15]于 1966 年首次倡议在 Fe-Cr 低温部分的不互溶区间发生 Spinodal 分解。图 6[6] 显示 Fe-Cr 系低温时的不互溶区,其中列出文献[16]和[17]的计算结果所得到的区界和 Spinodal 界,后者考虑了磁性效应。铁素体不锈钢由于 Spinodal 分解致脆这一事实自此陆续被认可。

Brenner 等[6]除测得 Fe-32at%Cr 合金在 470℃时效时的硬度(见图3)外,还以场离子显微镜和原子探针检得该合金在 Spinodal 分解后呈富铁相 α 及富 Cr 相 α′,相互连接,显示较不规则的脉状组织。α′相间距 λ 及其厚度 t 随时效时间的延长而增加,经 193h 时效后分别约为 5.0nm 和 1.5nm,在经 10^4h 后分别达到 10nm 和 3nm,如图 7 所示。α' 区约含 Cr80at%至 90at%。α-α' 两相间应变较小,界面能较低。

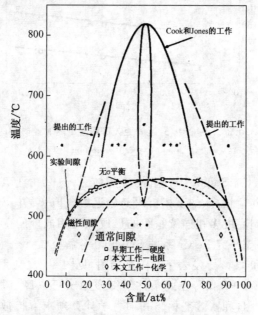

图 5　经修正的 Fe-Cr 系相图低温部分[3]
(Revised low-temperature phase diagram of the iron-chromium system[3])

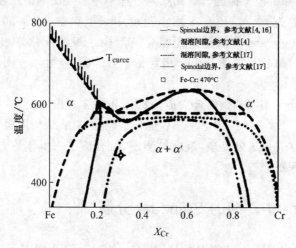

图 6　Fe-Cr 系中低温不互溶区间
(Low temperature miscibility gap in Fe-Cr system)

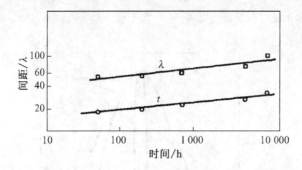

图 7 Fe-32at%Cr 合金中 α′区间距 λ 和厚度 t 随时效时间的变化[6]

(α′ region spacing λ and thickness t vs aging duration in Fe-32at%Cr alloy[6])

Fe-Cr 是一个研究 Spinodal 分解的理想体系,这是由于其点阵错配度较小(点阵应变小),而其他相变,如 σ 相析出又较迟缓。Fe-Cr 中 Spinodal 分解较缓慢,容易实验观察到高度多相连续组织的形成和两相成分的变化。为解决含 Cr 不锈钢时效致脆必需研究 Fe-Cr 系的 Spinodal 分解。

1993 年,Liu 和 Hao[18]发表了 Fe-Cr 相图,见图 8。二元系 Spinodal 分解的热力学条件为 $\partial^2 \Delta G/\partial C^2 < 0$,在此条件下溶质原子可以经上坡扩散(体系自由能下降),呈富溶质相(和富溶剂相),其动力学计算须求解扩散方程。对 Fe-Cr,实验上曾用三维原子探针(位置敏感原子探针及光学原子探针)和场离子显微镜等技术,结合计算机模拟探测分解初期及过程中原子层面的组织和成分变化,以及相界面组成情况[19-21]。还有应用小角度中子散射研究 Fe-30at%Cr 和 Fe-50at%Cr 合金 Spinodal 分解初期至粗化前阶段组织的变化,发现随着过程进行,分解速率递减,这一方面是由于相变驱动力的减小,另一方面还由于扩散系数的降低所致[22]。

17-4 沉淀硬化型不锈钢经淬火成马氏体和沉淀析出,再进行中温长期时效(如 400℃,5 000h,350℃,10 000h),也显示脆性,有人认为同属 Spinodal 分解的结果[23-24]。这类钢成分复杂,组织检测困难,有待进一步作热力学和组织、成分变化的研究探察。

9.3 Fe-Mn-Al-C 钢的 Spinodal 分解

Fe-Mn-Al-C 钢原始设想是作为 Ni-Cr 不锈钢的代用品[25]。已发现 Fe-31.6Mn-8.9Al-0.98C(wt%)合金具 Spinodal 分解[26],Fe-30Mn-8Al-1C(wt%)钢在 700～950℃间显示时效硬化,认为系 k'-碳化物(Fe、Mn)$_3$AlC$_x$ 沉淀所致[27]。Han 等[28]已揭示 Fe-30Mn-8Al-1.3C(wt%)合金奥氏体在 823K 时效

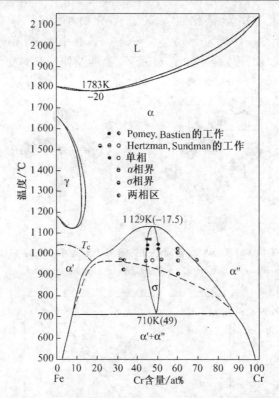

图8 计算的 Fe-Cr 平衡相图虚线显示 α+α′ 混溶间隙延伸到亚稳区[18]

(Calculated equilibrium phase diagram of Fe-Cr system Extension of the $\alpha+\alpha'$ miscibility gap into the metastable region is calculated and shown in the diagram as dashed line[18])

时,经 Spinodal 分解后,有序 k'-碳化物粒子在富碳区基体上形核。Choo 等[29]将 Fe-30Mn-7.8Al-1.3C(wt%)经 1 253K×30min 固溶处理后,淬至冰盐水,然后在 823K 的 50%NaNO$_2$-50%KNO$_3$ 盐浴中时效,通过电镜观察和 X 射线衍射分析,发现淬火之际已发生短程有序化。在时效中产生碳原子占 L1$_2$ 型体心中心的有序化,形成 L′1$_2$ 型的间隙有序结构,如图9所示。时效 10min 后的显微组织呈调幅组织,并密集分布 k'-碳化物。作者认为此钢在时效中就经受 Spinodal 分解同时呈 L′1$_2$ 的有序化,因此显示强化。经测得分解初期的调幅波长以 $n\approx4.6$ 而增长(设 λ_0 和 λ 分别为原始波长和经 t 时间时效后的波长,k 为参数,n 为标度(scaling)常数,按标度定律(scaling law)$\lambda^n-\lambda_0^n=kt$),前期由电镜选区衍射测定,至后期经 X 射线衍射测定,得 $n=2.6$,如图10所示它们的分离处约在 $\lambda=7$nm 处。分解后期,主要为 k'-粒子的长大,调幅组织迅速粗化。在经时效约 4 个月,点阵错配度增大至 0.019 9,k'-碳化物粒子长成宽片状,垂直于〈100〉基体方向,在晶界处形成粗化有序 k'-碳化物(视作 k'-碳化物和无序 α 铁素体交替的层状组织)。他们将相变程序列为 $\gamma \rightarrow \gamma_0 + k' \rightarrow \alpha + k$。其中 γ_0 指溶质贫化的 fcc 相。这钢经时效时的显微硬度变化如图11所示,强度及伸长率的变化如图12所示。

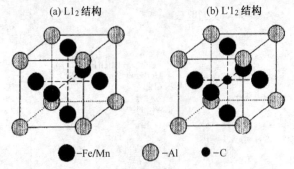

图9　Fe-30Mn-7.8Al-113C(wt%)钢面心立方基体中的有序(a)L1$_2$和(b)L$'$1$_2$结构[29]
(Ordered L1$_2$(a) and L$'$1$_2$(b) structures in fcc matrix of Fe-30Mn-7.8Al-1.3C (wt%) steel[29])

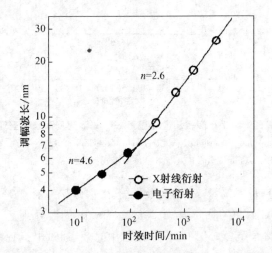

图10　Fe-30Mn-7.8Al-1.3C(wt%)钢中调幅波长为823K时效时间的函数[29]
(Modulation wavelength of aged Fe-30Mn-718Al-1.3C (wt%) steel as a function of aging time at 823 K[29])

图11及图12都显示823K时效经100min后硬度和强度加快增高,表示在 k'-碳化物有序化强化的基础上产生调幅组织的强化。经时效超过1 000min后,强度及伸长率均下降,显示 k'-碳化物的粗大和晶界相($k+\alpha$)形成的影响。这类钢经固溶处理及淬火,具屈服强度475MPa,伸长率保持在57%左右,很易加工,经适当时效,其最大屈服强度和抗拉强度分别达1 080MPa和1 120MPa,伸长率保持在30%以上,有很好应用价值,值得予以重视。

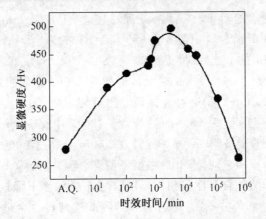

图 11　Fe-30Mn-7.8Al-1.3C(wt%)钢显微硬度变化为 823K 时时效时间的函数[29]
(Microhardness change in Fe-30Mn-7.8Al-1.3C (wt%) steel as a function of aging time at 823 K[29])

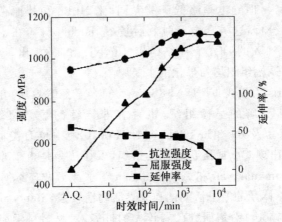

图 12　Fe-30Mn-7.8Al-1.3C(wt%)钢的拉伸性质为 823K 时效时间的函数[29]
(Tensile properties of Fe-30Mn-7.8Al-1.3C (wt%) steel as a function of aging time at 823 K[29])

9.4　高强度型 Cu-Ni-Si 弹性合金的研究

材料经 Spinodal 分解,形成富溶质相和贫溶质相,呈周期相互连接的调幅组织中,两相严格保持产生周期变化的弹性应变场,能强烈阻碍位错运动,导致材料强化[30-31]。贝尔实验室开发 Cu-9Ni-6Sn、Cu-12Ni-8Sn 和 Cu-15Ni-8Sn 等通过 Spinodal 分解获得的强度接近或超过铍青铜[32]。其中,Cu-15Ni-8Sn 在高温下具优异的抗应力松弛性,为高温电连接器中接插件的理想材料。

江伯鸿等[33]提出,Cu-15.07Ni-8.00Sn(wt%)及 Cu-14.95Ni-8.20Sn-

0.2Nb(wt%)两种合金经 800℃固溶处理后在 350℃时效 5min,抗拉强度由约 620MPa 升至 700MPa,伸长率前者为 35%,含 Nb 的为 30%;经 60～120min 时效后,Cu-15Ni-8Sn 的抗拉强度达 900～950MPa,0.2%屈服强度为 630～650MPa,伸长率为 20%;含 Nb 的合金经时效在 60min 前屈服强度增加较快,但抗拉强度在时效 60min 后稍逊前者。如经固溶处理后,加以变形,再经时效,就能迅速强化。如变形量为 56%的试样,经 400℃时效 15min,抗拉强度即达 1 370MPa,屈服强度达 1 500MPa。经时效 30min 分别达 1 400 和 1 310MPa,但伸长率很低(约为 1%)。时效 1h 后强度下降,直至 3h,约为 1 000MPa,伸长率迅速上升至 8%。两种合金性质相似,只是含 Nb 的强度下降较为缓慢。一般作为电连接器的弹性元件并不需要太高强度,因此这两种合金进行固溶时效处理即可。经测定,这两种合金经固溶时效的应力松弛在 250℃,100h 后仍保持 85%以上。从室温至 300℃,两种合金仍保持较高的弹性模量。可见其强度和弹性都高于铍青铜,但导电率略低于铍青铜,比 Ni-Be 和其他高温弹性合金优越。经电镜检测分析,这类合金经时效后呈 Spinodal 分解,在富溶质区出现超点阵斑点,当为富 Sn 的 DO_{22} 有序结构相(Cu,Ni)$_3$Sn 的析出[31],这是 Spinodal 分解后所得的细调幅组织均匀强化的主要原因。

Zhao 和 Notis[34]发现 Cu-15Ni-8Sn(wt%)合金经时效后,在晶粒内既具有正常的 Spinodal 分解的显微组织,也存在非连续的显微组织(在 51.5Cu-33.5Ni-15Fe(at%)及 69.3Cu-19.4Ni-11.1Fe(at%)中也有类似情况[35])。在 Spinodal 体系中出现胞状或层状非连续组织,以往认为是由于非连续沉淀所形成。印度学者 Ramanarayan 和 Abinandanan[36]称此为非连续 Spinodal 分解的产物,认为是由于体系的原子活动性和晶界活动性较强,Spinodal 分解时晶界迁动所造成的。Spinodal 分解研究已有较大的进展,对材料科学与工程的发展做出重要贡献。

9.5 铝合金时效中的 Spinodal 分解

Binder[37]在对 Spinodal 分解的综述总结文章内称:Al-Zn、Al-Zn-Mg 和 Al-Li 合金中的 Spinodal 分解现象曾广为研究(对 Al-Zn-Mg 的参考文献,Fratzl 和 Blaschko 以及 Komura 等的文章均载于 1988 年出版的"Dynamics of Ordering Process in Condensed Matter, New York: Plenum Press"中,本文作者一时未能查获)。一般认为铝合金的时效相变系经 GP 区→亚稳相→稳定相的形核-长大机制,在这机制中尚存在 Spinodal 分解,值得重视。南京航大 Shen 等[38]于 2008 年著文,称 7055 铝合金(Al-8～9Zn-2.2Mg-1.0Cu-0.12Zr(wt%))在

120℃时效 1~48h 后,经电镜观察,存在除球状 Al_3Zr 外,还出现 GP 区和调幅组织(沿⟨220⟩方向,分解的波长约为 1.2nm),认为 Spinodal 分解形成调幅组织,导致强化。

为了更有效地利用铝合金,对其在时效过程中的沉淀相变和连续型 Spinodal 分解的热力学、动力学、组织形态学以及强化机制须做进一步研究。

9.6 经 Spinodal 分解所研发的巨磁阻薄膜

为获得大巨磁阻薄膜,其显微组织应为均质、无晶体缺陷的基体上分布极细(纳米级)的铁磁性粒子。Mebed 和 Howe[39]制成富 Cu 基体上分布纳米级大小、富 Co 粒子的 $Co_{45}Cu_{55}$ 薄膜(将 CoCu 大块晶体热挥发在碳衬底上),经 TEM、场发射枪 TEM(装有能量发散的 X 射线光谱仪)研究原始匀质薄膜合金的 Spinodal 分解。经由室温以 2℃/min 速率加热至 204℃停留 10min,获 18%最大巨磁阻。在 Co-Cu 相图中已计算出 Spinodal 线[40]。Spinodal 分解也为巨磁阻合金发挥重要作用。

9.7 结语

由上述示例可见,Spinodal 分解对一些材料性能和应用具有显著的影响。铝合金、Ni-Al、Ni-Ti、Ni-Cr、Ni-Mo、Ni-Si、Au-Sn、Au-Pt、Cu-Ni-Fe 以及玻璃、陶瓷,如 Na_2-SiO_2、$B_2O_3-PbO(Al_2O_3)$、$Al_2O_3-SiO_2-ZrO_8$、SiC-AlN、TiO_2-SnO_2,流体混合物和聚合物混合物等都会出现 Spinodal 分解[37]。了解相变的缘起、过程才能控制材料的性质和应用。为了使材料获得高度、有效的利用。材料须受适当的热处理,以获得适当的显微组织,而热处理工艺的制定只能来自相变研究。

参考文献

[1] 徐祖耀. 热处理的基本理论——相变研究的新进展(一)[J]. 金属热处理学报,1980,1(1):1-14.

[2] 徐祖耀. 热处理的基本理论——相变研究的新进展(二)[J]. 金属热处理学报,1980,1(2):1-15.

[3] Williams R O. Further studies of the iron-chromium system[J]. Trans TMS-AIME,1958,212:497-502.

[4] Williams R O, Paxton H W. The nature of ageing of binary iron-chromium alloys around 500 ℃[J]. J British Iron and Steel Inst, 1957, 185: 358-374.

[5] Marcinowski M J, Fisher R M, Szirmae A. Effect of 500 ℃ aging on the deformation behavior of an iron-chromium alloy[J]. Trans TMS-AIME, 1964, 230: 676-689.

[6] Brenner S S, Miller M K, Soffa W A. Spinodal decomposition of iron-32at% chromium at 470 ℃[J]. Scripta Metall, 1982, 16: 831-836.

[7] Cook A J, Jones F W. The brittle constituent of the iron-chromium system[J]. J Iron and Steel Inst, 1943, 168: 217-226.

[8] Tagaya M, Nenno S, Nishiya Z. The iron-chromium superlattice[J]. Nippon Kinzoku Gakkai-Shi, 1951, B-15: 235-236.

[9] Hasumoto H, Saito H A, Sugihara M. On the anomaly of the specific heat at high temperature in the alpha phase alloys of iron and chromium[J]. Science Reports, Research Inst of Tohoku University A, 1953, 5: 203-207.

[10] Imai A, Kumada K. Study on high chromium steel, I: On the anomaly of solid solution of the iron-chromium system at high temperature II: On the alpha solid solution of Fe-Cr system at high temperature[J]. Science Reports, Research Inst of Tohoku University A, 1953, 5: 218-226; 520-532.

[11] Josso E. Interp retation of the brittleness at 475 ℃ for Fe-Cr alloys[J]. C R Acad Sci Paris, 1955, 240: 776-778. (转自[3])

[12] Pomey G, Bastein P. The transformation of iron-chromium alloys of roughly equiatomic composition [J]. Revue de etallurgie, 1956, 53: 147-160. (转自[3])

[13] Takeda S, Nagai E O. Mem Fac Eng, et al, 1956, 8: 1. (转自[5])

[14] Fisher R M, Dulis E J, Carroll K G. Identification of the precip itates accompanying 885°F embrittlement in chromium steels [J]. Trans AIME, 1953, 197: 690-695.

[15] Imai Y, Izumiyama M, Masumoto T. [J]. Sci Res Inst Tohoku University, SerA, 1966, 18: 56. (转自[6])

[16] Chandra D, Schwartz L H. Mêssbauer effect study of the 475 ℃ decomposition of Fe-Cr [J]. Metall Trans, 1971, 2: 511-519.

[17] Nishizawa T, Hasebe M, Ko M. Thermodynamic analysis of solubility and miscibility gap in ferromagnetic alpha iron alloys[J]. Acta Metall, 1976, 27: 817-828.

[18] Liu X J, Hao S M. An analysis on interaction parameters of binary solid solutions[J]. Calphad, 1993, 17: 67-78.

[19] Miller M K, Hyde J M, Hetherington M G, et al. Spinodal decomposition in Fe-Cr alloys: Experimental study at the atomic level and comparison with computermodels-I. Introduction and methodology[J]. Acta Metall Mater, 1995, 43: 3385-3401.

[20] Hyde J M, Miller M K, Hetherington M G, et al. Spinodal decomposition in Fe-Cr alloys: Experimental study at the atomic level and comparison with computermodels-II.

Development of domain size and composition amp litude[J]. Acta Metall Mater, 1995, 43: 3403-3413.

[21] Hyde J M, Miller M K, Hetherington M G, et al. Spinodal decomposition in Fe-Cr alloys: Experimental study at the atomic level and comparison with computermodels—Ⅲ. Development ofmorphology[J]. Acta Metall Mater, 1995, 43: 3415-3426.

[22] Ujihara T, Osamura K. Kinetics analysis of Spinodal decomposition p rocess in Fe-Cr alloys by small angle neutron scattering[J]. Acta Mater, 2000, 48: 1629-1637.

[23] Murayama M, Katayama, Y Hono K. Microstructural evolution in a 17-4 PH stainless steel after aging at 400 ℃[J]. Metall Mater TransA, 1999, 30: 345-353.

[24] Wang J, Zou H, Li C, et al. The Spinodal decomposition in 17-4PH stainless steel subjected to long-term aging at 350 ℃[J]. Mater Charact, 2008, 59: 587-591.

[25] Benerji S K. An Austenitic stainless steel without nickel and chromium[J]. Metal Progress, 1978, 113: 59-62.

[26] Han K H, Choo W K. Phase decomposition of rap idly solidified Fe-Mn-Al-C austenitic alloys[J]. Metall Trans, 1989, 20A: 205-214.

[27] Shun T, Wan C M, Byrne J G. A study ofwork hardening in austenitic Fe-Mn-C and Fe-Mn-Al-C alloys[J]. Acta Metall, 1992, 40: 3407-3412.

[28] Han K H, Yoon J C, ChooW K. TEM evidence ofmodulated structure in Fe-Mn-Al-C austenitic alloys[J]. Scripta Metall, 1986, 20: 33-36.

[29] Choo W K, Kim J H, Yoon J C. Microstructural change in austenitic Fe-30.0wt% Mn27.8wt%Al-1.3wt%C initiated by Spinodal decomposition and its influence on mechanical properties[J]. Acta Mater, 1997, 45: 4877-4885.

[30] Cahn J W. Hardening by Spinodal decomposition[J]. Acta Metall, 1963, 11: 1275-1282.

[31] Ditchek B, Schwartz L H. App lication of Spinodal alloys[J]. Ann Rev Mater Sci, 1979, 9: 219-253.

[32] Lougon J T. Tin and its uses, 1983, 137: 1. （转自[33]）

[33] 江伯鸿,魏庆,徐祖耀,等. Cu-15Ni-8Sn 及 Cu-15Ni-8Sn-0.2Nb Spinodal 型弹性合金的研究[J]. 仪表材料, 1989, 2 (5): 257-264.

[34] Zhao J C, Notis M R. Spinodal decomposition, ordering transformation, and discontinuous p recip itation in a Cu-15Ni-8Sn alloy[J]. Acta Mater, 1998, 46: 4203-4218.

[35] Gronsky R, Thomas G. Discontinuous coarsening of Spinodally decomposed Cu-Ni-Fe alloys[J]. Acta Metall, 1975, 23: 1163-1171.

[36] Ramanarayan H, Abinandanan TA. Grain boundary effects on Spinodal decomposition Ⅱ: Discontinuous microstructures[J]. Acta Mater, 2004, 52: 921-930.

[37] Binder K, 失稳分解. 刘伏明,译. 雷新亚,校. 材料的相变[M]. P Haason 编, 刘治国等,译. 北京:科学出版社, 1999: 407.

[38] Shen K, Yin Z M, Wang T. On Spinodal decomposition in aging 7055 aluminum alloys [J]. Mater Sci EngrA, 2008, 477: 395-398.

[39] Mebed A M, Howe J M. Spinodal induced homogeneous nanostructures in magnetoresistive CoCu granular thin films[J]. J Appl Phys, 2006, 100: 074310-1-074310-5.

[40] Koyama T, Miyazaki T, Mebed A. Computer simulations of phase decomposition in real alloy systems based on the modified Khachaturyan diffusion equation[J]. Metall Mater TransA, 1995, 26: 2617-2623.

导言译文

Significance of Phase Transformation Studies
——taking spinodal decomposition as an example

This paper illustrates the significance of phase transformation studies taking the Spinodal decomposition as an example. The 400~550 ℃ aging embrittlement in ferritic stainless steels is attributed to the Spinodal decomposition rather than the ordering, and Fe-Cr phase diagrams with miscibility gap and spidonal line are introduced. It is worthy to be noticed that the ultimate tensile strength and yield strength of Mn-Al-C steel can be increased to 1120MPa and 1080MPa, respectively, with elongation of 30% by Spinodal decomposition of austenite. Cu-15Ni-8Sn and Cu-15Ni-8Sn-0.2Nb alloys exhibit remarkable strength, good stress release ability and high elastic modulus as well as considerable electrical conductivity after subjecting Spinodal decomposition and ordered phase precipitation. In Cu-Ni-Sn system, there may appear cellular or lamellar microstructure after Spinodal decomposition and it is termed as discontinuous Spinodal. In aging process of aluminum alloy, there may occur the Spinodal decomposition. The maximum giant magnetoresistance was found to be 18% for a $Co_{45}Cu_{55}$ thin film alloy through Spinodal decomposition.

第10章　Spinodal 分解始发形成调幅组织的强化机制

总结了关于 Spinodal 分解形成调幅组织、使合金强化机制的有限文献,发现合金时效后的屈服强度主要依赖于两个沉淀相的成分差(可由点阵常数差 $\Delta\alpha$ 来表征)造成的应力场,而不依赖于调幅波长和沉淀相的体积分数。但时效过程中,合金的屈服强度与 $\Delta\alpha$ 的变化不呈线性关系。本文作者认为这和时效时调幅组织的周期性局部被破坏,使局部产生应力场的改变有关,提出屈服强度公式:$\sigma_c = \frac{MB\Delta\alpha}{\alpha}$。其中 M 包括 Taylor 因子(或 Schmidt 因子)和弹性模量相,B 表示局部应力场改变 $\frac{\Delta\alpha}{\alpha}$ 效果的因子,$\Delta\alpha$ 为两沉淀相的点阵常数差,α 为点阵常数平均值,此式及 B 值还待验证和估算。

10.1　概述

某些合金经 spinodal 分解呈现强化,如 Fe-Cr,Fe-Mn-Al-C,Cu-Ni-Fe,甚至 Al 合金等[1]。本文试图对 spinodal 分解所形成调幅组织的强化机制作一浅简评述。

10.2　现有调幅组织的强化制

1963 年以来,现有调幅组织的强化机制分为单类位错与内应力场交互作用强化,内应力强化以及混合位错与内应力交互作用强化等三类。

10.2.1　Cahn 的单类位错与调幅组织共格内应力场的交互作用导致强化

当立方晶体中位错作用于 (111)[110] 体系时,成分调幅波具有如下形式:

---

* 原发表于《金属学报》,2011,47(1),1-6.

第10章 Spinodal 分解始发形成调幅组织的强化机制

$$C - C_0 = A(\cos(\beta x_1) + \cos(\beta x_2) + \cos(\beta x_3)) \tag{1}$$

Cahn[2]列出在外应力作用下的力平衡方程(Cahn 的原始文献为[2],下式转自文献[3])为

$$\frac{\gamma \frac{d^2 y}{dx^2}}{\{1+(\frac{dy}{dx})^2\}^{\frac{3}{2}}} + \sqrt{\frac{2}{3}} A\eta Y b \sin(\frac{\beta}{\sqrt{2}}x)\sin(\frac{\beta}{\sqrt{6}}y) + \sigma b = 0 \tag{2}$$

式(1)中,C 为第二组元在 spinodal 中的浓度(原子分数);C_0 为第二组元在均匀组织中的浓度;坐标 x_i($i=1,2,3$)分别在三个<100>方向取值;A 为三维成分波幅;$\beta = \frac{2\pi}{\lambda}$,$\lambda$ 为波长。式(2)中,x,y,z 为分别平行于[110],[112]和[111]方向的坐标,第一项为由于位错的线张力所引起的力;第二项为位错与调幅组织内应力之间的交互作用;σb 表示位错与外加应力 σ 间的交互作用,b 为 Burgers 矢量大小;γ 为位错线自身的能量,可近似地表示为 Gb^2。其中,G 为切变模量;$\eta = \frac{1}{\alpha}(\frac{\partial \alpha}{\partial C})$ 表示无应力下点阵常数 α 随成分的变化;Y 可用弹性常数 C_{ij} 来表示。对<100>,有

$$Y = \frac{(C_{11} - C_{12})(C_{11} + 2C_{12})}{C_{11}} \tag{3}$$

当 $\frac{A\eta Yb}{\sigma \beta} \ll 1$ 时,位错线几乎呈直线,使螺位错或刃位错移动的临界外应力 σ^* 分别为

$$\sigma^* = \frac{A^2 \eta^2 Y^2 b}{3\sqrt{b}\ \beta\gamma} \tag{4}$$

和

$$\sigma^* = \frac{A^2 \eta^2 Y^2 b}{\sqrt{2}\beta\gamma} \tag{5}$$

可见,当以螺形位错首先启动导致形变时,Cahn 模型(式(2))指出,材料经 spinodal 分解后,其屈服强度不但决定于相变形成的新相的成分变化,还和波长 λ 有关,即涉及波幅 A,η 和 β。由于 Cahn 模型设想 spinodal 分解形成完全周期性的调幅组织,其所得的强度增量过低,见表 1[4]。这一模型表示新相成分的波长决定强度,属分解初期的现象,如 41.8Cu-44.8Ni-13.4Fe 合金中,调幅波长(富 Ni 条和富 Cu 条对的厚度,即条厚的一半就是调幅波长)的增长只在分解初期。同时,拉伸强度也显著增加,但在分解后期波长仍持续增加,而强度几无变化,如图 1 所示[5]。

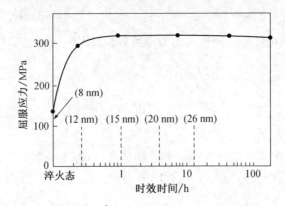

图 1 41.8Cu-44.8Ni-13.4Fe 合金 625℃ 时效时间与拉伸屈服强度曲线[5]
(Tnesile yield strength vs ageing time at 625℃ measured for 41.8Cu-44.8Ni-13.4Fe (atomic fraction,%) alloy (numbers in parenthesis designate the modulation wave length,ie.,the thickness of Ni-rich and Cu-rich platelet pairs)[5])

10.2.2 调幅组织的内应力导致强化

Dahlgren[6]根据对 Cu-Ni-Fe 时效强化的实验结果,提出其强化机制。经时效强化的 Cu-Ni-Fe 合金含富 Ni 相和富 Cu 相,交替呈四方应变小条状。共格使正常 fcc 两相形成富 Ni 相(其轴比 $\frac{c}{a}<1$)和富 Cu 相(其轴比 $\frac{c}{a}>1$),小条分别平行于三个立方面 $\{100\}$[7,8]。Dahlgren[9,10]先提出经时效 Cu-Ni-Fe 所产生的内共格应变对强化影响的模型,又对 4 种成分 Cu-Ni-Fe 合金(表 2)的时效强化作了实验和理论验证。他研究了 4 种成分 Cu-Ni-Fe 时效后沉淀相的大小及间距(由时效温度和时间决定)、体积分数(由合金成分控制)和内共格应变(决定于沉淀相的点阵常数和成分)对合金屈服强度的影响。实验显示合金的最大屈服强度决定于时效温度。随着时效温度增高,两个沉淀相成分变化,即立方点阵常数差减小,屈服强度降低,表明最大屈服强度只决定于调幅组织中内共格应变的大小,并不决定于沉淀相的大小和体积分数。结合位错作用的应力分析,提出合金经时效后的屈服强度 σ_Y 公式如下:

$$\sigma_Y = \frac{\overline{m}}{3\sqrt{6}}(C_{11} + C_{12} - \frac{2C_{12}^2}{C_{11}})\frac{\Delta\alpha}{\alpha_0} \tag{6}$$

第10章 Spinodal分解始发形成调幅组织的强化机制

表1 Spinodal合金的屈服强度增量实验值与理论值的对比

合金	原子百分数 /%	λ /nm	ΔYS_{Cahn} /MPa	ΔYS_{obs} /MPa	$\Delta YS_{Dahlgren}$ /MPa
Cu-Ni-Fe	0.33	6	3.0	70.0	255.0
	0.41	60	45.0	240.0	320.0
Cu-Ti	0.01	7	0.5	35.0	120.0
	0.03	20	12.0	320.0	360.0
Cu-Ni-Sn	0.005	5	0.4	50.0	150.0
	0.024	10	15.0	400.0	700.0

表2 Dahlgren工作所应用的Cu-Ni-Fe合金成分及沉淀相的体积分数
（富Ni相为f_1，富Cu相为f_2）

合金	原子百分数/%			体积百分数/%	
	Cu	Ni	Fe	f_1	f_2
1	54.4	36.7	8.9	0.25	0.75
2	41.8	44.8	13.4	0.50	0.50
3	30.7	52.5	16.7	0.68	0.32
4	50	35	15	0.43	0.57

式中，$\overline{m}$为在切变应力下单晶转变为多晶体的Taylor常数，C_{ij}为单晶弹性强度常数，α_0为立方沉淀相平均点阵常数，$\Delta\alpha$为沉淀相点阵常数差（文献[11]中应用$\overline{m}=2.75$和2.5，计算值和实验值很好符合，如图2所示）。合金1-3的成分选在同一成分连结线上，即在同一时效温度条件下沉淀相的成分相同，可研究时效相体积分数对强化的影响。合金4的成分可表示为$Cu_{10}Ni_7Fe_3$。合金1~3获得最大屈服强度的时效温度为450℃，最大屈服强度分别为440，435和435Mpa，合金4则为550℃和430 Mpa。Butle和Thomas[11]，Livak和Thomas[12]的工作显示，Cu-Ni-Fe时效强化决定于合金的成分，也被解释为沉淀相点阵常数差影响强度所致[5]。Dahlgren工作的结论系描述spinodal分解后期所得的最大屈服强度，因此式(6)所得的计算值与时效后期的实验值相近，但较前期（A与λ值较小时）的实验值高，如表1（表1中所示计算值采用$\overline{m}=3.0$）所示。

Butle和Thomas[11]测定了具有对称性的Cu-Ni-Fe Spinodal合金（成分大致位于伪二元系相图中Spinodal线间隙的中心，使生成的两个沉淀相的体积分数大致相同,各占约 50%),如 51.5Cu-33.5Ni-15.0 Fe,在一定温度下时效后,调幅波长和 Curie 温度 θ(代表时效相成分)和屈服强度的变化关系,如图 3 和图 4 所示。可见,当 Curie 温度基本不变时,随波长增加,屈服强度(σ)增高,如 775℃时效 2～5min,625℃时效 40～200h,即使已发生部分共格被破坏,如图 4 中 775℃时效 40h,屈服强度大致保持常数时,调幅波长仍增加,这说明强化主要由沉淀相成分决定。实验结果不符合 Cahn[2] 的调幅合金强化机制,即不符合 $\sigma_y \, vs \, (\theta_c^2)$ 关系。他们认定屈服强度的增高与沉淀相的大小无关,仅与沉淀相的 $\frac{\Delta \alpha}{\alpha}$ 有关,似牵强地符合 Mott-Nabarro 的强度决定于内应力的模型[13],虽然该模型仅表述少量球状沉淀相组织对强度的贡献,即 $\sigma_y \approx Gf \frac{\Delta \alpha}{\alpha}$($G$ 为切变模量,f 为沉淀相的体积分数)。列出的该合金的屈服强度与 Curie 温度(和 $\frac{\Delta \alpha}{\alpha}$ 同义,决定于合金成分的改变)的关系,如图 5 所示。该图表明:虽然大多实验数据符合线性关系,但在 625℃时效的大多数据不呈线性规律。

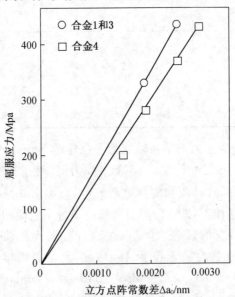

图 2 Cu-Ni-Fe 合金经一定温度时效时的最大屈服强度与两个沉淀相立方点阵常数差 $\Delta \alpha$ 的关系[11]

(Yield strength vs difference in cubic lattice parameters of two precipitates in Cu-Ni-Fe alloys aged to maximum yield strength at a given temperature (o and are measured experimentally and solid lines are calculated)[11])

第10章 Spinodal 分解始发形成调幅组织的强化机制

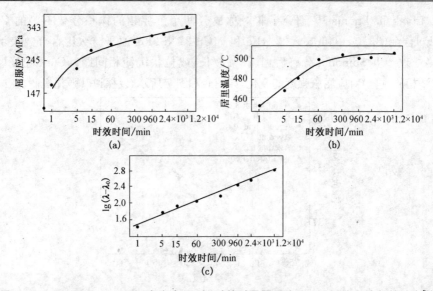

图3 51.5Cu-33.5Ni-15.0Fe 合金在 625℃ 时效时屈服强度、Curie 温度和波长的改变[11]
(The changes in yield stress(a), Curie temperature (b) and wave length (c) as 51.5Cu-33.5Ni-15.0Fe alloy is aged at 625℃ [11])

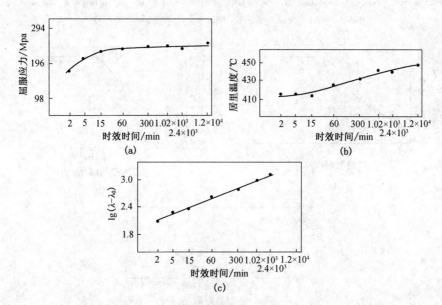

图4 51.5Cu-33.5Ni-15.0Fe 合金在 775℃ 时效时屈服强度、Curie 温度和波长的改变[11]
(The changes in yields stress (a), Curie temperature (b) and wave length (c) as 51.5Cu-33.5Ni-15.0Fe alloy is aged at 775℃ (coherency is initially lost after 17 h when $\lambda \approx 1000$ nm and after 200 h dislocation networks and formed)[11])

Livak 和 Thomas[12]研究了非对称成分两个沉淀相的体积分数不等的 Cu-Ni-Fe 合金(32.0Cu-45.5Ni-22.4Fe 和 64Cu-27Ni-9Fe,原子分数用百分数表示)经热处理产生 Spinodal 分解后,其调幅波长(或粒状沉淀相间距),Curie 温度(富 Ni-Fe 相的成分)对应屈服强度的变化,如图 6 和图 7 所示,以探讨其强化机制。

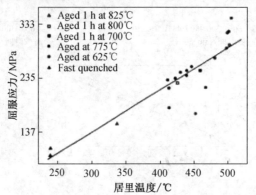

图 5 51.5Cu-33.5Ni-15.0Fe 合金淬火后经 625~825℃ 时效不同时间的屈服强度与 Curie 温度的关系[11]

(Plot of yield stress vs Curie temperature for 51.5Cu-33.5Ni-15.0Fe alloy quenched and then aged for different times at temperatures between 625℃ and 825℃ [11])

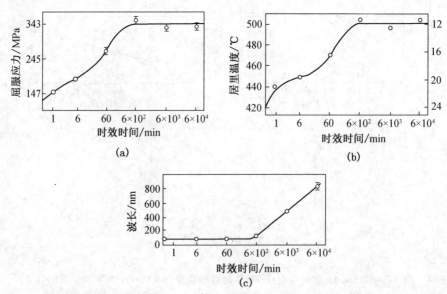

图 6 32.0Cu-45.5Ni-22.4Fe 合金在 625℃ 时效时,其屈服强度、Curie 温度和波长的改变[12]

(The changes in yields stress (a), Curie temperature (b) and wave length (c) for 32.0Cu-45.5Ni-22.5Fe alloy aged at 625℃ [12])

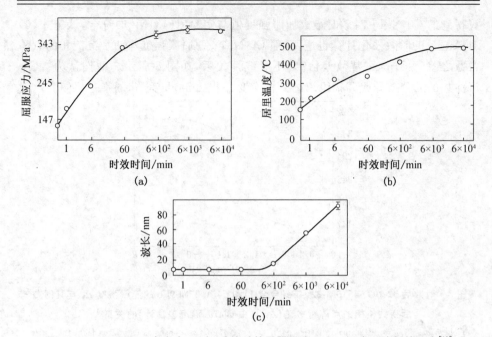

图7 64Cu-27Ni-9Fe 合金在625℃时效时其屈服强度、Curie温度和波长的改变[12]

(The changes in yield stress (a), Curie temperature (b) and wave length (c) for 64.0Cu-27Ni-9Fe alloy aged at 625℃[12])

对照图3和图6可见,对称成分合金和非对称成分合金在625℃时效后都呈现出屈服强度约为343MPa,可见强度不决定于时效相的体积分数。由图3,4和图6,7的实验结果比较,两类合金的强度性质和Currie温度、波长的变化趋势大体相同。但后者的分解动力学较缓慢,且波长在时效初期一般保持不变,强度增高停止时才开始增加,显示强度增加也不依赖于波长,而决定于沉淀相的成分。电镜观察显示,Cu-Ni-Fe 中含少量(体积分数为 0.25)相的组织,还是高度连结的,位错必须通过共格界面,因此强度就不依赖于体积分数。而Mott-Nabarro 模型中,屈服强度与体积分数(f)呈正比。沉淀相的成分改变由两沉淀相三类参量差来表征:层错能、切变模量和点阵常数的改变。按 Hirsch 和 Kelly[14]的层错能强化机制,屈服强度均为层错能差($\gamma_2 - \gamma_1$)与$1/b$的乘积,对 Cu-Ni-Fe来说约为$1\times 10^5 \text{J/cm}^2 \times \frac{1}{253}\text{nm}^{-1}$,得屈服强度为395MPa,似与实验值相近,但Au-Pt 的($\gamma_2 - \gamma_1$)小于490MPa[15],而屈服强度却在 Cu-Ni-Fe 的一倍以上[16],因此层错强化模型并不普适。Fleischer[17]以两相切变模量差计算强度的公式能得到 Cu-Ni-Fe 的实验强度提高值,但未必适用于 Au-Pt[12]。Livak 和 Thomas[12]将 Cu-Ni-Fe 参量应用于 Dahlgren 共格应变强化的计算式(式(6),计算得到的 Cu-Ni-Fe 时效时最大屈服强度值与实验值(431MPa)符合,认定式(6)对 Au-Pt 的时效强化计算也适用,但 Cu-Ni-Fe 的屈服强度与两个沉淀相的点阵常数之差(由 Currie 常数差估算)不呈线性关系,如图 8 所示。他们认为:两个沉淀相的成分差异或调幅组织的共格应变并非 spinodal 强化的唯一机制。

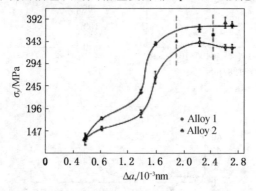

图 8 时效后 32.0Cu-45.5Ni-22.4Fe(合金 1)和 64Cu-27Ni-9Fe 的屈服强度 σ_y 与其时效后两共格相的点阵常数差($\Delta\alpha$)(由 Currie 温度差估计)的关系[12]

Yield stress (σ_y) vs difference in lattice parameters ($\Delta\alpha$) of two phases as estimated from the Curie temperature data in aged 32.0Cu-45.5Ni-22.5Fe (alloy 1) and 64Cu-27Ni-9Fe (alloy 2)[12])

10.2.3 混合位错与共格内应力的交互作用

鉴于 Cahn[2] 的单位错模型,以式(1)~(3)计算所得的屈服强度过低(低于实验值一个数量级)。其中,屈服强度正比于 $A^2\lambda$ 也未经证实。Kato 等[3] 提出了 fcc 合金混合位错与调幅组织共格内应力交互作用模型,由于混合位错主要沿着内应力区分布,其移动阻力最大;刃位错或螺位错经较低应力作微屈服时,受阻于钉扎,转向混合位错,使启动阻力增大。位错在施加应力作用下的平衡形状为周期性的,按式(2),当线性位错在一定临界应力 σ_c 下不能获得周期性解时,这个 σ_c 值即作为屈服强度,他们以混合位错平均倾斜为 $\sqrt{3}$,按旋转坐标系进行计算,由式(2)推导近似解,得屈服强度为

$$\sigma_c = \frac{A\eta Y}{\sqrt{6}} \tag{7}$$

式(7)显示 spinodal 合金的屈服强度不依赖于调幅波长(λ),以 $Y=11.48\times 10^{10}$ N/m²(纯 Cu 的数据),可得式(7)的计算结果与实验结果较好符合(误差不到一倍),如图 9 所示(图中与 Cu-34Ni-15Fe,Cu-5Ti 和 Cu-10Ni-6sn 有关的文献分别为[11],[18]和[19])。

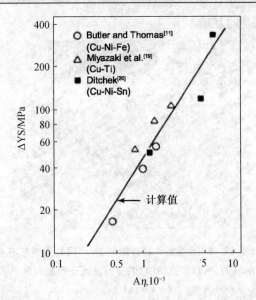

图 9 一些 Spinodal 合金的实验屈服应力增值（ΔYS）与 A_η 的关系

(The experimental data of incremental yield stress ΔYS respect to A_η in several spinodal alloys (solid line is based upon equation (5) by employing $Y=11.48\times 10^{10} N/m^2$)[3])

其他还有不少学者提出作用于位错的力，也可作为强化机制，如 Ditchek 和 Schwartz[20] 提出点阵错配的概念，实际上这也包含在调幅组织的内应力范围内[3]。Hanai 等[21] 以界面能导致强化的概念，由于调幅组织由成分涨落，而不是由不同原子排列来表征，故认为没有必要将界面能以及位错自应力作用做过高估算[3]。

10.3 结论

经梳理上述有限的文献资料，获得了如下一些启示：

Cahn[2] 从理论上推出，经 Spinodal 分解形成调幅组织（设想分解开始时调幅波长就开始增长，并假定调幅组织中两相呈现理想的周期性），其内应力的决定因子为调幅波长 λ，成分波幅 A，沉淀两相点阵常数的改变 η，使 Spinodal 分解后合金的临界应力随 $A^2\eta^2\lambda$ 增加而增加，因此合金的屈服强度决定于调幅波长和两相成分的改变。计算所得屈服强度低于实验值一个数量级[4]，$A^2\lambda$ 决定强度的结论也未得到实验证实[5,9-12]。实验显示，非对称成分的 Cu-Ni-Fe 合金时效，两个沉淀相成分已呈显著差别时，其调幅波长尚未明显变化，如图 6[12] 所示。调幅组织中两相组织常偏离周期性，如图 10[11] 中 A 和 B 所示。但 Cahn 模型[2]

可作为讨论强化机制的基础。

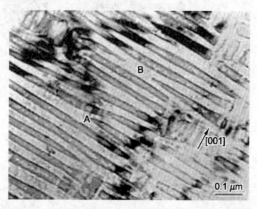

图 10　51.5Cu-33.5Ni-15.0Fe 合金经 775℃ 时效 5h 出现的周期性不完整现象(A 和 B)，薄膜的(001)面上的[110]方向垂直于薄膜表面[11]

(Imperfections in periodicity (at A and B for example) in 51.5Cu-33.5Ni-15.0Fe alloy aged for 5h at 775℃ (the orientation of the fail is [110] with the (001) planes perpendicular to the foil surface))

Cu-Ni-Fe 经 Spinodal 分解的较多实验数据显示,对称成分合金与非对称成分合金屈服强度的增量,即调幅组织的内应力,主要决定于沉淀相组织成分的差异[3,5,9-12],如式(6)。经同一温度时效后的屈服强度相等,显示体积分数也并不影响强化。式(6)是由所得实验数据参照 Mott-Nabarro 模型[13]得出的,但 Mott-Nabarro 式中含有沉淀相体积分数的因子。由式(6)计算所得最大屈服强度值依赖于两个沉淀相点阵常数差 $\Delta\alpha$,与实验值相近[5,11,12],但屈服强度与 $\Delta\alpha$ 不呈线性关系,如图 8[12]所示。

Kato 等[3]以混合位错启动作为宏观屈服,得到屈服强度正比于 A_η 的式(7),其计算结果与合金时效后的实验值符合,如图 9[3]所示。按 $\frac{\Delta\alpha}{\alpha}$ 相当于 $6A_\eta$,则图 9 显示屈服强度决定于 $\frac{\Delta\alpha}{\alpha}$,但时效期间 $\Delta\alpha$ 与屈服强度不呈线性关系,详见上述。本文作者设想,这可能由于时效期间形成调幅组织的周期性常被破坏之故,即局部区间的应力场增高或降低,致 $\frac{\Delta\alpha}{\alpha}$ 效果增加或减少。据此,提出屈服强度计算式如下:

$$\sigma_c = MB\frac{\Delta\alpha}{\alpha} \tag{8}$$

式中,M 包括 $\overline{m}$ 和弹性常数项,B 一般等于 1,但当局部地区出现周期性破坏,影响应力场增加或降低,使 $\frac{\Delta\alpha}{\alpha}$ 效果增加或减弱时,$B>1$ 或 <1。这样,在时效期间,随 $\frac{\Delta\alpha}{\alpha}$ 值的增高,屈服强度有时会保持不变、较少增加或突然增加,显示屈服强度与 $\frac{\Delta\alpha}{\alpha}$ 的非线性关系。式(8)及 B 值的确定有待验证。

在文献[11]的 Cu-Ni-Fe 电镜照片中,能见到螺位错和混合位错,以前者居多。螺位错经旋转、合并能成为混合位错。Kato 等[3]提出的以混合位错运动作为宏观屈服,单类位错启动仅作微观屈服,以及调幅组织是否有利于混合位错的形成问题,也都有待验证。当然,启动混合位错运动的阻力较大,使求得的屈服强度值增加,他们所得的式(8)也有其重要参考价值。

参考文献

[1] Xu Z Y. Trans Mater Heat Treat.[J]. 2010;31(1):3(徐祖耀. 材料热处理学报,2010;31(1):3.
[2] Cahn J W. [J]. Acta Metall,1963;11:1275.
[3] Kato M,Mori T,Schwarrtz L H. [J]. Acta Metall,1980;28:285.
[4] Ditchek B,Schwartz L H. [J]. Ann Rev Mater Sci,1979;9:219.
[5] Hillert M,Cohen M,Averbach B L. [J]. Acta Metall,1961;9:536.
[6] Dahlgren S D. [J]. Metall Trans,1977;8A:347.
[7] Bradley A J. [C]. Proc Phys Soc,1940;52:80.
[8] Hargreaves M E. [J]. Acta Crystallogr,1951;4:301.
[9] Dahlgren S D. PhD Thesis,UCRL Report No. 16846,Uni-versity of California,Berkeley,Calif.,1966(转自[11]).
[10] Dahlgren S D. [J]. Metall Trans,1976;7A:1661.
[11] Butler E P,Thomas G. [J]. Acta Metall,1970;18:347.
[12] Livak R J,Thomas G. [J]. Acta Metall,1971;19:497.
[13] Mott N F,Nabarro F R N. [C]. Proc Phys Soc;52:86.
[14] Hirsch P B,Kelly A,[J]. Philos Mag,1965;12:881.
[15] Dillamore J L,Smallman R E,Roberts W [J]. J. Philos Mog,1964;9:517.
[16] Carpenter R W. [J]. Acta Metall,1967;15:1297.
[17] Fleischer R L. Electron Microscopy and Strength of Crystals.[M]. Hoboken:Wiley,1963:980.
[18] Miyazaki T,Yajima E,Suga H. [J]. Trans Jim,1971;12:119.
[19] Ditchek B. [D]. PhD Thesis,Northwestern University,Evanston,IL.,USA,1978(转自[20]).

[20] Ditchek B, Schwartz L H. [C]. Proc 4th Int Conf Strength of Metals and Alloys, 1976; 3: 1319.

[21] Hanai Y, Miyazaki T, Mori H. [J]. J Mater Sci, 1979; 14: 599.

导言译文

Strenthening Mechanism of Modulated Structure Initiated By Spinodal Decomposition

Through reviewing of a limited number of literatures regarding Strengthening mechanism of modulated structure initiated by spinodal decomposition it is found that the yield strength of aged alloy is mainly dependent on stress field built by the composition different between two precipitate phases which can be characterized by difference between lattice parameter Δa and is independent on modulate wave length and volume fraction of precipitate phase. However, in the ageing courses, the changes in yield stress and Δa did not show a linear relationship. The present author considers that this may be attributed to the local destruction of periodicity of modulated structure, causing change in stress field during ageing and suggests a yield stress equation: $\sigma_c = \dfrac{MB\Delta a}{a}$, in which M denotes a sum factor including Taylor (or Schmidt) factor and elastic constants, B, a factor represent the response of local stress field changed the function of $\dfrac{\Delta a}{a}$, Δa, the difference between lattice parameters of two precipitate phases and a, the aversge lattice parameter. This equation and the B value need to be confirmed and estimated.

第 11 章　应力作用下的相变*

水静压抑制 Fe-C 和钢中体积膨胀型相变,如铁素体、珠光体、贝氏体和马氏体相变。单向应力促发铁素体和珠光体相变,拉应力的效果尤为显著。0.38C-Cr-Mo 钢中,铁素体、珠光体和贝氏体相变在应力下的动力学,可由 Johnson-Mehl-Avrami 方程中加入应力因子经修正来描述。由于铁素体和珠光体的化学驱动力小,应力所做膨胀功使形核率(J^*)增高和孕育期 τ 缩短。而贝氏体相变中,可能由于应力下碳自奥氏体贫化,或减少相界面能,从而使 τ 增高和 τ 缩短,待试验予以证明。水静压对 M_s 温度影响的定量描述因不同材料而异。列出 Patel-Cohen 所建立的 $dM_s/d\sigma$ 方程及本文作者提出的应力影响 M_s 的方程。应力诱发马氏体会改变其晶体学及形态,提出以形核率的数值来判定其形态。奥氏体的力学稳定化在马氏体相变中主要由于奥氏体强化所导致,在贝氏体相变中却主要由于晶体学阻碍长大所造成的。

11.1　概述

学者们在 20 世纪 40 年代已关注应力对钢中相变的影响,如 1945 年 Cottrell[1] 在做合金钢的力学性质实验时,注意并发现到应力促发贝氏体相变,并引述了早期的工作,如 Hall(1929),Aborn 和 Bain(1930)以及 Nishiyama(1936) 等工作,认为高合金钢中奥氏体在室温下变形、加速 $\gamma \rightarrow \alpha$ 相变已为熟知的事实。1948 年,Guarnieri 和 Kanter[2] 研究了合金钢大铸件中的内应力加速残余奥氏体的贝氏体相变。Howard 和 Cohen[3] 同年报道了马氏体的形成促使奥氏体→贝氏体相变。1949 年,Jepson 和 Thompson[4] 较系统地揭示了共析钢在外加应力(尤其是拉应力)下加速奥氏体等温分解,认为应力有利于铁素体的形核。20 世纪 50 年代以来,学者们对钢在应力下的相变进行了较多的研究。柯俊等[5,6] 发现,钢试样表面易促使贝氏体相变,表明释放本身内部的压力,有利于膨胀型相变。20 世纪 60 年代兴起的形变热处理涉及应力对相变的影响。

当前研究应力作用对相变的影响,除在理论上能进一步揭示相变机制外,

---

* 原发表于《热处理》,2004,19(2):1-17.

在实用上还基于以下的考虑：①了解材料在应力作用下发生结构和性能改变的可能性及其情况，包括晶粒细化，如钢的控制轧制及超级钢（新一代钢）的生产；②了解材料热处理中引入应力对组织和性能的影响；③为塑性成形与热处理一体化工程提供理论基础。此项一体化工程经倡议[7]，并初步探讨其理论基础[8]，值得进一步研究，促进实施，以减少环境污染，节约人力、时间、能源和原材料，为材料工业（尤其是钢铁工业）的持续发展做出贡献。目前关注的薄膜材料和纳米材料的结构和相变，也都与应力作用有密切关系。

本文介绍钢在应力（水静压力及单向应力）作用下的铁素体、珠光体和贝氏体相变的动力学特征，应力对铁基合金及具有热弹性马氏体相变的形状记忆合金(Cu-Al-Zn)M_s温度的影响，以及对铁基合金马氏体形态和晶体学的影响，并作了讨论。应力下相变的理论和建模将另文发表。应力作用对各类沉淀相变具有重要的影响，拟另作讨论。本文不涉及应力下的再结晶及相变时产生的相变塑性和内应力。

11.2 应力作用下的铁素体和珠光体相变

Hillard[9]于1963年发表水静压对Fe-C平衡图影响的文章，如图1所示。显示压力阻碍$\gamma \to \alpha$膨胀型相变，促发γ中析出Fe_3C的收缩型相变，降低共析温度并将共析点移向低碳。20世纪六七十年代很多工作[9~13]显示了钢的TTT图和CCT图因受压力而向右移，如图2(Schmidtmann等1977[13])所示。由Clausius-Clapeyron方程能大致解释压力对相变温度的影响[14]。将压力功作为膨胀型相变阻力，使减弱相变驱动力就能对相变温度的变化做出较精确的计算。单轴（拉、压）应力促使钢中铁素体和珠光体相变[10~15]。Kehl和Bhattacharyya1956年的工作[15]揭示：拉应力增大共析钢中珠光体的形核率，略微减小珠光体的片间距和增加亚共析钢中铁素体的形核率，并显示在亚共析钢中，在应力下，铁素体相变动力学几乎成线性增长，较珠光体迅速，如图3所示。拉应力使共析钢珠光体相变和贝氏体相变的孕育期缩短，如图4所示。原作者都未分析其原因。在20世纪80年代之前，对相变动力学已有不少研究[16]，但直至1985年Inoue等[17]和1987年Denis等[18]才建立应力下珠光体相变动力学模型。这两个模型适用于小应力下珠光体相变动力学，被广泛引用，但均未发表其推导过程，也都未涉及铁素体相变，其精度也属疑问。叶健松等[19]将0.38C-Cr-Mo钢在Gleeble3 500热模拟机上做单轴压应力(0~40MPa)下铁素体和珠光体相变动力学实验，并将Johnson-Mehl-Avrami方程[20~23]扩展为应力下铁素体和珠光体等温相变的动力学模型：

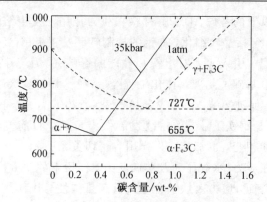

图1 水静压力对 Fe-C 平衡图的影响

注:1 bar=10^5 Pa;1 latm=1.013 25×10^2 J

(Effect of hydrostatic pressure on Fe-C equilibrium phase diagram)

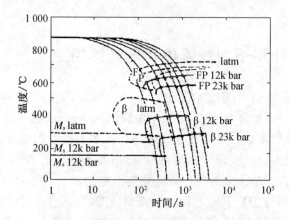

图2 压力对 50Cr-4V 钢(880℃ 奥氏体化 5min)CCT 图的影响

(Effect of pressure on CCT diagram of 50Cr-4V steel austenitized at 880 ℃ for 5min)

$$f = 1 - \exp[-b(\bar{\sigma})t^n] \tag{1}$$

其中,f 为相变分数,$b(\bar{\sigma})=b(0)(1+A\bar{\sigma}^B)$,$\bar{\sigma}$ 为等效应力,t 为时间,$b(0)$ 及 n 为常数,$b(\bar{\sigma})$ 为应力 $\bar{\sigma}$ 下的 b 参量,参数 n 与无应力时几乎相同,n 值因温度而改变。A 和 B 由实验数据回归得到,对铁素体相变,$A=0.036$,$B=1.05$;对珠光体相变,$A=0.028$,$B=0.5$。按(1)式计算结果与实验值很好符合[19],如图5,6和图7所示。参照 Denis 等[24]对共析碳钢所得应力下珠光体相变的动力学实验结果,并由该钢的 TTT 图,得 663℃ 和 673℃ 等温时的 $b(0)$ 分别为 $3.084×10^{-8}$ 和 $1.147×10^{-8}$,n 值分别为 3.84 和 3.66[25];拟合 Denis 等的实验数据,得共析钢的 A 和 B 值分别为 0.02 和 1.55[19]。按(1)式所得的计算结果,也与实验值较

第 11 章　应力作用下的相变

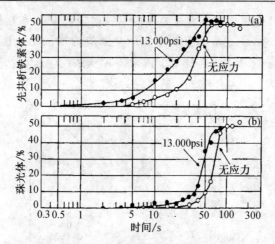

图 3　AISI 10B45 钢(0.48C-0.25Si-0.05Ni-0.05Cr-0.003B-0.015P-0.030Swt%)在 1 253°F
(678.3℃)时的等温相变曲线

(a) 先共析铁素体；(b) 珠光体(1psi＝6.8948×10³Pa).

(Reaction curves of AISI 10B45 steel(0.48C-0.25Si-0.05Ni-0.05Cr-0.003B-0.015P-0.030S wt%)
isothermally transformed at 1253°F(687.3℃)）

(a) proeutectoid ferrite；(b) pearlite (1psi＝6.8948×10³Pa)

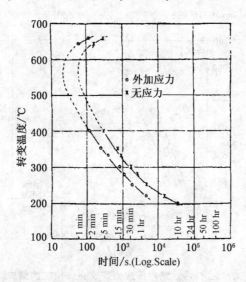

图 4　0.84C 共析钢在 150MPa(10ton/in²)拉应力下和无应力下的 TTT 图(相变开
始)。○外加应力，× 正常相变

(TTT diagrams (transformation begining) for tensile stressed and normal quenches in a 0.84C
eutectoid steel ○ transformation under stress，× normal transformation)

好吻合,见图8。证明(1)式可表述为应力下铁素体和珠光体等温相变的动力学模型。0.38C-Cr-Mo 钢在应力下铁素体相变随应力增加呈线性加速,而珠光体相变呈指数 $\exp(\bar{\sigma}^{0.5})$ 变化,这是由于铁素体相变系纯膨胀型相变,而珠光体相变中渗碳体的析出,使基体收缩,系非纯膨胀型。

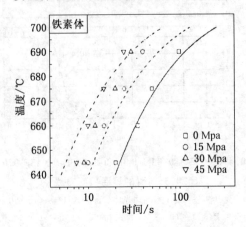

图 5 0.38C-Cr-Mo 钢在压应力下铁素体相变开始温度

(Starting temperatures of ferrite formation undercompressive stresses in 0.38C-Cr-Mo steel
△,▽,○,□,represent experiment data, lines-calculated results)

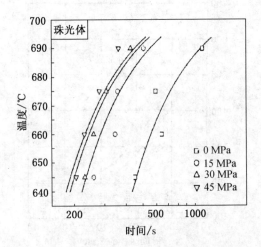

图 6 0.38C-Cr-Mo 钢在压应力下珠光体相变的结束温度

(Finishing temperatures of pearlite transformation under compressive stresses in 0.38C-Cr-Mo steel
△,▽,○,□,represent experiment data, lines-calculated results)

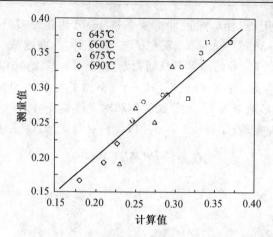

图7 0.38C-Cr-Mo钢在不同等温温度(645,660,675和690℃)和不同压应力(0,15, 30和45MPa)下铁素体体积分数的计算值和实测值

(Comparison of metallographic measurement of volumefractions of ferrite with calculated results in 0.38C-Cr-Mo steel isothermally formed at different temperatures (645,660,675 and 690℃) and under various pressures (0,15,30 and 46MPa))

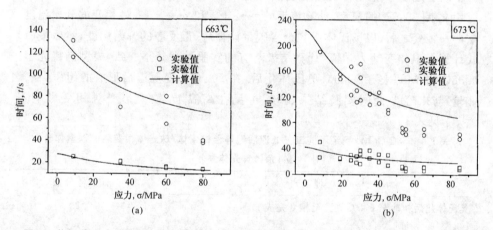

图8 共析碳钢在应力下、在663℃和673℃等温时,珠光体相变开始和结束时间的计算和测定结果(取自文献[24])

(Measured and calculated results of beginning time of pearlite transformation vs applied stress in a euctectoid carbon steel at isothermal temperature (a) 663℃ and (b) 673 ℃ (experimental data from literature [24]))

上述小应力作用下拟合实验结果的动力学方程中,A 和 B 的数值因不同钢种而异,在建模和模拟工作中需要参照已有资料,并需做相当量的实验。为便于工程工艺的设计,应力下铁素体和珠光体相变的建模和模拟工作尚待进一步推进。

在大应力作用下，使母相范性形变条件下，已建立较多的动力学模型，如Umemoto[26]、Yoshie[27]、Saito[28]、Z. Liu[29]、李自刚[30]、曲锦波[31]、J. S. Liu[32]和Hanlon[33]，大多以Cahn的晶界形核动力学方程[34]为基础，加以引申，它们的精度和普适性均待考虑。我们对0.38C-Cr-Mo钢做了大应力（变形温度为900℃，变形量达0.4，变形速率为4/s）下，铁素体和珠光体相变（自900℃变形后快冷到675℃或645℃）的实验（Gleeble3500）并以（2）～（4）式计算变形后的贮存能：

$$\Delta G_d = \frac{1}{2}\mu b^2 \rho V_r \quad (\varepsilon \leqslant \varepsilon_c) \tag{2}$$

$$\Delta G_d = \frac{1}{2}\mu b^2 \rho V_r (1-f_{dyx}) + \frac{3\gamma}{\delta} V_r f_{dyx} \quad (\varepsilon_c \leqslant \varepsilon \leqslant \varepsilon_s) \tag{3}$$

$$\Delta G_d = \frac{3\gamma}{\delta} V_r \quad (\varepsilon \leqslant \varepsilon_c) \tag{4}$$

（3）式用于动态再结晶情况。式中，V_r为奥氏体摩尔体积，ρ为位错密度，μ为切变模量，b为柏氏矢量，γ为亚晶的面际能，δ为亚晶粒的直径，ε_c为临界应变，ε_s为稳态应变，f_{dyx}为动态再结晶分数。按文献[35]方法计算位错密度，式中参数由不同温度T实验测得的流变曲线导得，将形变贮存能附加于化学驱动力上，应用文献[36,37]的模型，计算该钢的$\gamma \rightarrow \alpha + \gamma'$和$\gamma \rightarrow \alpha + Fe_3C$相变的开始温度。在前一相变之后，以奥氏体中剩余含碳量计算后，得反应的开始温度，然后按（1）式计算等温相变动力学值，计算结果与有的实验数据颇不一致，模型尚待完善。0.38C-Cr-Mo钢经1 200℃奥氏体化后，在900℃形变等温后形成的组织（铁素体量）与未经形变的实验结果比较，可见在高温下，较大形变对相变影响不大[38]，见表1。

表1 0.38C-Cr-Mo钢经不同工艺处理后经等温铁素体/珠光体相变后的铁素体含量（余为珠光体量）

处理工艺	铁素体分数
奥氏体化后快冷至675℃等温至相变完成	0.23
奥氏体化后以5℃/s冷却至900℃，经变形0.4（形变速率4/s）后，快冷至675℃等温至相变完成	0.33
奥氏体化后快冷至645℃等温至相变完成	0.28
奥氏体化后以5℃/s冷却至900℃，经变形0.4（形变速率4/s）后，快冷至645℃等温至相变完成	0.31

叶健松等[39,40]根据Rappaz形核的积分模型[41]和扩散控制长大动力学，提出一个新的描述连续冷却条件下铁素体析出的动力学模型及其显微组织的模拟

方法，对 0.38C-Cr-Mo 钢在 30MPa 压应力作用及 900℃大变形（形变量 0.4，变形速率 4/s）下，经不同速率冷却后，试样心部铁素体相变的动力学做了计算，对所得组织做了模拟，其结果分别如图 9～12 所示，可见计算模型和模拟方法卓有成效。

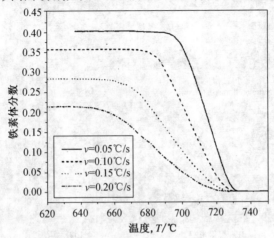

图 9 0.38C-Cr-Mo 钢在压应力（30MPa）作用下，经不同冷却速度冷至室温后试样心部铁素体的相变动力学

(Kinetics curves of ferrite transformation in thecore of the sample of 0.38C-Cr-Mo steel cooled to room temperature with different cooling rates under ompressive stress(30MPa))

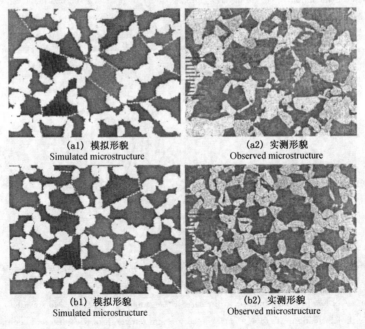

(a1) 模拟形貌　　　　　　　　　　(a2) 实测形貌
Simulated microstructure　　　　　Observed microstructure

(b1) 模拟形貌　　　　　　　　　　(b2) 实测形貌
Simulated microstructure　　　　　Observed microstructure

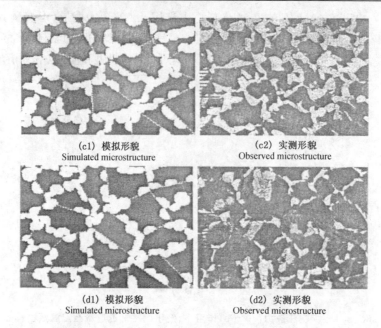

图 10 0.38C-Cr-Mo 钢在压应力(30MPa)作用下,自 900℃ 以冷却速度为(a) 0.05℃/s、(b) 0.1℃/s、(c) 0.15℃/s 和(d) 0.2℃/s 冷却至室温后金相组织的模拟(a1,b1,c1,d1)和实验(a2,b2,c2 和 d2)形貌的金相照片(白—铁素体,黑—其他相)(100×)

(Microstructural simulation(a1,b1,c1 and d1) and experimental(a2,b2,c2 and d2) metallographs (white is ferrite; black, oher phases) for 0.38C-Cr-Mo steel cooled from 900℃ to room temperature with cooling rates a) 0.05℃/s, b) 0.1℃/s, c) 0.15℃/s and 0.2%/s under small compressive stress (30MPa) 100×)

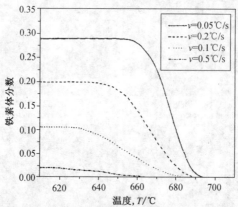

图 11 0.38C-Cr-Mo 钢经 900℃ 变形 0.4(变形速率 4/s),以不同冷却速度冷至室温后试样心部铁素体的相变动力学

(Kinetics curves of ferrite transformation in the core of the sample of 0.38C-Cr-Mo steel deformed 0.4 at 900℃ (with deformation rate of 4/s) and cooled to room temperature with different cooling rates)

第 11 章 应力作用下的相变

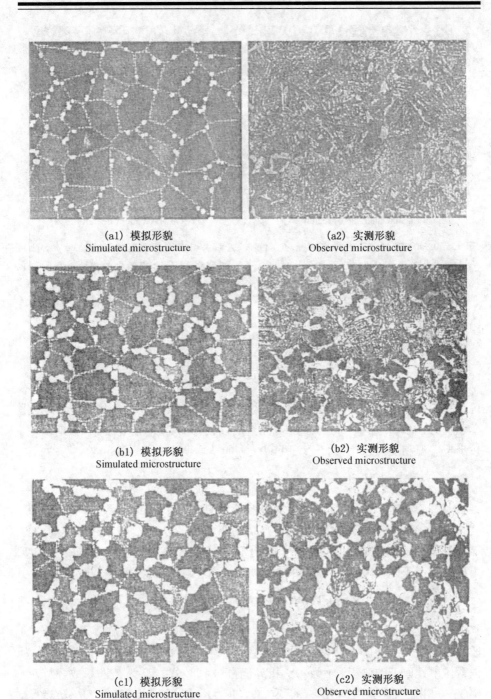

(a1) 模拟形貌
Simulated microstructure

(a2) 实测形貌
Observed microstructure

(b1) 模拟形貌
Simulated microstructure

(b2) 实测形貌
Observed microstructure

(c1) 模拟形貌
Simulated microstructure

(c2) 实测形貌
Observed microstructure

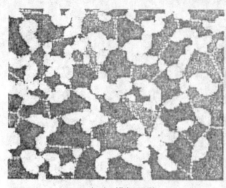

(d1) 模拟形貌　　　　　　　　　　(d2) 实测形貌
(Simulated microstructure)　　　　(Observed microstructure)

图 12　0.38C-Cr-Mo 钢经 900℃ 变形 0.4(变形速率 4/s)以冷却速度为(a) 0.5℃/s，(b) 0.2℃/s，(c) 0.1℃/s 和(d) 0.05℃/s 冷却到室温后，金相组织的模拟(a1,b1,c1 和 d1)和实验(a2,b2,c2 和 d2)形貌的金相照片(白—铁素体，黑—其他相)(100×))

(Microstructural simulation (a1,b1,c1 and d1) and experimental(a2,b2,c2 and d2) metallographs(white is ferrite; black,other phases) for 0.38C-Cr-Mo steel deformed 0.4 at 900℃ (with deformation rate of 4/s) and cooled to room temperature with ccooling rates of (a) 0.5℃/s, (b) 0.2℃/s, (c) 0.1℃/s and (d) 0.05℃/s 100×)

迄今，作者们对小应力（弹性应力）促发铁素体和珠光体相变的原委似尚不曾进行详细讨论。本文作者认为在较高温度进行铁素体或珠光体相变时，其化学驱动力很小，外加应力提供的膨胀能，足以使形核率显著增加，孕育期缩短。按经典等温相变形核率方程[42]和 Feder 等的孕育期方程[43]，得：

$$J_s^* = C \cdot D \exp\left[-\frac{\Delta G^*}{kT}\right] = C \cdot D \exp\left[-\frac{K\gamma^2}{(\Delta g_v + W)kT}\right] \tag{5}$$

其中，J_s^* 为稳定形核率，C 为对温度影响较小的一个复杂的"常数"，D 为速率控制扩散率，ΔG^* 为形成新相临界核心所需的驱动力，γ 为核心与母相基体间的界面能，Δg_v 为形核的体积自由能差，W 为形核应变能（膨胀能和切变能之和），K 为核心形状因子，并考虑了晶界形核时晶界面积减少对界面能的影响。而

$$\tau = -4kT/\beta^* \left[\frac{\partial^2 \Delta G^*}{\partial_n^{*2}}\right]n^* \text{ 或 } \tau = \frac{8kT\gamma\alpha^4}{\nu_\beta^2 \phi^2 D \chi_\beta} \tag{6}$$

其中，τ 为孕育期，β^* 为临界单体（原子，分子）碰撞频率，n^* 为临界原子（分子）数，$\phi=\Delta g_v + W$（如(5)式），α 为点阵常数，χ_β 为奥氏体中碳的原子百分数，ν_β 为铁素体中铁原子的体积。γ 为 α/γ 相界能量（同(5)式），D 为扩散系数，对于钢中 $\gamma \to \alpha$ 相变，膨胀应变约为 0.03。取 $=9\times10^{-3} J/m^2$，$K\gamma^3=2.1\times10^{-6} J^3 \cdot m^{-6}$[42]，由于 Δg_v 很小（设 5~10 J·mol^{-1}），50MPa 拉应力下，膨胀功为 10.7 J·mol^{-1}，

$\Delta J^*/J = 1.67 \times 10^{23}$（化学驱动力 $\Delta g_v = 10 \text{J} \cdot \text{mol}^{-1}$），孕育期为原来的 1/4 倍。随着温度的降低，$\Delta g_v$ 值增大，外加应力作用减弱，必须增大应力方能提高形核率和缩短孕育期。这些都与实验情况相符合。

在大应力作用下，基体（母相）经变形，其产生的位错，在较高温度下对碳的扩散率没有影响[44,45]。其储存能作为附加的驱动力，改变了 α 和 γ 的平衡浓度，见图 13。当升高自由能为 $50 \text{J} \cdot \text{mol}^{-1}$ 时，按文献[46]和[47]，Fe-C 中 α/γ 的平衡温度如图 14[48]所示。形变显然影响 $\gamma \rightarrow \alpha$ 的热力学和动力学，但高温形变增加位错密度不大，上述影响就不显著。

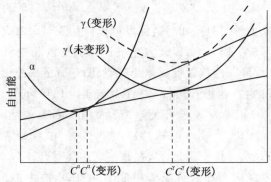

图 13 奥氏体形变后析出铁素体时的自由能—浓度曲线

(Free energy-concentration curve expressing precipiation of ferrite from deformed austenite)

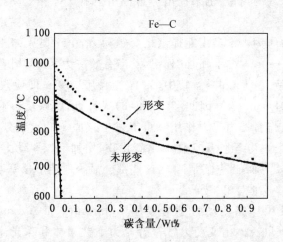

图 14 形变对 Fe-C 图中 γ 和 α 平衡浓度改变的影响

(Vaniation of γ 和 α equilibrium concentration in Fe-C diagram with deformation in austenite)

如前述，水静压阻碍膨胀型相变，即抵消部分化学驱动力形成相变阻力。单向拉应力和压应力,其膨胀功可作为附加驱动力有利于膨胀型相变,前者较压应力更为有利。在施加单轴压应力的情况下,如单向压应力为 σ_z,则在其垂直方向 x 和 y 上将呈现 $-\dfrac{\sigma_z}{E}$ 的应变,其中 $\nu\approx 0.3$ 为泊松比,E 为杨氏模量。这相当于在 x 或 y 方向上产生的相变膨胀功为 $0.03\nu\sigma_z$ (0.03 为 $\gamma\rightarrow\alpha$ 的膨胀应变),有助于驱动相变,因此施加单向压应力促使相变的效果仅约为单向拉应力的 1/3。

11.3 应力作用下的贝氏体相变

合金钢试样在力学实验拉伸时会促发贝氏体相变[3]。内应力加速大铸件中残余奥氏体分解形成贝氏体[2],以及发生马氏体相变的相变应力[3]和表面[5]易发生贝氏体相变,水静压能推迟贝氏体相变,如图 2 所示。外加应力对贝氏体相变影响的较系统研究最早见于 Jepson 和 Thompson 1949 年的工作[4],如图 4 所示。嗣后,很多学者相继发表了有关报道,如 Bhttachayya 和 Kehl(1955)[49]、Drozdov 等(1962)[50]以及 Mutiu 等(1977)[51]。本文作者总结了应力对钢中贝氏体相变影响的现象,并作了讨论[52],在此仅略述其要点。

以往工作都发现应力加速贝氏体相变,有的作出应力缩短孕育期的 TTT 图,范性形变影响尤其显著;都认为应力增加贝氏体相变的形核率,但很少或几乎没有对此作深入的讨论,也未提出应力作用下贝氏体相变动力学较普适的模型。

当外加应力作为力学自由能提供相变驱动力,由于奥氏体相变时 Δg_V 较大(约大于 2 000 J·mol^{-1}),而所加 W 不大(当有效应力为 150 MPa 时,$W=150\times 0.03=4.5$ MPa$=32$ J·mol^{-1}。其中,0.03 为膨胀应变。即使假设切应变为 0.2,W 也仅为 210 J·mol^{-1}),因此经(5)和(6)式计算,膨胀功影响形核率和孕育期都很微。本文作者提出应力作用下可能发生碳原子的重新分布,如在晶界或其他缺陷处的偏聚,甚至使奥氏体析出碳化物,增加形核驱动力,也可能使碳的扩散率升高,使相界面能量有所下降,这些都会显著地使形核率增大和孕育期缩短,但尚待进一步实验予以论证。

无应力下贝氏体相变动力学可以用 Johnson-Mehl-Avrami 方程表述,上文[52]提出应力下贝氏体相变动力学符合应力下铁素体和珠光体相变的动力学模型(经修正的 Johnson-Mehl-Avrami 方程)即(1)式。如 Umemoto 等[53]对 Fe-3.6Ni-1.45Cr-0.50C(wt%)钢在 633K 时外加压应力下,贝氏体相变动力学的实验结果可由(1)式表述,如:当形成奥氏体的分数 f 正比于相变时试样的伸长为 δ 时,则

$$\delta = \frac{1}{30}[1-\exp(-6.88\times10^{-7}t^{1.66})], \delta=0 \qquad (7)$$

$$\delta = \frac{1}{30}[1-\exp(-1.18\times10^{-7}t^{1.77})], \delta=111\text{MPa} \qquad (8)$$

$$\delta = \frac{1}{30}[1-\exp(-2.15\times10^{-6}t^{1.88})], \delta=145\text{MPa} \qquad (9)$$

$$\delta = \frac{1}{30}[1-\exp(-2.53\times10^{-6}t^{1.98})], \delta=172\text{MPa} \qquad (10)$$

可见,应力加速贝氏体相变。但形变奥氏体在贝氏体相变时,在低温或大形变下,往往呈现奥氏体力学稳定化,本文作者不同意 Bhadeshia 的观点[54],指出:其机制和马氏体相变中的并不相同,认为形变所形成的位错会阻碍贝氏体的定向长大,导致贝氏体相变进展迟滞,甚至停止,呈现力学稳定化,和马氏体相变中奥氏体力学稳定化的不同之处见 4.2.4 节。其具体模型尚待建立。

应力下贝氏体相变的建模和组织模拟工作,落后于应力下铁素体和珠光体相变的建模和模拟工作,尚需进一步开展。

11.4 应力作用下的马氏体相变

应力和形变对马氏体相变的影响,在拙著[55]中列专章(第九章)给予介绍。在此拟对重要论据加以重申,并做一些补充。

11.4.1 水静压对马氏体相变的影响

Scheil[56]早年就对应力下的马氏体相变作了理论探讨。Patel 和 Cohen[57]在 1953 年发表了著名论文,对水静压及单轴应力影响马氏体相变开始温度 M_s 奠定了定量表达式。Radcliffe 和 Schatz[58]测得 Fe-C 和钢的 M_s 随压力增大而呈线性下降,如图 15 所示,并作出了动力学方程。Kakeshita 和 Shimizu 分别于 1997 年和 2000 年对水静压影响马氏体相变[59]和等温马氏体相变[60]作了综述。

Patel 和 Cohen[57]按水静压所作相变体积改变功计及相变驱动力,计算 dM_s/dp(p 为水静压),列出水静压相变体积变化所作的功为 ΔG^s,则

$$\Delta G^s = \frac{V^m - V^p}{V^p}p \qquad (11)$$

其中,V^M 和 V 分别为马氏体和母相的原子体积。

假定马氏体相变的形核驱动力不受温度和压力的影响,可列出

$$\Delta G^{p\to M}(M'_s) - \Delta G^{p\to M}(M_s) = \Delta G^s \qquad (12)$$

就可求得 M'_s($\Delta M_s = M_s - M'_s$,$p=0$ 时的马氏体相变开始温度为 M_s,M'_s 为在

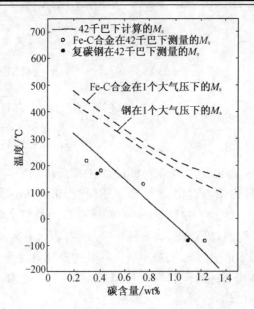

图 15 压力对 Fe-C 和钢的 M_s 温度的影响
(Effect of pressure on M_s of Fe-C alloys and steels)

p 水静压下的 M'_s)。计算得到马氏体相变时,体积膨胀的 Fe-28.9at%Ni 合金的 $dM_s/dp = -55.1K/GPa$,与实验值 $-82.6K/GPa$ 相近($p<0.2GPa$)。对马氏体相变时体积收缩的材料,水静压使 ΔG_s 为正值,M'_s 升高,即 $M'_s>M_s(p>0)$。

Kakeshita 和 Shimizu 等[59]提出在 $p<2.0GPa$,在 Hook 弹性形变条件下:

$$\Delta G^{p\to M}(T) - \Delta G^{p\to M}(M_s) = \int_0^p \{V^p(T,p') - V^M(T,p')\} dp' \quad (13)$$

$$V^p(T,p) = V^p(T,0)\{1-p/B^p(T)\} \quad (14)$$

和

$$V^M(T,p) = V^M(T,0)\{1-p/B^M(T)\} \quad (15)$$

其中,T 为水静压下的 M'_s,$B^p(T)$ 和 $B^M(T)$ 分别是温度为 T 时母相和马氏体的本体模量。将(14)式及(15)式代入(13)式并积分得:

$$\Delta G^{p\to M}(T) - \Delta G^{p\to M}(M_s) = \{V^p(T,0) - V^M(T,0)\} \cdot P + \frac{1}{2}\{V^M(T,0)/B^M(T) - V^p(T,0)/B^p(T)\} \cdot p^2(T) \quad (16)$$

按文献[59],兹将水静压对不同材料中马氏体相变的影响分述如下:

(1) 水静压对非 Invar 铁基合金马氏体相变(非热弹性)的影响:

由于非 Invar 铁基合金马氏体相变时体积膨胀,水静压下,其 ΔG^s 为负值,M_s 下降。对 Fe-18.6Ni-3.1C 的实测,$\Delta M_s V_s p$ 和按(16)式计算所得的能很好地符合,见图 16。

(2) 水静压对 Invar 铁基合金马氏体相变(非热弹性)的影响:

由于 Invar 合金中顺磁相→铁磁相的温度 T_c 以下,呈现自发铁磁伸长,部分地抵消冷却时体积的自动收缩,如图 17 所示。其中,下注脚 p 和 f 表示顺磁和铁磁,当磁滞伸缩为 $W_s = (V_f^p - V_p^p)/V_p^p$,相变时 $\Delta V = V^M - V_p^p$,$W_s = AM_0^2$。其中,A 为常数,M_0 为自发磁化强度,W_s 随水静压的增加而减少,因此使 ΔM_s 剧烈增加,如图 16 中 Invar 合金 Fe-22.6Ni-1.4C 和 Fe-28.4Ni-0.6C 的实测 ΔM_s 与(16)式计算所得偏离。考虑了 T_c 以下的磁滞伸缩效应,Kakeshita 等将(13)式中的 V_p 标成 $V_p^p(T_c$ 以下),将水静压下的磁滞伸缩 W_s 表示为 $W_s(T, p)$:

$$W_s(T, p) = \{V_f^p(T, p) - V_p^p(T, p)\}/V_p^p(T, p) \tag{17}$$

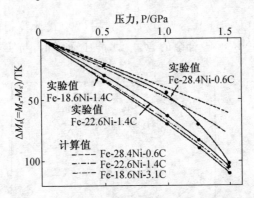

图 16 水静压对三种 Fe-Ni-C 合金 ΔM_s 的影响(实线表示测量值)

(Effect of hydrostatic pressure on ΔM_s for three Fe-Ni-C alloys (solid lines show measured values))

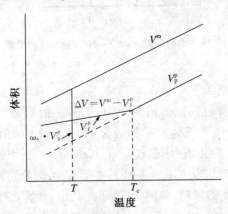

图 17 奥氏体和马氏体体积随温度的变化示意图

(Schematic illustration of the volume change of austenite and martensite phases as a function of temperature)

由水静压导致 $V_p^p(T,P)$ 和 $V^m(T,P)$ 的变化，在 Hook 弹性形变之内，由于顺磁母相及铁磁马氏体均无 Invar 效应，故

$$V_p^p(T,P) = V_p^p(T,0)\{1 - P/B^p(T)\} \tag{18}$$

$$V^M(T,P) = V^M(T,0)\{1 - P/B^M(T)\} \tag{19}$$

其中，$B^p(T)$ 和 $B^M(T)$ 分别为 T 时母相和马氏体的本体模量，则

$$\Delta G^{P\to M}(T,0) - \Delta G^{P\to M}(M_s,0) = \int_0^P \{[1+W_s(T,P')]/[1+W_s(T,0)]V_f^p(T,0)(1-P'/B^p) - V^m(T,0)(1-P'/B^m)\}dp' \tag{20}$$

可见，当施加水静压时，母相的原子体积由于磁滞伸缩 W_s 的减低而减少的因子为

$[1+W_s(T,P)]/[1+W_s(T,0)]^0$。利用(20)式计算得的 Fe-29.6Ni、Fe-31.7Ni 和 Fe-32.3Ni(at%)合金的 M_s 受水静压而降低，与实验值符合，如图 18 所示。

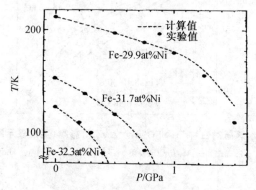

图 18　水静压对 Invar Fe-Ni 合金 M_s 的影响

(Measured (·) and calculated (- - -) hydrostatic pressure depndences of Ms for Invar Fe-Ni alloys)

(3) 水静压对热弹性马氏体相变（ΔG^s 为正值）的影响：

典型的具有热弹性马氏体相变的合金 Au-Cd 和 Cu-Al-Ni 等，在水静压下马氏体相变时的 ΔG_s 为正值（体积收缩）。Kakeshita 等[61]测得单晶和多晶 Cu-28.8Al-3.8Ni（合金 1）以及 Cu-28.6Al-3.2Ni（合金 2）分别由 $\beta_1 \to \beta'_1$ 和 $\beta_1 \to \gamma'_1$ 时，水静压对相变温度的影响，如图 19 所示。其中，计算值按水静压使体积改变计算而得，和实验值一致，并且 $T_0 = (M_s + A_s)/2$。他们得到：由水静压诱发的马氏体的形态和热诱发的马氏体形态相同[61]。

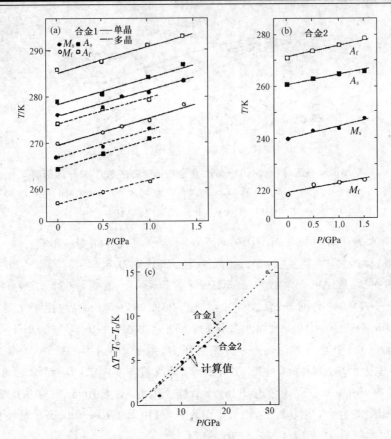

图 19 水静压对单晶和多晶 Cu-28.8Al-3.8Ni(at.%)(合金 1)以及 Cu-28.6Al-3.2Ni (at.%)(合金 2)马氏体相变温度的影响

(a) Cu-28.8Al-3.8Ni(at.%); (b) Cu-28.6Al-3.2Ni(at.%); (c) 水静压对 T_0 温度的影响 (Pressure dependences of martensitic transformation temperature for single-and poly-crystals of Cu-28.8Al-3.8Ni(at%) (alloy 1) (a), and for Cu-28.6 Al-3.2Ni(at%) (alloy 2) (b), (c) shows shifts of equilibrium temperature, $\Delta T_0 = T'_0 - T_0$, plotted as a function of hydrostatic pressure for alloy 1 and alloy 2 and lines are calculated ones(○—under pressure of 3GPa))

(4) 水静压对有序及无序 Fe-Pt 合金马氏体相变的影响:

有序(有序度大于 0.6)的 Fe-Pt 呈热弹性马氏体相变,垂直于惯习面上的应变为收缩(施加水静压作功 $\Delta G^s > 0$);无序 Fe-Pt 具非热弹性马氏体相变,施加水静压作功 $\Delta G^s < 0$。Kakeshita 等测得水静压对 Fe-24at%Pt 合金在不同有序度 $(S = 0 \sim 0.8)$ 时的 ΔM_s 的影响,与按(20)式计算结果颇为一致,其中 $S = 0.8$ 时,M_s 先升高后降低,如图 20 所示,据推测可能系低压下相变体积收缩($\Delta G^s > 0$),而高压下由于体积膨胀效应使 ΔG^s 呈负值,使 ΔM_s 下降。

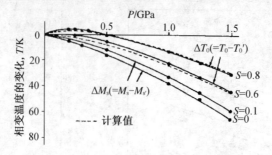

图 20 水静压对 Fe-24.0at.%Pt 合金在不同有序态时 ΔM_s 的影响

(Effect of hydrostatic pressure on ΔM_s of Fe-24.0 at% Pt alloys with $S\approx 0$ and $S\approx 0.1$ and on equilibrium temperature for alloy with $S\approx 0.6$ and $S\approx 0.8$)

(5) 水静压对时效 TiNi 及 Fe-Ni-Co-Ti 合金马氏体相变的影响：

Kakeshita 等[62] 得到 Ti-51.0at%Ni 经 723K 时效 3.9ks 后，其 $M_s(B_2 \to R)$ 和 $A_s(R \to B_2)$ 因 $\Delta V=0$，在 $0 \sim 1.5$ GPa 水静压下都不改变，但 $M_s(R \to B19')$ 和 $A_s(B19' \to R)$ 随压力而升高($\Delta V < 0$)。经 723K 时效 540ks 后，由于 $B_2 \to R$ 及 $R \to B19'$ 时 $\Delta V=0$，因此，施加水静压后，$\Delta M_s=0$，$\Delta A_s=0$。Fe-31.9Ni-9.8Co-4.1Ti(at%) 合金经时效后，$\gamma \to \alpha'$ 时施加压力，由于 $\Delta G^s < 0 (\Delta V > 0)$，则 M_s 和 A_f 都随压力的增加而降低。Ti-51Ni 的 T_0 计算值与实测值($T_0=(M_s+A_s)/2$) 一致，但对 Fe-Ni-Co-Ti 须考虑其 Invar 效应。因此，对无 Invar 效应并具热弹性马氏体相变的合金，压力下 T_0 因 ΔV 而改变，可由 Patel 和 Cohen 方程[57] 解释。上述结果也符合 1995 年 Chernenko 的工作[63]。

(6) 水静压对 Fe-Ni-Mn 合金等温马氏体相变的影响：

Kakeshita 等[64] 测得水静压对 Fe-24.9Ni-3.9Mn(质量%) 合金等温马氏体相变的影响，如图 21 所示，即压力下孕育期延长，而鼻子温度升高，由于 Fe-Ni-Mn 合金马氏体相变时 $\Delta V > 0$，因此，压力使孕育期增长。关于鼻子温度的升高，犹待详作分析并定量计算。

11.4.2 单轴应力对 M_s 的影响

11.4.2.1 应力改变 M_s 的方程

1953 年，Patel 和 Cohen[57] 创立单向应力影响 M_s 的方程。设施加应力对相变所做的功为 U，应力在惯习面上的分切应力为 τ，马氏体相变的切应变为 γ_0，在垂直于惯习面的分正应力为 σ，马氏体相变的正应变为 ε_0，则

$$U = \tau\gamma_0 + \sigma\varepsilon_0 \tag{21}$$

由 Mohr 图(见图 22)可得

第 11 章 应力作用下的相变

$$\tau = \frac{1}{2}\sigma_1 \sin 2\theta \tag{22}$$

$$\sigma = \pm \sigma_1 (1 + \cos 2\theta) \tag{23}$$

其中,σ_1 为施加应力的绝对值,θ 为试样的主轴与惯习面法线间的夹角,则

$$U = \frac{1}{2}\gamma_0 \sigma_1 \sin 2\theta \pm \frac{1}{2}\varepsilon_0 \sigma_1 (1 + \cos 2\theta) \tag{24}$$

在特殊位向上,$\dfrac{dU}{d\theta} = 0$ 时呈现 $U_{\max}$ 为

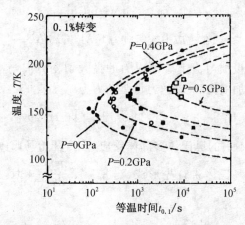

图 21 水静压对 Fe-24.9Ni-3.9Mn(质量%)合金等温马氏体相变的影响

(Effect of hydrostatic pressure on isothermal martensitic transformation in Fe-24.9Ni-3.9Mn(Mass%) alloy)

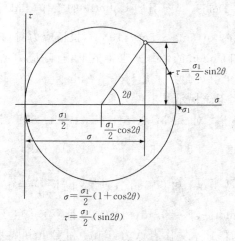

图 22 Mohr 应力分解图

(Mohr diagram for stress resolution)

$$\frac{dU}{d\theta} = \gamma_0 \sigma_1 \cos 2\theta \pm \varepsilon_0 \sigma_1 (-\sin 2\theta) \tag{25}$$

$$\frac{\sin 2\theta}{\cos 2\theta} = \tan 2\theta = \pm \frac{\gamma_0}{\varepsilon_0} \tag{26}$$

将应变值代入(26)式,再由(24)式可得 U_{max}。对 Fe-Ni 合金来说,如单轴应力为拉应力,$\frac{\gamma_0}{\varepsilon_0} = \frac{0.2}{0.04} = 0.5$,由(26)式得 $2\theta = 79°$。可将 $\frac{dM_s}{d\sigma}$ 表为

$$\frac{dM_s}{d\sigma} = \frac{U_{max}}{d\Delta G/dT} \tag{27}$$

求得的 Fe-20Ni-0.5C 在拉应力或压应力下 M_s 升高值 $\frac{dM_s}{d\sigma}$ 与实验值十分吻合。

田村今男等[65]设惯习面上施加应力的最大切变方向与马氏体相变切变方向的夹角为 α,得施加应力 σ_1 时的力学驱动力为

$$U = \frac{1}{2}\sigma_1[\gamma_0 \sin 2\theta \cos\alpha \pm \varepsilon_0(1+\cos 2\theta)] \tag{28}$$

当各晶粒位向不一的奥氏体多晶体受应力后,开始马氏体相变时,具有(28)式 U 最大值位向的马氏体将首先形成,当 $\alpha = 0$、$\frac{dU}{d\theta} = 0$ 时,获得 U 的最大值。因此临界力学驱动力为

$$U' = \frac{1}{2}\sigma'_1[\gamma_0 \sin 2\theta' \pm \varepsilon_0(1+\cos 2\theta')] \tag{29}$$

其中,σ' 即为诱发马氏体相变的临界应力值。θ' 表示 U_{max} 时的 θ。(28)式与(24)式在 $\frac{dU}{d\theta} = 0$ 时同义。Denis 等[14]引述 Collette 的工作(PhD. Thesis, Inst. National Polytechique de Lorraine, Nancy, 1980),报道应力对 0.6C-Ni-Cr-Mo 钢的 M_s 实验值比 Patel 和 Cohen 的(27)式求得的低,且随应力增大而加剧,如图 23 所示。Denis 等的论文中对此并未加讨论。Ahlers[66]发表了应力影响 Fe-Ni 合金 M_s 温度的工作,但未揭示其定量关系。

Gautier 等[67]报道,对 0.5C-2.5Ni-0.41Cr-1.5Mo 钢施加应力(0~300MPa),得冷却速度 $\bar{v}$ 为 5℃/s 时,$\frac{dM_s}{d\sigma} = 0.05$℃/MPa,$\bar{v}$ 为 0.5℃/s 时,$\frac{dM_s}{d\sigma} = 0.07$℃/MPa。而按 Patel 和 Cohen 式计算得到 $\frac{dM_s}{d\sigma} = 0.13$℃/MPa(这里按 $d\Delta G/dT = 1.5$Cal·mol^{-1},$\gamma_0 = 0.19$,$\varepsilon_0 = 0.03$ 计算),与上列实验值相差 1 倍。作者等对此也未加阐释。本文作者认为:Patel 和 Cohen 式基于单晶试样,经严谨推导建立,对于多晶试样,尚宜计及应力与晶界的交互作用,因此在 $\frac{dM_s}{d\sigma} > 0$ 的

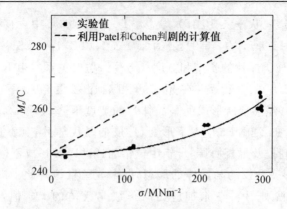

图 23 拉应力对 0.6C-Ni-Cr-Mo 钢 M_s 温度的影响

(M_s variations vs applied tensile stress in 0.6C-Ni-Cr-Mo steel)

情况下,多晶试样的 M_s 的实验值与按单晶计算值为低,并可进一步预测,试样的晶粒越细,两者相差越大(实验 M_s 值越低)。

本文作者由 Fe-C、Fe-X 及 Fe-X-C 合金在无应力下马氏体相变热力学[68~71]推得:

$$\Delta G^{\gamma \to M} = \Delta G_{ch}^{\gamma \to \alpha} + 2.1\sigma_{M_s} + 900 \tag{30}$$

其中,$\Delta G_{ch}^{\gamma \to \alpha}$ 为 $\gamma - \alpha$ 两相间的化学自由能差,σ_{M_s} 为奥氏体在 M_s 时的屈服强度。以

$$\Delta G^{\gamma \to M} = 0 \tag{31}$$

时的温度定义为 M_s。利用不同的 $\Delta G_{ch}^{\gamma \to \alpha}$ 热力学模型,很好地计算了 M_s 温度。在应力作用的情况下,建议采用下式:

$$\Delta G^{\gamma \to M} = \Delta G_{ch}^{\gamma \to \alpha} + 2.1\sigma_{M_s} + 900 - 0.2\sigma \tag{32}$$

其中,σ 为施加的应力,0.2 为切应变。以(32)式及(31)式计算应力下的 M_s,可绕开外应力的分解,只要较正确地估算 σ_{M_s} 就能简便而精确地预测 M_s。(32)式并显示应力可升高 M_s,但奥氏体强化又会引起力学稳定化。

11.4.2.2 应力诱发马氏体所需的临界应力值

Gautier 等[67]发现 0.5C-2.5Ni-Cr-Mo 钢在 M_s 附近由一恒量应力(约 200MPa,接近奥氏体的屈服强度)诱发马氏体,而 0.5C-19Ni 钢诱发马氏体的应力随温度提高而呈线性增加,直至形变诱发马氏体。0.5C-17Ni-Cr 钢则介于上述两者之间。可见,对提供相变驱动力较小的材料,多呈形变诱发马氏体,相变驱动力较大的材料由应力诱发扩展至形变诱发马氏体。

11.4.2.3 应力-形变对马氏体形态的影响

张修睦等[72~74]发现形变诱发马氏体会使马氏体惯习面、形态和位向关系发生改变,如 Fe-30Ni 中,透镜状马氏体变为蝶状马氏体,再变为(111)$_\gamma$ 块状马氏体;Fe-30Ni-0.11C 中,由透镜状→蝶状→(111)$_\gamma$ 小蝶状马氏体;Fe-25Ni-0.7C

中，由薄层状→透镜状→(3 10 15)$_\gamma$ 块状。Fe-30Ni-0.3C 中，由薄层状→片状或由(2 2 5)$_\gamma$ 变为(1 1 1)$_\gamma$;(2 5 9)$_\gamma$ 变为(1 1 1)$_\gamma$;(1 1 1)$_\gamma$ 马氏体内含高密度位错，但无孪晶。马氏体片的长度和宽度都下降。位向关系在由 K-S 关系变为 N-W 关系。Gautier 等[75]得到：在超过母相屈服强度应力下，Fe-20Ni-0.5C 150MPa 应力下，经形变所形成的马氏体片的宽度下降，如图 24 所示；而在 Fe-25Ni-0.66C 中，在 400MPa 应力下形变，形成的马氏体片，其宽度却变宽，如图 25 所示。作者们提及母相协调、母相中位错的迁动以及形成不同位向马氏体的变体数都影响形变诱发的马氏体的形态，但未能定量地对此予以阐释。孟庆平等[76]计算了这两种材料在未加应力时形成马氏体的 c/a 值，分别得前者为 0.08，后者为 0.02，比较图 24(a)和图 25(a)明晰可资证明，并导出其形核率为应变的函数方程，马氏体相变能垒较高的材料，很小的应变增加能使形核率剧烈上升，如图 26 所示。随着应力增加，Fe-20Ni-0.5C 合金的应变增加大于 Fe-25Ni-0.66C 合金，计算得前者的形核激活能又远小于后者，因此，前者的马氏体相变形核率远高于后者，因而能圆满揭示文献[75]的实验结果。

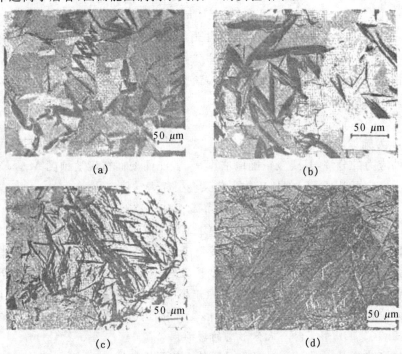

图 24　Fe-20Ni-0.5C 合金冷却施加不同应力后形成马氏体的显微组织

(a) σ＝0MPa；(b) σ＝50MPa；(c) σ＝200MPa；(d) σ＝300MPa

(Micrographs of martensite formed in Fe-20Ni-0.5C alloy during cooling under various stresses)

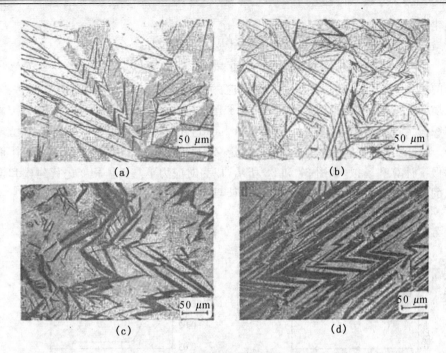

图 25 Fe-20Ni-0.66C 合金冷却施加不同应力后形成的马氏体的显微组织
(a) $\sigma=0$MPa; (b) $\sigma=285$MPa; (c) $\sigma=500$MPa; (d) $\sigma=600$MPa

(Micrographs of Martensite formed in Fe-25Ni-0.66C alloy during cooling under various stresses)

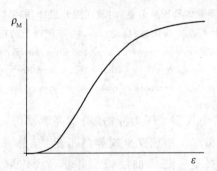

图 26 塑性形变对马氏体相变形核率的影响示意图

(Schematic illustration of nucleation rate in martensite transformation vs plastic deformation)

11.4.2.4 奥氏体的力学稳定化

马氏体相变中奥氏体的力学稳定化主要是由于奥氏体强化,使相变应变能(相变阻力)增加所致。Fe-C[68~70],Fe-X[68] 和 Fe-X-C[68,71] 马氏体相变热力学都显示:M_s 因奥氏体强化呈线性下降,即呈现力学稳定化。上述贝氏体相变中奥氏体的力学稳定化主要是由于贝氏体长大中受晶体学阻挠所致,已证明奥氏体

强化并不一定降低 B_s 温度[77]。

11.4.2.5 应力诱发马氏体的建模及其他

一些作者分别建立了不同材料（如 Fe-Ni-C 和 ZrO_2）的应力诱发马氏体相变的模型。Zhang 等[78]推得了单轴压应力下形成的马氏体量的变化，以及纵向和横向应变，经实验得到证实，并预测了形成应力诱发马氏体（SIM）时，奥氏体的织构情况。Artemev、Wang 和 Khachaturyan 等[79]以微弹性力学和相场理论，对应力作用下，立方→正方部分稳定 ZrO_2 型马氏体相变动力学和马氏体形态做了计算和模拟，如图 27 和 28 所示，成为对应力下马氏体相变进行建模和模拟的杰出先行工作。为普适于工业设计要求，这类建模工作尚需深入探讨。

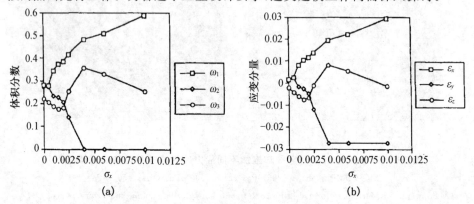

(a)　　　　　　　　　　　　　(b)

图 27　施加应力对不同变体马氏体分数(a)及应变分量(b)的影响 $W_1 W_2 W_3$ 为第一、第二、第三片形成的马氏体；(ε_x、ε_y、ε_z 为不同轴上的应变分量)

(Volume fraction of martensite orientation variants(a) and average strain values (b) obtained under different levels of applied stress σ_x. W_1: 1st. Variant, W_2: 2nd variant and W_3: 3rd variant. ε_x, ε_y and ε_z are strain components on x, y and z axes respectively)

脉冲拉应力（使自由表面受压力冲击波）增高驱动力，升高 Fe-32Ni-0.035C（wt%）合金的 M_s，并由变温型相变呈现等温相变[81]，脉冲拉应力使 Fe-22.5Ni-4Mn(wt%)合金失去典型等温 C-曲线特征并使马氏体形态由薄片状变为透镜状[82]。

11.5　结论

水静压阻碍 Fe-C 和钢中体积膨胀型相变，包括铁素体相变、珠光体相变、贝氏体相变和马氏体相变，但促发体积收缩型的热弹性马氏体相变。按照热力学，施加应力作为膨胀功附加驱动力即可计算水静压对相变点的影响。

单轴拉应力和压应力都可促发铁素体、珠光体和贝氏体相变,拉应力的效应较压应力尤为显著。在应力作用下的这些相变的动力学方程可由修正的Johnson-Mehl-Avrami方程(即Avrami方程中附加应力因子$\bar{\sigma}$)来描述,如$f=1-\exp[-b(\bar{\sigma})t^n]$,$b(\bar{\sigma})=b(0)[1+\overline{A\sigma}^B]$,但其参数$A$、$B$因不同材料、不同相变而改变,$n$还因温度不同而改变。在大应力(超过母相屈服强度)下,对0.38C-Cr-Mo钢列出贮存能方程及计算位错密度的方法,计算了大、小应力下铁素体析出和珠光体相变的动力学,并能给以显微组织的模拟。

对铁素体析出和珠光体相变,由于相变的化学驱动力很小,应力所做膨胀功附加于驱动力后,对增加形核率和缩短孕育期具有相当效果。但对贝氏体相变,由于化学驱动力很大,应力所做功,不但相形见拙,而且几乎微不足道,推想应力下碳自奥氏体析出及减低了相界能量才使形核率增加和孕育期缩短。

水静压对不同材料(有或无Invar效应的材料,具热弹性马氏体相变材料,有序和无序Fe-Pt以及具等温马氏体Fe-Ni-Mn)M_s温度影响具有不同的定量描述。

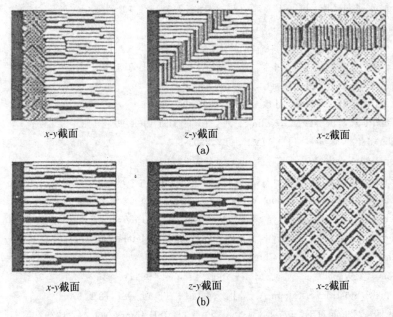

图28 施加应力 $\sigma_x=0.002$(a)和 $\sigma_x=0.006$(b)对显微组织的影响

(Microstructures obtained under applied stress (a) $\sigma_x=0.002$ and (b) $\sigma_x=0.006$)

单轴应力升高M_s,Patel-Cohen列出了$\dfrac{dM_s}{d\sigma}$表达式,近来实验值与此方程所得结果不一致。本文作者建议,在M_s温度以屈服强度因子和外应力作为切变功的方程,以求得较精确的 M_s,并显示施加应力升高 M_s,而母相强化又使力学稳定化。应力诱发的马氏体会改变晶体学和形态,如 Fe-20Ni-0.5C 经较大应力形变后,形成的马氏体变细,而 Fe-25Ni-0.66C 的却变厚。提出以形核率的数值来衡量和判定其形态,为马氏体的成分确定和工艺设计提供了依据。

马氏体相变中奥氏体力学稳定化主要是由于其强化而导致,这很容易由热力学得到解释。而贝氏体相变中奥氏体的力学稳定化主要是由于晶体学影响长大所造成的。应力下马氏体相变的建模和显微组织的模拟工作正在开展,脉冲拉应力也能提高 M_s,并改变马氏体相变动力学和马氏体形态。

参考文献

[1] Cottrell A H. JISI[J]. 1945,151: 93
[2] Guarnieri G J,Kanter J. J.. [J]. Trans. ASM 1948,40: 1147
[3] Howard R T,Cohen M.. [J]. Trans. AIME 1948,176: 384.
[4] Jepson M D,Thompson F. C.. [J]. JISI 1949,162: 49.
[5] Ko T JISI[J]. 1953,175: 16.
[6] Hawkins M J,Barford J.. [J]. JISI 1972,210: 97.
[7] 徐祖耀. 中国科协 2003 年学术年会报告[R]. 沈阳,2003 年 9 月.
[8] 徐祖耀. [J]. 中国工程科学 2004,6(1): 16.
[9] Hilliard J. E.. Trans. [J]. AIME 1963,227: 429.
[10] Radcliff S V,Schatz M.,Kulin S. A.. [J]. JISI 1963,201: 143.
[11] Nilan T G. Trans. [J]. AIME 1967,239: 899.
[12] Fujita M,Suzuki M.. [J]. Trans. ISIJ 1974,14: 44.
[13] Schmidtmann E.,Grave H.,Chen F. S.. [J]. Trait. Therm 1977,115: 57.
[14] Denis S.,Gautier E.,Simon A.,Beck G.. [J]. Mater. Sci. Technol 1985,1: 805.
[15] Kehl G. L.,Bhatt acharyya S.,[J]. Trans. ASM 1956,48: 234.
[16] Christian J W,The Theory of Transformat ions in Metals and Alloys[M]. Part 1,Pergamon,3rd Edition,2002,Chp. 10~12.
[17] Inoue T, Wang Z G. [J]. Mater. Sci. Technol 1985,1: 845.
[18] Denis S,Sjöström S,Simon A.. [J]. Metall. Trans 1987,18A:1203.
[19] Ye J S, Chang H B,Hsu T Y(徐祖耀). [J]. ISIJ Inter 2004,44: 1079.
[20] Johnson W,Mehl R F. Trans. [J]. AIME 1939,135: 416.
[21] Avrami M. J. [J]. Chem. Phys 1939,7: 1103.
[22] Avrami M. J. [J]. Chem. Phys 1940,8: 212.
[23] Avrami M. J. [J]. Chem. Phys 1941,9: 177.
[24] Denis S,Gautier E.,Simon A,et al. [J]. Acta Metall 1987,35: 1621.

[25] Sjöström S. [J]. Mater. Sci. Technol 1985,1：823.

[26] Umemoto M,Hiramatsu A,Moriya A,et al,[J]. ISIJ Inter 1992,32：306.

[27] Yoshie A,Fujioka M,Watanabe Y,et al. [J]. ISIJ Inter 1992,32：395.

[28] Saito Y,Shiga C. [J]. ISIJ Inter 1992,32：414.

[29] Liu Z,Wang G,Gao W. [J]. J. Mater. Eng. Perf 1996,5：521.

[30] 李自刚. 上海交通大学博士学位论文[D]. 1998。

[31] 曲锦波,王沼东,刘相华,等.[J]. 钢铁 1999,31：35。

[32] Liu J S, Yanagida A, Sugiyama S,et al. [J]. ISIJ Inter 2001,41,1510.

[33] Hanlon D N, Sietsma J, Zwaag S V D. [J]. ISIJ Inter 2001,41：1028.

[34] Cahn J W. Acta Metall[J]. 1956,4：449.

[35] Suh D W,Cho J Y,Oh K H, et al. [J]. ISIJ Inter 2002,42：564.

[36] 徐祖耀,牟翊文. [J]. 金属学报 1985,21：A178. T. Y. Hsu,Y. W. Mou. [J]. Acta Metall 1984,32：1469.

[37] 牟翊文,徐祖耀. [J]. 金属学报 1987,23：A329. Y. W. Mou,T. Y. Hsu. [J]. Acta Metall 1986,34：325.

[38] 叶健松. 上海交通大学博士学位论文[D]. 2003。

[39] 叶健松,张鸿冰,徐祖耀. 待发表.

[40] Ye J S, Chang H B,Hsu T Y（徐祖耀）. [J]. J. Iron Steel Res. Int.,2004,11(6):32.

[41] Thevoz Ph.,Desbiolles J L,Rappaz M.. [J]. Metall.,Trans 1989,20A：311.

[42] Lange III W F,Emomoto M.,Aaronson H. I.. [J]. Metall. Trans 1988,19A：427.

[43] Feder J.,Russell K. C.,Lothe J.,et al. [J]. Advance inPhysics 1966,15：111.

[44] Speich G R,Cuddy L J,Gordon C R,et al. in Proc. Inter. Conf. Phase Transformations in Ferrous Alloys, Ed. A R Marder and J. I. Goldsten,TMS-AIME.,Warrendale,PA [C].1984,P. 341.

[45] Ohtsuka H,Umemoto M,Tamura I.. Trans. [J]. ISIJ 1987,27：408.

[46] Hillert M,Staffanson L. I.. [J]. Acta Chem. Scand 1970,24：3618.

[47] Uhrenius B. in Hardenability Concepts with Applications to Steel, Ed. D V Doane and J S Kirkaldy,AIME,Warrendale,PA [M]. 1978,P. 28.

[48] 李曼云,孙本荣主编. 钢的控制轧制和控制冷却技术手册[M].冶金工业出版社,1990,P35,36。

[49] Battacharyya S,Kehl G L. [J]. Trans. ASM 1955,351.

[50] Ya B. L I Drozdov Kagan,Entin R I. Fiz. [J]. Metal. Metallovad,1962,13(5) 776； English Translation in Physics of Metals and Metallagraphy 1962,13(5),135.

[51] Mutiu T A,Kinderman A J,Bernstein I M. In The Hot deformation of Austenite [M]. Ed. J. B. Ballance,TMS-AIME,NewYork. USA.,1977,P. 410～427.

[52] 徐祖耀. [J]. 金属学报 2004,40(2)：113。

[53] Umemoto M,Bando S,Tamura I.. Proc. Inter. Conf. Martensitic Transformations

1986,[C]. The Japan Inst. Metals,1987,595.
- [54] Bhadeshia H K D H. Bainite in Steels[M]. 2nd Edit ion,The University Press,Cambridge,UK. ,2001,P. 207～14.
- [55] 徐祖耀. 马氏体相变与马氏体[M]. 第二版,科学出版社,1999,第九章。
- [56] Scheil E,Anorg Z. [J]. Allg. Chem 1932,37：21.
- [57] Pat el J R,Cohen M. . [J]. Acta Metall 1953,1：531.
- [58] Radcliffe S V,Schatz M. [J]. Acta Metall 1962,10：201.
- [59] Kakeshita T,Shimizu K. [J]. Mater. Trans. JIM 1997,8：668.
- [60] Kakeshita T,Saburi T,Shimizu K,[J]. Phil. Mag B,2000,80：171.
- [61] Kakeshita T,Yoshimura Y,Shimizu K. ,et al. [J]. Trans. JIM 1988,29：781.
- [62] Kakeshita T,Shimizu K,Nakamichi S,et al. [J]. Mater. Trans. JIM 1992,33：1.
- [63] Chernenko V A. [J]. J de Phys 1995,5：C2-77.
- [64] Kakeshita T,Kuroiwa K. ,Shimizu K. ,et al. [J]. Mater. Trans. JIM 1993,34：423.
- [65] Tamura T. [J]. Mater. Sci 1982,16：245.
- [66] Ahlers M. [J]. Scr. Metall 1976,10：989.
- [67] Gautier E,Simon A,Collette G,et al. [J]. J. de Phys. ,Colloq. C4,Sppul No. 12, 1982, 43：C4-473.
- [68] Hsu T Y（徐祖耀）. [J]. J. Mater. Sci 1985,20：23.
- [69] Hsu T Y（徐祖耀）,Chang Hongbing. [J]. Acta Metall 1984,32：343.
- [70] Hsu T Y（徐祖耀）,Chang Hongbing,Luo Shoufu [J]. J Mater. Sci 1983,18：3206.
- [71] Chang H,Hsu T Y（徐祖耀）. [J]. Acta Metall 1986,34：333.
- [72] Zhang X M,Gautier E,Simon A. [J]. Acta Met all 1989,37：477.
- [73] Zhang X M,Gautier E,Simon A. [J]. Acta Met all 1989,37：487.
- [74] Zhang X M,Li D F,Xing Z S,et al. [J]. Acta Metall. Mater 1993,41：1693.
- [75] Gautier E,Zhang J S,Zhang X. M. . [J]. J. de Phys. I V,Colloq C8,Suppl. J. de PhysIII,No. 12, 1995,C8：41.
- [76] Meng Q P,Rong Y H,Hsu T Y（徐祖耀）. [J]. Metall. Mater. Trans. A,2006,37A：1405.
- [77] 徐祖耀,陈卫中. 金属学报,1988,4：A155, [J]. Acta Met all. Sin（English edit ion）, Ser. A. 1988,1：174; Scr. Metall 1987,21：1289.
- [78] Zhang M X, Kelly P M, Gates J D. [J]. Mater. Sci. Engr 1999,A273～275：251.
- [79] Artemev A,Wang Y. Khachaturyan A G. [J]. Acta Mater 2000,48：2503.
- [80] Kajiwara S, [J]. J. de Phys. ,1982,Collq. C4 suppl No. 12,43：C4-97.
- [81] Thadhan N N, Meyers M A. [J]. Acta Metall 1986,34：1625.
- [82] Chang S N, Meyers M A. [J]. Acta Metall 1988,36：1085.

导言译文

Phase Transformations Under Stress

Hydrostatic pressure depresses the dilational transformations, such as ferrite, pearlite, bainite and martensite transformat ions in Fe-C and steel. Uniaxial stress enhances ferrite and pearlite transformations and the effect of tensile stress is more effective than compressive one. Kinetics of ferrite, pearlite and bainite transformations in a 0.38C-Cr-Mo steel can be described by a modified Johnson-Mehl-Avrami equation in which the stress factor is involved. For ferite and pearlite transformations, since the chemical driving force is small, the work done by applied stress may increasethe nucleation rate J^* and shorten the incubation time τ. However, for bainitic transformation, the deplet ion of carbon from austenite and decrease of interfacial energy may contribute to increase J^* and reduce τ that needs to be proved byexperiment. Equations expressing the effect of hydrostatic pressure on M_s vary with different materials. Equat ion of $dM_s/d\sigma$ established by Patel and Cohen and that expressing the effect of stress on M_s suggested by the present author are introduced. Stress induced martensite may change their crystallographic characteristic and morphologies and it is suggestedthat value of nucleation rate can determine the martensitic morphology. The mechanical stabilization of austenite occurring in martensitic transformation is mainly caused by the strengthening of austenite, however, that occurring in bainite formation may mainly be due to hindrance of growth by crystallographic interference.

第 12 章 纳米材料的相变*

纳米纯金属常呈现与大块金属不同的晶体结构,如 Co 和 Fe 在室温呈 fcc 结构。不同制备方法所得的纳米 Fe-Ni,其 α 和 γ 相区均较大块的扩大,并呈现奥氏体的稳定化,但逆相变近似大块合金,文章对此作了解释。测得一定晶粒大小及一定成分的 Fe-Ni 冷却时马氏体相变的临界温度,显示纳米材料中会发生马氏体相变。Al-Cu 薄膜中,Cu 在晶界偏聚量大,在饱和浓度处形成非共格 Al-Cu,并无过渡相,且脱溶温度(固溶线)比大块低 85K。定性地讨论了晶界包括晶界偏聚和晶界扩散对无扩散型相变和扩散型相变的作用。提出一个纳米金属相变的热力学模型,和纳米材料马氏体形核能垒的计算,用于描述纳米晶晶粒大小对马氏体相变的影响。对纳米材料相变的续后研究作了展望。

12.1 概述

探求纳米材料的晶体结构及其形成机制,揭示纳米材料的相变特征及相变对性能的影响,都是纳米技术基础研究的重要内容。材料的结构决定材料的性质。材料经相变而改变性质。相变使材料科学的内容精彩纷呈。纳米材料的结构常不同于大块晶体,并呈现特异性能,它们的相变行为也会呈现不同特征。纳米材料结构和相变的研究成果将使材料科学格外绚丽多彩,也将促进纳米材料的开发应用。纳米材料一般以粉粒形态、沉积的纳米颗粒薄膜(不同基底)或以纳米晶粒的块体形式存在,其相变行为可能因不同形式、不同制备方法而异。纳米材料的相变研究在国际上尚属起步阶段。本文仅在总结有限文献的基础上,结合我课题组的目前研究结果,引述纳米金属的结构、纳米材料的马氏体相变和扩散型相变(脱溶沉淀),初步探讨晶界对相变的影响,并阐述纳米材料相变的理论模型,主要是我们提出的:视纳米晶界为膨胀晶体,并以准谐 Debye 近似为基础的纳米铁相变的热力学模型,以及考虑纳米尺寸母相的表面能作用于相变的马氏体形核能垒的计算,用以阐明纳米材料的晶粒大小对马氏体相变形核能垒的影响。同时也简略述及对纳米材料相变研究的展望。

---

* 国家自然科学基金资助项目(No,59971029)

12.2 纳米金属的结构

以往数十年来的工作已显示一些元素在超细晶态时,呈反常的相结构稳定性,即在室温形成亚结构或呈现与大粒晶体不同的结构[1,2]。例如几百纳米的 Cr 粒于室温下显示大颗粒 Cr 在高温时的相结构 A15[2,3];纳米 Co 粒在室温呈 fcc 晶体结构,这是在大块 Co 中,只在 420℃ 以上才呈现的稳定结构。当时或以为这是快速冷却时长大的结果[1,2],但近年经溅射所得 10nm Co 粒,呈 fcc 结构,经 420℃ 以上退火,再慢冷至室温,仍保持 fcc 结构[4],证明并非由快速冷却而引入的非平衡态结构。以磁控溅射法制备所得纳米钴粒,其 α(hcp) 和 β(fcc) 结构的体积比决定于粒子的直径,如图 1 所示[5]。

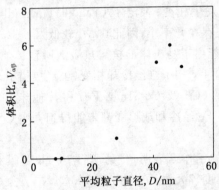

图 1 Co 细粒的 α、β 结构体积比 $V_{\alpha/\beta}$ 与细粒平均直径的关系

一些由蒸汽沉淀法所获得的自由态铁[6]及 $Fe(Co)_5$ 经 CO_2 激光分解所得铁粒[7]为 fcc 的 γ-Fe[6]。在 Cu 单晶基底上外延生长所得的为 γ-Fe 薄膜,室温稳定的 γ-Fe 常呈现铁磁性,且和晶格常数有关[8~10]。这种 γ-Fe 薄膜达一定厚度时,其结构由 fcc 变为 bcc[11,12]。在 1970 年 Easterling 和 Swann[13] 的实验已显示:从 Cu-Fe 合金中时效析出的 γ-Fe 固溶体(2~20nm)与基体共格(同为 fcc 结构),如将析出相脱离基体萃取出来,则呈 bcc 结构,但部分残余奥氏体冷至液氦温度也不转变。这些实验结果表明纳米金属颗粒的结构受周围条件的影响,以及纳米金属中高温相容易呈热稳定化。经机械合金化(MA)球磨所得 10nm 的 α-Fe 粉,立即经 570~670K 退火 1h,在 bcc 晶界处原子重排,呈现具磁性的有序 γ-Fe(Mössbauer 数据显示经 670K 退火 1h 后有 5% 体积的 γ 产生)。这种 γ-Fe 较稳定,但经 920K 退火 1h 晶粒长大至几纳米时发生 $\gamma\to\alpha$,γ-Fe 不复存在[14]。这说明晶体结构决定于晶粒大小。

12.3 纳米材料的马氏体相变

大块材料,包括含 ZrO_2 陶瓷的材料 M_s 受晶粒大小的控制,而测量方法对 M_s 值影响已由本文作者做过总述[15]。同成分 Fe-Ni 细粒($0.14\sim10\mu m$)的 M_s 也因不同制备方法而呈现差异。

Kajiwara 等[16]以氢等离子与金属反应方法制备 $20\sim200$ nm 直径的 Fe-Ni($11.9at\%\sim35.2at\%$Ni)和 Co、Co-Fe($3.1at\%\sim5.6at\%$Fe,均测自 EDS)细粒,发现在室温以上,低 Ni 合金中存在 γ 粒子,高 Ni($32at\%\sim35at\%$Ni)合金中含有一定量的 α'。经淬火至室温的 γ 粒子,冷至室温以下(直至 4K)不再转变(或很少转变)。高 Ni 合金经室温形变很容易诱发 $\gamma\rightarrow\alpha'$,但经形变的奥氏体再经单纯冷却(至 77K)却不发生相变;否定了 Cech 和 Turnbull 于 1956 年提出的论点:细晶粒内由于缺陷存在几率小,因此其 M_s 较低[17]。Kajiwara 等认为室温以下 $\gamma\rightarrow\alpha'$ 很难进行,可能由于马氏体形核需热激活所致。他们对 Co 和 Co-Fe 的实验也得到类似结果。fcc 相很难经冷却相变(虽经层错引入),而易由应力诱发相变,相变产物为 2H(Co 及 Co-31at%Fe)和其他未知的长周期结构(Co-5.6at%Fe)。细粒 Co-Fe 经冷却或形变都未能得到大块 Co-Fe 在室温时稳定的 4H 结构。

20 世纪 80 年代的工作已表明,溅射所得 Fe-Ni 薄膜和蒸汽沉积 Fe-Ni 薄膜[18]中,α 和 γ 区溶解度较大块 Fe-Ni(α 含 10at%Ni,γ 含 20at%Fe)的为大,溅射的成分分别为 40at% Ni 和 40at% Fe,蒸汽沉积的分别为 27.5at% Ni 和 60at% Fe,显示 α 和 γ 的稳定化。随后(1992 年)的工作得到:急冷 Fe-Ni 呈现 γ 相的稳定化,使 γ 相区延伸至 70at% Fe[19]。

Tadaki 等[20,21]时间较近的 Fe-Ni 薄膜马氏体相变工作指出:<25at% Ni 的纳米粒子尚含有 γ 相(即呈 $\gamma+\alpha$),30at% Ni 的呈 γ 相[24]。它们在避免氧化条件下,由母合金真空蒸发沉积在非晶 Al_2O_3(室温)薄膜上的纳米非晶 Fe-Ni,经 773K 15min 晶化后,得到主要为 fcc 的 γ-Fe-25at%Ni;将其冷至室温后,有少量马氏体形成,大部分 γ 相仍保持至室温;再加热至 773K,呈现逆相变($\alpha\rightarrow\gamma$),如图 2 的电子衍射结果[21]。他们测得其 A_s 似与大块的相近。这工作显示由蒸气沉积法得到纳米 Fe-Ni 的马氏体相变和逆相变的痕迹。他们简单地引用 10nm Co 的 fcc→hcp 中 γ 相因表面能增加相变阻力[22,23],来解释高温相的稳定化,并认为升温使表面能降低,因此不影响逆相变的 A_s 温度。他们强调晶格软化和表面积增加对相变的有利因素未能在纳米粒子中呈现。

第12章 纳米材料的相变

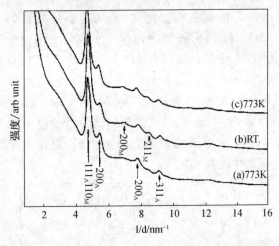

图2 纳米 Fe-25at%Ni 晶体的电子衍射结果的变化

Zhou 等[24]以悬浮凝固(液氮冷却)法得到的 Fe-25%～35wt%Ni 超细粉(10～200nm)大部分呈 bcc 结构,认为可能在冷却区由蒸汽直接凝成,或由 fcc 凝结而成;少部分为 fcc 结构,认为在较高温区由蒸汽凝成。fcc 结构的 γ 相冷至液 H_e 温度也不相变。bcc 结构在加热时呈逆相变。他们对 γ 稳定化的解释,沿用 Kajiwara 等[25]在 1986 年提出的论点,即细晶母相对范性协调较为困难。它们测得超细 Fe-Ni 粉的逆相变开始温度 A_s 和大块的相似;并以 TEM 观察到在加热过程中粉末的连结,并以切变方式进行 $\alpha' \to \gamma$ 逆相变。在他们的文章[24]中,未报道试样加热至 490℃ 逆相变时晶粒的尺寸,但明确揭示了细粉逆相变呈切变特征。

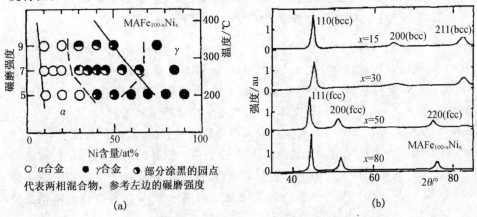

图3 由 XRD 谱(a)测定的 $MAFe_{100-x}Ni_x$ 的非平衡相图

Kuhrt 和 Schultz[26] 以机械合金化（MA）工艺制备纳米 $Fe_{100-x}Ni_x$（$x=15$，30，50 和 80），当 $x=15$ 和 30 时得到的均为 bcc 结构，而 $x=80$ 的均为 fcc，$x=50$ 的结构以 fcc 为主，尚残存 bcc；作出 MA Fe-Ni 的非平衡相图，并和铸态 Fe-Ni（图 3 中实线）比较，如图 3 所示，显示 α 区的扩大。他们揭示纳米 MA $Fe_{80}Ni_{20}$ 的 M_s 和奥氏体化温度有关，如图 4 所示，明确了冷却过程中存在马氏体相变，其奥氏体化温度较高的 M_s 也较高。他们认为这是由于更大程度的再结晶所致，准确地说，似应该是由于晶粒增大所造成的，但原文未说明在 690℃ 和 900℃ 时奥氏体化后试样的晶粒尺寸。

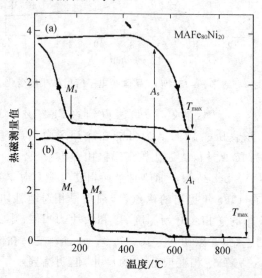

图 4　$MAFe_{80}Ni_{20}$ 加热至（a）690℃ 和（b）900℃ 奥氏体化后冷却（冷速 5℃/min）和再加热（加热速率 40℃/min）过程的热磁测量值

MA Fe-Ni 及铸态 Fe-Ni 的 A_s、A_f 以及 M_s、M_f 温度的比较，如图 5[26] 所示。其中，实线表示铸态合金。可见，MA 的 A_f 较铸态的升高 100℃，M_s、M_f 则降低 100℃，A_s 温度相近；MA 合金的热滞增大，两者的居里温度相近。他们还发现，MA 合金 $Fe_{80}Ni_{20}$ 经 700℃ 奥氏体化后，以不同冷速冷至室温时，冷速小的（5℃/min）得到的主要为 bcc 结构及少量 fcc；而冷速大的（100℃/min）却相反，如图 6 的 XRD 测定结果所示。大冷速导致 MA 合金中奥氏体的稳定化（M_f 在室温以下），认为马氏体的长大受阻于非平衡组织，且控制相变动力学。原文[26] 中均称 bcc 结构为马氏体，但受冷速影响的特征是否为纳米 MA 材料的马氏体相变特征，还是扩散型相变的结果，尚待继续予以探明和澄清。

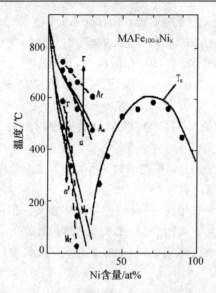

图5 机械合金化及铸态 Fe-Ni 相变临界温度的比较,实线表示铸态合金的相变温度

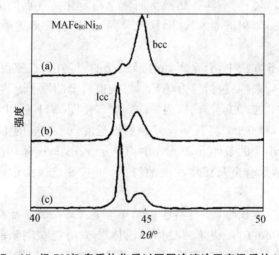

图6 MAFe$_{80}$Ni$_{20}$ 经 700℃ 奥氏体化后以不同冷速冷至室温后的 XRD 花样

我课题组以磁控溅射法制成纳米粒子(10nm)Fe-Ni 薄膜(KCl 基底),得到[27]:≤36at%Ni 合金呈 bcc 结构,≥60at%Ni 合金呈 fcc 结构,(36~60)at% Ni 间的合金为混合结构,其 α 区不但较大块合金的宽得多(γ 区略大),也较上述不同方法制备的 Fe-Ni 扩大。将 Fe-32at%Ni 和 Fe-46%Ni 合金试样在 TEM 中加热至 573~773K,保温 20min 后观察,伴随粒子的长大发生 α→γ 相变,结构由 bcc 改变为 fcc;自 773K 冷至室温仍保持 fcc 结构。将 Fe-32at%Ni 溅射到经

加热至 773K 的基底上，慢冷至室温（平均粒子大小为 30nm），呈 fcc 结构。Fe-46at%Ni 薄膜自溅射态冷却至 77K，其结构和组织并不改变，因而提出磁控溅射至室温基底，直接"合成"bcc 结构（Volmer-Weber 机制）。认为 bcc 区的扩大是应力的促发作用。逆相变的 A_s 温度基本与大块的相近，认为这是由于纳米 Fe-Ni 合金的晶界结构使 γ 稳定化，却促使 $\alpha \to \gamma$ 逆相变。

较近时期的 Fe-15at%Ni 合金 TEM 试验发现，有 $\gamma \to \alpha$ 马氏体相变的痕迹，现正在分析中。

综合上述纳米 Fe-Ni $\gamma \to \alpha$ 相变中的工作，以本文作者目前的体会，有下列数端可供以后工作中考虑：

（1）对 Fe-Ni 的 $\gamma \to \alpha$ 相变，一般统称马氏体相变。但需注意含 Ni 在 15at% 以下的 Fe-Ni 往往发生块状相变（参见文献[28]和[29]）。一般情况下，如 Fe-20at%Ni，γ 经冷却呈马氏体相变，但如很缓慢地冷却，也可能发生扩散型 $\gamma \to \alpha$ 相变。

（2）不同制备方法所得的纳米 Fe-Ni 都显示 γ 的稳定化。鉴于 0K 以上都会产生热激活，以室温下不具备热激活而使 γ 稳定化的观点似缺乏依据。以纳米材料特有的界面体积量考虑其界面（或表面）能会获得适当的解释（见本文第 7 节）。

（3）有些制备方法中，合金不经过形成 γ 的温度区，在室温形成 bcc 结构，显示在一定的能量条件（包括应力场）下，可能由合金的原子直接组成 α 相。

（4）有些工作，如文献[21]认为 Fe-25at%Ni 经 773K 晶化，文献[26]认为 Fe-20Ni 经 600℃ 和 900℃ 奥氏体化及我们最近对 Fe-15Ni 的工作，都得到在一定成分和晶粒大小等的条件下，Fe-Ni 中均显示 $\gamma \to \alpha$ 马氏体相变的痕迹。继续探索，有望得到纳米合金马氏体相变的特征，如 K-S 或西山位向关系以及表面浮突等。

（5）纳米晶内体积小，已有实验显示单颗粒 Cu-7.5Fe 及 Cu-1.5Fe-0.5Ni（wt%）在 20～60nm 时形成单一变体马氏体[13]。可能在纳米晶粒很难发生变体间的协调时，会使其相变应变能较高。可以预想孤立子模型仍能适用于大于 10nm 纳米晶的马氏体长大。按相变驱动力与马氏体界面移动速率的方程[30]推断，纳米晶内马氏体会很快长大。

（6）不同方法制备所得的纳米 Fe-Ni 中都显示 α 相加热时的逆相变，且 A_s 与大块晶体的相当[21,26,27]。文献[27]中对此已作出阐释。

12.4 纳米材料的扩散型相变

纳米材料中扩散型相变的研究,目前还很少报道。在此引述最近的 Al-Cu 中脱溶沉淀和 Nb 的亚稳同素异构相变的工作。

Lokker 等[31]以磁控溅射制备的 Al-Cu(0.3at%Cu 和 1at%Cu)薄膜(厚度 500nm),有衬底的晶粒为 60~250nm,无衬底的为 30~120nm,研究其经 323~773K 间热循环后的相变,热循环后,前者晶粒为 1μm,后者为 0.5~2.2μm。发现经加热至 773K,慢冷后都发生脱溶沉淀,大多沉淀在三角晶界上。0.3at/Cu 的沉淀粒子呈三角形,1at%Cu 的呈不规则形状。粒子间距(约 16μm)大于晶粒尺寸(平均约 1μm),而在铝晶粒内未见沉淀。冷却至室温后,大量的 Cu(约 0.2at%)不含在第二相内(大块 Al-Cu 中仅有 0.001at%Cu)。EDS 实验证明,Cu 偏聚在晶界及界面和位错处。第二相 Al-Cu 在偏聚的饱和浓度中生成。薄膜中 Al_2Cu 的形成温度在 Al-Cu 固溶线以下 85K,如图 7 所示。DSC 测量表明,$Al_{99}Cu_1$ 无衬底合金自 773K 以不同速率冷却(10~30K/min),其第二相开始沉淀的温度由 663K 改变为 657K,仅为热滞所致,并不显示过冷。$Al_{99}Cu_1$ 不同冷速下析出 Al_2Cu 粒子的生成焓几乎一致。因此,第二相析出温度的下降并非过冷的影响。和大块 Al-Cu 中脱溶沉淀不同,在 Al-Cu 薄膜中,第二相粒子为非共格的 Al_2Cu,无中间相形成。这个工作揭示了薄膜材料中主要是晶界的溶质偏聚使其脱溶沉淀出现一些异常情况,可能由于脱溶前(退火态)的 Al-Cu 晶粒已长大至 0.5~2.2μm,其晶界扩散效应未能突显出来。控制纳米材料中晶粒的长大,由于晶界促进扩散的作用,可能将会发现更特殊的脱溶特征。

以机械合金化制备纳米材料时,引入众多缺陷有利于扩散。Chatterjee 等[32]在利用机械合金化制备 $Nb_{80}Al_{20}$ 时,发现迄今未知的 Nb 的同素异构相变,即 bcc→fcc。他们又将 Nb 粉球研磨发现:随球磨时间延长,晶粒大小减小,bcc 的点阵常数增大,至球磨 30h 发生 bcc→fcc 同素异构相变,如图 8 所示。他们以点阵膨胀作为等静压负值作用进行分析,认为按 Gibbs-Thompson 公式,晶粒减小、表面能增大及摩尔体积增高能使 ΔG 上升,导致 bcc 失稳,发生同素异构相变。在文中,他们未提及扩散。机械合金化会产生诸多缺陷,提高了原子扩散率。因此,Nb 的"亚稳"相变可能是"亚稳"自扩散的结果。其他元素或合金经球磨也可能发生同素异构或其他扩散型相变,均待探索。

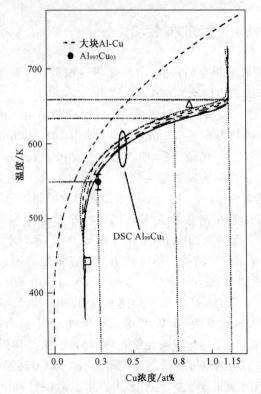

图 7　Al-Cu 薄膜中 Cu 的固溶温度
（虚线表示大块 Al-Cu 合金的相图）

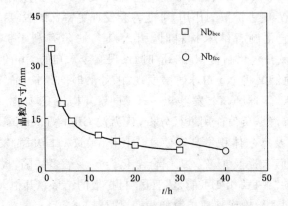

图 8　bcc 和 fcc Nb 粉的晶粒大小随球磨时间 t 的改变

12.5 晶界对纳米材料相变的作用

纳米材料中较大的晶界能或表面能会显著影响母相和新相的 Gibbs 自由能，这往往成为建立纳米材料相变理论模型的基础，如我们提出的纳米金属相变热力学和纳米晶体中马氏体相变形核能垒计算（见下两节）。晶界吸附及晶界扩散对相变的影响也应给予重视。在此定性地泛论晶界对无扩散型马氏体相变和扩散型相变的作用。

纳米 Fe-Ni 中显示奥氏体的稳定化，似乎晶界促发马氏体形核在纳米材料中并无显著的作用（在大块材料中，晶界也只形成很少量马氏体，仅能籍高度灵敏的声发射法才能测得[15]）。一般情况下，晶界阻碍马氏体相变，但当溶质在晶界偏聚（平衡或非平衡偏聚）浓度较高时，在纳米材料中会有提高 M_s 的作用。由于纳米晶体马氏体相变切变能较大，晶粒又小，切变波通过适当结构的晶界可能影响邻近晶粒，促发产生晶粒间的自促发形核。这些均有待实验工作和理论工作验证。

在扩散型相变中，溶质在晶界、界面及位错处的偏聚，对脱溶相变具有影响，如前述 Al-Cu 的例子，由于减低溶质过饱和度，会使析出温度下降，以及沉淀相只在晶界析出，并由此就不先形成共格的过渡相。纳米晶由于晶界的高扩散率，或纳米晶的点阵膨胀有助于质量输送，相当于高温促使扩散。因此，可以设想纳米材料扩散型相变所需扩散激活能较小，相变速率较大，定量模型有待建立。

12.6 纳米金属相变的理论模型

Kitakami 等[5]认为不同大小纳米 Co 粒呈不同结构（见图 1）是由于不同结构的 α、β 相，其能量随 Co 粒大小而改变的斜率不同所致。hcp 结构 α 相含有层错，因此需计及层错能，fcc 结构 β 相具有李晶二十面体结构（β-MT）和 β-Wulff 多面体结构，它们的能量应分别计及均匀弹性应变能及李晶能。U_x 表示 β-MT、β-Wulff 多面体或 α-Wulff 多面体能量，$U_{c\alpha}$ 表示 α-Co 粒的结合能，D 为粒子直径，则 $(U_x-U_{c\alpha})/D^2$ 与 D 的关系如图 9 所示。这大致能解释图 1 的结果，但不能作为普适的理论模型。

Suzuki 等[33]设想一个小晶体的表面形成漩涡进行马氏体相变，当漩涡位移成四方体时，Bain 应变使晶体的横向受张力、纵向受压缩，如图 10 所示。因此，当晶体的直径为纳米尺寸时，线张力将使晶体中的位错拉出晶体之外。他们以嵌入原子法计算：当 Fe 晶体内不存在任何缺陷，而使其中的 fcc→bcc 时位能突然降低的温度 T_{ms} 与晶体所含原子数 N 的关系如图 11 所示，说明晶粒愈小，其

$\gamma \rightarrow \alpha$ 相变的温度愈低。该文巧妙地应用 Bain 应变设想纳米晶粒不存在缺陷、便于理论处理,诚属创见。虽然高分辨电镜实验[34]已发现纳米(5~10nm)Pd中,尤其在晶界附近存在相当高的内应力,包括高密度孪晶、小角晶界和位错等,经退火后晶粒粗化、晶界变薄、晶粒内畸变消失,但 Suzuki 等的理论模型仍有参考价值。

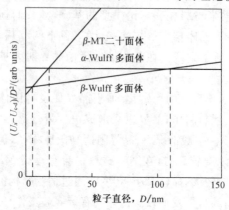

图 9 细粒 Co 在不同晶态时的能量随晶粒直径的变化

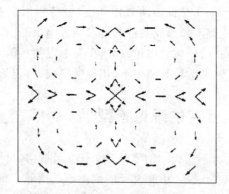

图 10 四面体漩涡位移形成时,晶体中心引入 Bain 应变示意图

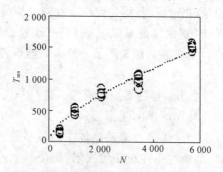

图 11 fcc→bcc 时使位能突然下降的温度 T_{ms} 与晶体内原子数的关系

利用 Fecht[35,36] 和 Wagner[37] 提出的纳米(界面密度较低)晶体膨胀模型,和准谐 Debye 近似[38],我课题组提出了一个纳米金属相变的热力学模型[39]。

设纳米体系的自由能为晶内完整晶体的自由能和界面自由能之和,界面的厚度设为 δ(计算中采用 $\delta_\alpha = \delta_\gamma = 0.6$ nm)。界面能量主要由参量剩余体积 ΔV 决定,ΔV 定义为

$$\Delta V = \frac{V(\gamma)}{V_0(\gamma_0)} - 1 \tag{1}$$

其中,$V(r)$ 为纳米晶界面(原子间距为 r)内的原子体积,$V_0(r_0)$ 为完整晶体(平衡态原子间距 r_0)内的原子体积。由于 αFe 的弹性模量大于 γFe 的模量等原因,当 $\Delta V > 0.012$,αFe 的 Gibbs 自由能大于 γFe,在 300K 时如图 12 所示(垂直线处表示 ΔV 的临界值)。

$\Delta G_{\gamma \to \alpha}$ 由下式表示:

$$\Delta G = (1-x^i\alpha)\Delta G_\alpha + x_\alpha^i + \Delta G_\alpha^i - [(1-x_\gamma^i)\Delta G_\gamma + x_\gamma^i \Delta G_\gamma^i] \tag{2}$$

其中,上标 i 表示界面,在 300K 时 ΔG 和晶粒大小 d 的关系如图 13 所示。可见,当 $\Delta V > 0.012$,虽然 $\Delta G\alpha_x < \Delta G_\gamma$,但 $\Delta G_\alpha^i > \Delta G_\gamma^i$,当 d 值小,即界面浓度(x_α^i 和 x_γ^i)相当高时,$\Delta G_{\gamma \to \alpha} > 0$。以 $\Delta G_{\gamma \to \alpha} = 0$ 时的 d 定义为 d 的临界值 d^*,在 300K 时 ΔV 与 d^* 的关系如图 14 所示,当晶粒小于 50nm 时,γFe 可在室温时存在。由这个热力学推导得细晶 αFe 的自由能较高,还能解释纳米晶促使逆相变的进行。这个热力学计算方法也可应用于其他元素。

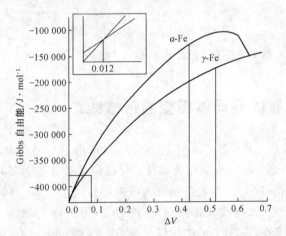

图 12 在 300K 时 αFe 和 γFe 的 Gibbs 自由能随多余体积的变化

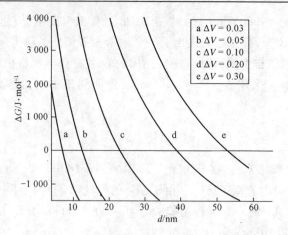

图 13 $\Delta G_{\gamma\to\alpha}$ 随晶粒大小 d 的变化($T=300K$)

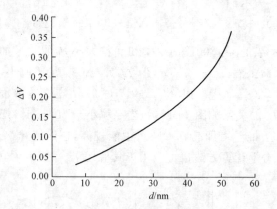

图 14 临界晶粒大小 d^* 随 ΔV 的变化($T=300K$)

12.7 纳米晶体马氏体相变的形核能垒

我课题组参照 Cahn 等[40]关于表面(界面)对相平衡的研究,假定了一个球形晶粒中出现一个膨胀的夹杂作为形核。将晶粒及晶粒外的多晶体系视作同一物质,并将其视作各向同性,夹杂物也为各向同性,但夹杂物和基体各有不同的弹性常数。形核(夹杂物放入晶粒)产生应力场,可求得夹杂物(i)、夹杂外的小晶粒(c)中和晶粒外的基体(m)的位移和应力。根据 Gurtin 和 Murdoch[41]提出的界面力学平衡条件,

$$\sigma^m \cdot n^m + \sigma^i \cdot n^i - div f = 0 \tag{3}$$

其中,σ^m 和 σ^i 分别为基体和夹杂中的应力张量,n^m 和 n^i 分别为基体和夹杂的外

法线方向，而 $n^m = -n^i$，f 为表面张力，且有[40]：

$$divf = 2fn^i/R \tag{4}$$

式中，R 为界面处的半径。可求得 i、c 和 m 界面处应满足的应力平衡方程，以及法向位移的连续条件。由此得相应区域的应变能：E^i、E^c 和 E^m，以 Cahn 和 Larché 所给出的表面能计算公式[41]，得 i-c 和 c-m 间表面能 E^{ic}_s 和 $E^c m_s$。利用 Eshelby[42] 的切应变能方程，求得切应变能：

$$E_2/V = 2\gamma G (\sum\nolimits_{13}^{T})^2 \tag{5}$$

式 5 中 V 为相变部分的体积，γ 为与形状有关的系数，G 为母相的切变弹性模量，$\sum\nolimits_{13}^{T}$ 为切应变量。马氏体相变的形核能垒可列为

$$\Delta G = kR_0^3 \Delta G_{\gamma \to \alpha} + E \tag{6}$$

其中，$E = E^i + E^c + E^m + E^i c_s + E^c m_s + E_2$，$R_0$ 为核胚半径，$\Delta G_{\gamma \to \alpha}$ 为化学自由能差，k 为形状系数。

以 Fe-Ni 为例，计算了 Fe-30at％Ni 和 Fe-20at％Ni 的形核能垒。图 15 和 16 分别显示 Fe-30％Ni 和 Fe-20％Ni 的内半径为 50nm 和 10nm 晶粒的形核能垒和临界核胚的半径。可见含 Ni 量高的或含 Ni 量相同而晶粒较小的，其马氏体形核能垒愈高，临界核胚愈大，即愈不容易进行马氏体相变，详文将另行发表。

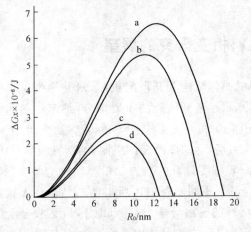

图 15 Fe-30at％Ni 合金半径为 50nm 及 10nm 晶粒的马氏体相变形核能垒和临界胚核大小

a. $f_1 = \gamma = 1J/m^2$，$f_2 = 2J/m^2 c/a = 1/70$，$R_1 = 10nm$；
b. $f_1 = \gamma = 1J/m^2$，$f_2 = 2J/m^2 c/a = 1/70$，$R_1 = 50nm$；
c. $f_1 = \gamma = 0175J/m^2$，$f_2 = 2J/m^2 c/a = 1/70$，$R_1 = 10nm$；
d. $f_1 = \gamma = 0175J/m^2$，$f_2 = 2J/m^2 c/a = 1/70$，$R_1 = 50nm$。

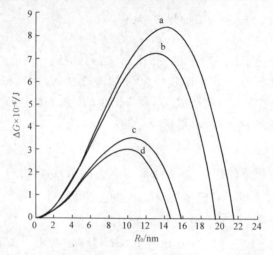

图 16　Fe-20at%Ni 合金半径为 50nm 及 10nm 晶粒的马氏体相变形核能垒和临界核胚大小

a. $f_1=\gamma=1J/m^2$, $f_2=2J/m^2 c/a=1/75$, $R_1=10nm$；
b. $f_1=\gamma=1J/m^2$, $f_2=2J/m^2 c/a=1/75$, $R_1=50nm$；
c. $f_1=\gamma=0175J/m^2$, $f_2=2J/m^2 c/a=1/75$, $R_1=10nm$；
d. $f_1=\gamma=0175J/m^2$, $f_2=2J/m^2 c/a=1/75$, $R_1=50nm$。

12.8　纳米材料相变研究的展望

探索纳米材料的晶体结构及其形成机制，研究纳米材料中的相变行为籍以控制其性能应是纳米材料基础研究的重要部分，纳米材料的结构和相变研究正待大力兴起，展望积极开展下述工作：不同制备方法所得纳米材料的结构，结构因条件(温度场和应力场)不同而改变的机制；纳米材料的马氏体相变热力学(包括相变形核能垒及 M_s 温度计算的热力学模型)、动力学、晶体学及形核-长大机制及与大块材料的异同；不同制备方法所得纳米晶体在无扩散及扩散型相变中的不同行为；纳米材料的脱溶分解、spinodal 分解、胞状分解(共析相变、球光体相变)等的相变特征及其与大块晶体中相变行为的比较；晶界(结构、数量及溶质偏聚)和其他缺陷对无扩散型和扩散型相变的影响；纳米材料相变的应用，纳米材料中的二级相变，包括铁磁相变、反铁磁相变、有序化相变、铁电相变、铁弹相变、超导相变等及其对材料的影响。

参考文献

[1] Granqvist C G, Buhrman R A, Ultrafine metal particles [J]. J. Appl. Phys. ,1976,47: 2200~2219.

[2] Kimoto K Nishida I, An electron diffraction study on the crystal structure of a new modification of chromium [J]. J. Phys. Soc. Jpn. ,1967,22: 744~756.

[3] Yukawa N, Hida M, Imura T. , Kawamura M. , and Miznno Y. , Structure of chromium-rich Cr-Ni,Cr-Fe,Cr-Co and Cr-Ni-Fe alloy particles made by evaporation in argon [J]. Metall. Trans. A,1972,3: 887~895.

[4] Kitakami O, Sakurai T, Miyashita Y. , Takeno Y. , Shimada Y. , Takano H. , Awano H. , Ando K. Sugita Y. , Fine metallic particles for magnetic domain observations [J]. Jpn. J. Appl. Phys,. 1996,35: 1724~28.

[5] Kitakami O, Sato H. Shimada Y. , Size effect on the crystal phase of cobalt fine particles [J]. Phys. Rev. ,1997,B56: 13849~54.

[6] Fukano Y, Particles of γ-Iron quenched at room temperature [J]. Jap. J. Appl. Phys. , 1974,13: 1001~1002.

[7] Haneda K, Zhou Z X. , Morrish A. H. , Majimn T. , Migahara T. , Low-temperature stable nanometer-size fcc-Fe particles with no magnetic ordering [J]. Phys. Rev. ,1992, B46: 13832~37.

[8] Moruzzi V L, Karcus P M, Schwarz K. Mophn P. , Ferromagnetic phases of bcc and fcc Fe, Co and Ni [J]. Phys. Rev. ,1986,B34: 1784~91.

[9] Takahashi I. Shimizu M. , Volume dependence of the magnetic behavior in fcc iron [J]. Magn. Magn. Mater. ,1990,90&91: 725~726.

[10] Pinski F J, Staunton J. , Gyorffy B L, Johnson D D, Stockes G M, Ferromagnetism versus antiferromagnetism in face-centered-cubiciron [J]. Phys. Rev. Lett. ,1986,56: 2096~2099.

[11] Asada T. , Blügel S. , Total energy spectra of complete sets of magnetic states for fcc-Fe films on Cu (100) [J]. Phys Rev. Lett. ,1997,79: 507~510.

[12] Memmel N. Detzel Th. Growth structure and stability of ultrathin iron films on Cu (001) [J]. Sur. Sci. ,1994,307-309: 490~495.

[13] Easterling K E Swann P R, Nucleation of martensite in small particles [J] Acta Metall, 1971,19: 117~121.

[14] Bianco L. Del., Ballesteros C. , Rojo J M Hernando A. , Magnetically ordered fcc structure at the relaxed grain boundaries of pure nanocrystalline [J]. Fe. Phys. Rev. Lett, 1998,81: 4500~4503.

[15] 徐祖耀. 马氏体相变的开始温度[J]. 金属热处理学报. 1999,20: 9~15 Hsu T. Y. The

starting temperature of martensitic transformations [J]. Trans. Heat Treatment of Metals.

[16] Kajiwara S, Ohno S Honma K, Martensitic transformation in ultrafine particles of metals and alloys [J]. Phil. Mag. , A,1991,63: 625~644.

[17] Cech R W, Turnbull D. , Heterogeneous nucleation of the martensite transformation [J]. Trans. AIME. ,1956,206: 124~132.

[18] Dumpich G, Wassermann E F, Manns V, et al, Structural and magnetic properties of Ni_xFe_{1-x} evaporated thin film [J]. J. Magn. Magn. Mater. ,1987,67: 55~64.

[19] Ping J Y, Rancourt D G, Dunlap R A, Physical basis and break down of hyperfine field distribution analysis in fcc Fe-Ni (5-70at%Fe) [J]. J. Magn. Magn. Mater. ,1992, 103: 285~313.

[20] Asaka K, Hirotsu Y, Tadaki T, Lattice softening and its relation to the martensitic transformation in nanometer-sized particles of Fe-Ni alloys [C]. Proc. Inter. Conf. On solid-Solid Phase Transformations'99 (J IMIC-3), Ed. M. Koiwa, K. Otsuka and T. Miyazaki, The Jpn Inst. Metals 1999,1068 ~1071.

[21] Asaka K, Hirotsu Y, Tadaki T. , Martensitic transformation in nanometer-sized particles of Fe-Ni alloys [J]. Mater. Sci. Engr. A,1999,273-275: 262~265.

[22] Sato H, Kitakami O. , Sakurai T, et al, Structure and magnetismof hcp-Co fine particles [J]. J. Appl. Phys. ,1997,81: 1858~1862.

[23] Aldén M, Mirbt S, Skriver H L, Rosengaard N M, Johnsson B. , Surface magnetism in iron, cobalt and nickel [J]. Phys. Rev. ,1992,B46: 6303~12.

[24] Zhou Y H, Harmelin M. Bigot J. , Martensitic transformation in ultrafine Fe-Ni powders [J]. Mater. Sci. Engr. A,1990,124: 241~249.

[25] Kajiwara S, Ohno S, Honma K, Uda M. Martensitic transformation in ultrafine paticles of Fe-Ni alloys [C] Proc. ICOMAT, The Jpn Inst. Metals,1987: 359~364.

[26] Kuhrt C, Schultz L, Phase formation and martensitic transformation in mechanically alloyed nanocrystalline Fe-Ni [J]. J. Appl. Phys. ,1993,73: 1975~1980.

[27] Rong Y H (戎咏华), Meng Q P (孟庆平), Hsu T Y (徐祖耀), The structure and martensitic transformation of nano-size particles in Fe-Ni film [C]. Proc 4th Pacific Rim conf. on Advanced Mater. Processing, held in December, 2001, Hawaii.

[28] Hsu T Y (徐祖耀), An approach for the calculation of Ms in iron-base alloys [J]. J. Mater. Sci. ,1985,20: 23~31.

[29] Hsu T Y (徐祖耀), Martensitic transformation and martensite [M] 2nd. Ed. (马氏体相变与马氏体). 第二版. Science press (科学出版社),1999,468~469.

[30] Zhao Y (赵宇), Zhang. J. (张骥华), Hsu. T Y (徐祖耀), Soliton interpretation of relation between driving force and velocity of interface motion in martensitic transformation [J]. J. App. Phys. ,2000,88: 4022~4025.

[31] Lokker J P, Bêttger A J, Sloof W G, et al. Phase transformations in Al-Cu thin films: precipitation and copper redistribution [J]. Acta Mater., 2001, 49: 1339~1349.

[32] Chatterjee P P, Pabi S K, Manna I An allotropic transformation induced by mechanical alloying [J]. J. Appl. Phys., 1999, 86: 5912~5914.

[33] Suzuki T, Shimono M, Takeno S, Vertex on the surface of a very small crystal during martensitic transformation [J] Phys. Rev. Lett., 1999, 82: 1474~1477.

[34] Wunderlich W, Ishida Y, Maurer R, HERM-studies of the nanocrystalline palladium [J]. Scr. Metall. Mater., 1990, 24: 403~408.

[35] Fecht H J, Intrinsic instability and entropy stabilization of grain boundary [J]. Phys. Rev. Lett, 1990, 65: 610~613.

[36] Fetch H J, Thermodynamic properties and stability of grain boundaries in metals based on the universal equation on state at negative pressure [J]. Acta Metall. Mater., 1990, 38: 1927~32.

[37] Wagner M., Structure and thermodynamic properties of nanocrystalline metals [J]. Phys. Rev., 1992, 45B: 635~639.

[38] Gerifelco L. A. Weizer V. G., Application of the morse potential function to cubic metals [J]. Phys. Rev., 1959, 114: 687~690.

[39] Meng Q(孟庆平), Zhou N(周宁), Rong Y(戎咏华), Chen S(陈世朴), Hsu T Y(徐祖耀). Size effect on the Fe nanocrystalline phase transformation [J]. Acta Mater. 2002, 50: 4563-4570.

[40] Cahn J W, LarchéF., Surface stress and the chemical equilibrium of small crystals-II solid particles embedded in a solid matrix [J]. Acta Metall., 1982, 30: 51~56.

[41] Gurtin M. E., Murdoch A I, A continuum theory of elastic material surfaces [J]. Arch. Rat. Mech. Anal., 1975, 57: 291~323.

[42] Eshelby J D, The determination of the elastic field of an ellipsoidal inclusion and related problems [J]. Proc. Roy. Soc. A, 1957, 241: 376~396.

[43] Meng Q P(孟庆平), Rong Y H(戎咏华) and Hsu T Y(Xu Zuyao 徐祖耀). The structural stability in nano-sized crystals of metals [J]. Science in China E, 2002, 45(5): 485-494.

[44] Meng Q P, Rong Y H, and Hsu T Y (Xu Zuyao). Nucleation barrier for phase transformations in nanosized crystals. [J]. Phys. Rev. B, 2002, 65, 174118-1-7.

[45] Zhou N, Wang C Z, Zhenghong Guo, et al. The characterization of phase separations for FeCo-Al_2O_3 nanogranular films [J]. Materials Letters, 2003, 57: 2168-2173.

[46] Wang H B, Liu Q Z, Zhang J H et al. The size effect on the phase stability of nanograined Fe-12Ni powders and the magnetic separation of face-centred-cubic-body-centred-cubic phases. [J]. Nanotechnology, 2003, 14: 696-700.

[47] Wang H B, Zhang J H, Hsu T Y (Xu Zuyao). Internal friction associated with phase

transformation of nanograined bulk Fe-25 at. % Ni alloy. [J]. Material Science and Engineering A,2004,380: 408-413.

[48] Shan Q X,Zheng H G,Hsu T Y (Xu Zuyao). Nucleation Barrier for the Precipitation in Nanosized Al-4wt%Cu Alloy. Materials Science Forum,2005,475-479: 3463-3466.

[49] Zhang Y L,Jin X J,Rong Y H,et al. The size dependence of structural stability in nanosized ZrO_2 particles. [J]. Material Science and Engineering A,2006,438-440: 399-402.

[50] Meng Q P,Rong Y H,Hsu T Y (Xu Zuyao). Distribution of solute atoms in nanocrystalline materials. [J]. Material Science and Engineering A,2007,471: 22-27.

导言译文

Phase Transformations in Nanocrystalline Materials

In nano-sized crystals, there often appeared the different crystal structure from that in bulk materials, such as fcc structure in Co and Fe at room temperature. In nanocrystalline Fe-Ni, there exhibit extended phase areas of α and γ, the stabilization of austenite, and the similar reverse transformation to that in bulk alloy. Explanations to these phenomena were given in this article. Critical temperatures of martensite transformation during cooling were detected in Fe-Ni with certain grain size and composition, which revealed that martensitic transformation might occur in nanocrystalline material. In Al-Cu film, a large amount of copper segregated at grain boundaries and the incoherent Al-Cu particles formed at the sites with saturated concentration of segregation. No intermediate phase was found before the precipitation of Al-Cu in Al-Cu film and the solid solubility temperature (solvus) is 85K lower than that in bulk alloy. The functions of grain boundary, together with the grain boundary segregation and diffusion, in the diffusionless and diffusional transformations were qualitatively discussed. A thermodynamic model for the phase transformation in nanocrystalline metal and the calculation of the nucleation barrier for martensite formation in nanocrystalline material were suggested to describe the size effect on phase transformations. Perspective in further studies was presented.

第 13 章　金属纳米晶的相稳定*

根据热力学平衡条件，建立了金属纳米晶的相平衡方程。应用 Fetch 和 Wagner 的界面膨胀模型以及 Smith 和其合作者建立的普适状态工程，对纳米晶界面的热力学量进行计算，由此获得金属高温相可在较低的温度下存在的临界尺寸。通过对元素 Co 的 β 相（fcc 结构）和 α 相（hcp 结构）纳米晶 Gibbs 自由能的计算表明，β 相可在室温存在的临界尺寸和纳米晶界面处的过剩体积（ΔV）有关。当 ΔV 取 10% 时，β 相应在 35 nm 以下稳定存在，与 Katakimi 的实验较为符合。对影响 β-Co 稳定性的因素也作了讨论。

13.1　概述

许多理论和实验已表明，金属的纳米晶具有与传统多晶（晶粒尺寸在微米以上）完全不同的相变特征和稳定性。这主要表现在纳米晶的高温相可在低温下稳定存在，如在一定的尺寸下，有些金属低于熔点数百度仍能保持液相[1]。具有固态同素异构转变的一些元素和合金也发生了类似于液固转变的情况，即在相变点以下几百度，乃至在液氮下仍不发生通常情况下应有的相变[2~9]。对此，主要的观点是：① Cech 和 Turnbull[2]认为由于尺寸减小，在母相中存在低温相核胚的概率显著地降低，致使相变困难，但 Kajiwara 等人[3]通过对纳米颗粒形变的实验否定了 Cech 和 Turnbull 的观点；② 表面能的作用被认为是主要的因素[6]。除 Fe[4] 和 Co[5,6]有同素异构转变的元素外，一些不具备同素异构转变的元素（V, Mo, Na, W, Nb）[7,8]也已由理论和实验证明，在一定的尺寸下它们会由原来的正常的相结构（传统大块晶中存在的相）bcc 或 hcp 结构变成为 fcc 结构。

纳米晶中存在大量的内界面（包括晶界、相界和畴界）。这些界面影响着纳米晶的物理性能，如比热和热膨胀等。这些性能的变化与纳米晶体中界面的热力学特征有必然的联系。关于纳米晶界面的结构已有了许多的研究[9,10]，Gleiter 和他的合作[9]首先根据他们的实验推测出纳米晶界面的原子分布为"类气态"模型，认为纳米晶界面的原子分布既不具有长程有序也不具有短程有序，

---

* 国家自然科学基金资助项目. 本文合作者孟庆平、戎咏华.

第 13 章 金属纳米晶的相稳定

是一种类似于气体的状态。而 Thomas 等人[10]则采用高分辨电子显微镜对纳米晶界面的直接观察得到纳米晶的界面是有一定的结构的,并非像 Gleiter 等人所推测的那样。一些研究已经表明,纳米晶界面处原子排列的密度较低,约为晶内密度的 70%~90%[9,11]。Fecht[12]和 Wagner[13]利用界面密度较内低的特性,提出纳米晶界面膨胀模型,分别用普适状态方程和准谐 Debye 近似计算了 Cr,Pd,Hf 和 Cu,Pd,Ir 纳米晶界面的热力学性质。Lu[14]应用准谐 Debye 近似计算了 NiP 和 Ni 的非晶态晶化的热力学问题,得到了非晶态可以存在的临界尺寸。Meng 等人[1]也利用上述模型研究了 Fe 纳米晶中 γ-Fe 向 α-Fe 转变的热力学问题,并提出了 γ-Fe 可在常温稳定存在的临界尺寸。

本文将应用 Fecht[12]和 Wagner[13]的纳米晶界面模型,结合 Smith 及其合作者[15,16]提出的普适状态方程对金属纳米晶的相变特征进行研究,通过热力学计算,旨在对金属纳米晶高温相的稳定性以及高温相在常温存在的临界尺寸及其影响因素进行讨论。

13.2 理论

13.2.1 纳米晶相平衡的热力学条件

Gleiter 等人[9]认为纳米晶中的原子可分成两部分,一部分是位于晶粒内部处于点阵位置上的原子,另一部分是位于晶界上的原子。因此,如果忽略晶界和晶粒内部原子的相互作用[14],则对于纳米晶的 Gibbs 自由能可以写成这两部分自由能之和,即晶粒内部原子的自由能和界面原子的自由能之和。当纳米晶发生相变由 β 相转变为 α 相时,Gibbs 自由能的变化可由下式表示:

$$\Delta G_{\beta \to \alpha} = (1-x_\alpha^i)\Delta G_\alpha + x_\alpha^i \Delta G_\alpha^i - [(1-x_\beta^i)\Delta G_\beta + x_\beta^i \Delta G_\beta^i] \tag{1}$$

式中的 x_α^i 和 x_β^i 分别为纳米晶中 α 和 β 相界面的原子分数,ΔG_α 和 ΔG_β,ΔG_α^i 和 ΔG_β^i 分别代表了 α 和 β 相纳米晶内以及界面(用上标 i 标记)的 Gibbs 自由能的变化。

假设纳米晶粒是球形,不考虑相变引起的体积变化,对于一个如图 1 所示直径为 d 的那样晶粒,设其界面的厚度为 δ,则晶内部分为 $d-2\delta$,假定 α 和 β 相纳米颗粒的界面厚度分别为 δ_α 和 δ_β,对于多晶纳米材料 δ(δ_α 和 G_β)也就是晶界厚度的一半,而对于自由颗粒即

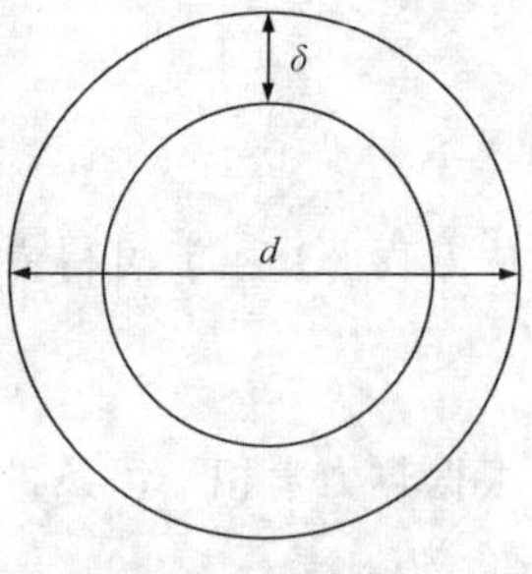

图 1 纳米颗粒直径 d 和界面厚度 δ 关系示意图

为表面层的厚度。此时,位于界面处原子的分数可以写为

$$x_\alpha^i = \frac{1-\left(1-\frac{2\delta_\alpha}{d}\right)^3}{1+\left(\frac{\rho_\alpha^i}{\rho_\alpha}-1\right)\left(1-\frac{2\delta_\alpha}{d}\right)^3}$$

$$x_\beta^i = \frac{1-\left(1-\frac{2\delta_\beta}{d}\right)^3}{1+\left(\frac{\rho_\beta^i}{\rho_\beta}-1\right)\left(1-\frac{2\delta_\beta}{d}\right)^3}$$

(2)

此处 ρ_α, ρ_α^i, ρ_β 和 ρ_β^i 分别为 α 和 β 相晶内和界面处的原子密度。如果忽略 $\frac{2\delta}{d}$ 和 $\frac{2\delta}{d}\left(\frac{\rho}{\rho_i}-1\right)$ 的二次和三次方项,可以得到:

$$x_\alpha^i = \frac{6\delta_\alpha}{d}\frac{\rho_\alpha^i}{\rho_\alpha}$$

$$x_\beta^i = \frac{6\delta_\beta}{d}\frac{\rho_\beta^i}{\rho_\beta}$$

(3)

理论计算表明[12~14,17],晶界的过剩体积是描述界面能态的一个重要参量。界面的过剩体积被定义如下[12~14,17]:

$$\Delta V = \frac{V(r_{\text{WS}})}{V_0(r_{\text{WSE}})}-1 \tag{4}$$

式中的 $V(r_{\text{WS}})$ ($V(r_{\text{WS}})=4\pi r_{\text{WS}}^3/3$) 是那样的晶界面一个原子所占的体积,$r_{\text{WS}}$ 是原子的 Wigner-Seitz 半径,$V_0(r_{\text{WSE}})$ 是原子处在平衡状态($P=0$)时的体积,因此,r_{WSE} 是温度的函数。显然,过剩体积 ΔV 反映了界面原子体积相对于晶内原子体积的增加量。

从 $V(r_{\text{WS}})$ 和 $V_0(r_{\text{WSE}})$ 的定义,可得下列表达式:

$$\rho^i = \frac{1}{V(r_{\text{WS}})}$$

$$\rho = \frac{1}{V_0(r_{\text{WSE}})}$$

(5)

从方程(3)~(5)可得界面处原子的分数为

$$x^i = \frac{6\delta}{(1+\Delta V)d} \tag{6}$$

根据热力学相平衡条件 $\Delta G_{\beta\to\alpha}=0$,可以确定 β-α 相转变时,β 相稳定的临界尺寸 d^* 为

$$d^* = \frac{\frac{6\delta_\beta}{1+\Delta V_\beta}(\Delta G_\beta^i-\Delta G_\beta)-\frac{6\delta_\alpha}{1+\Delta V_\alpha}(\Delta G_\alpha^i-\Delta G_\alpha)}{\Delta G_\alpha-\Delta G_\beta} \tag{7}$$

当 β 相的尺寸小于该临界尺寸 d^* 时,可稳定存在。

13.2.2 纳米晶界面的自由能

为计算界面能,Wolf[17]在用重位点阵计算晶界的能量时,认为过剩体积是描述晶界能量的一个重要参量。由 Fecht[12]和 Wagner[13]发展起来的纳米晶界面的理论模型认为,纳米晶界面原子密度的减少,可以看成是单个原子体积的增大。因此,纳米晶界面部分可以看成是膨胀晶体,它的热力学性质可以用膨胀晶体的性质来描述。由 Simth 及其合作者[15,16]发展起来的普适状态方程(universal equation of state)是基于结合能和点阵常数之间的普适关系的,被成功地应用于两金属接触面的结合、吸附和表面能的计算。Fecht[12]采用该普适状态方程以过剩体积为参数成功地计算了纳米晶界面的热力学量。Wagner[13]以准谐 Debye 近似和膨胀晶体模型同样对纳米晶界面的热力学量进行了计算,得到了和 Fecht 类似的结果,可谓殊途同归。本文将采用较为简单的 Fecht 方法来计算纳米晶界面的热力学量。

根据普适状态方程,晶体中的压力 p 可写为原子体积 $V(r_{WS})$ 和温度 T 的函数[16]:

$$p(V,T) = \frac{3B_0(T_R)}{X^2}(1-X)\exp[\eta_0(T_R)(1-X)] + \alpha_0(T_R)B_0(T_R)(T-T_R) \tag{8}$$

相应的体弹性模量 B 可以写为[16]

$$B(V,T) = \frac{B_0(T_R)}{X^2}\{2 + [\eta_0(T_R)-1]X - \eta_0(T_R)X^2\}\exp[\eta_0(T_R)(1-X)] \tag{9}$$

(8)和(9)式中的

$$X = \left[\frac{V}{V_0(T_R)}\right]^{1/3} \tag{10}$$

$$\eta_0(T_R) = \frac{3}{2}[(\partial B/\partial P)_0 - 1] \tag{11}$$

(11)式中的

$$(\partial B/\partial P)_0 = 1 + \frac{2.3 r_{WSE}}{3l} \tag{12}$$

上面各式中的 T_R 为参照温度(reference temperature),$B_0(T_R)$ 和 $\alpha_0(T_R)$ 分别为参照温度下,$p=0$ 时的体弹性模量和体膨胀系数。体膨胀系数是线膨胀系数的 3 倍。$V_0(T_R)$ 是参照温度下的原子体积。$(\partial B/\partial p)_0$ 为 $p=0$ 时的体弹性模量对压强的倒数。l 可由下式计算[16]:

$$l = \left(\frac{\Delta E}{12\pi B_0 (T_R) r_{WSE}} \right) \quad (13)$$

ΔE 是平衡态的结合能。Gruneisen 参数 γ，是反映晶格振动频率和原子体积之间关系的一个函数，可由下式计算得到[18]：

$$\gamma = -(\partial \ln\omega/\partial \ln V)_T = 1 - \frac{V}{2}\left[2\frac{\partial^2 p/\partial V^2 - 10p/9V^2}{\partial p/\partial V + 2p/3V}\right] \quad (14)$$

值得指出的是，Fecht[12] 曾用公式[19]

$$\gamma = \frac{1}{2}\frac{\partial B}{\partial p} - \frac{1}{6} \quad (15)$$

计算了晶界处 γ 随体积的变化，并将计算结果应用到晶界熵的计算，推出纳米晶体晶界的"熵稳定化效应"。然而，该效应并未在实验中观察到[13,14]。Wagner[13] 指出产生理论和实验不符的原因是 Fecht 所选用的公式(15)不适合应用到上面所讨论的问题上。(15)式仅适合于平衡态 $p=0$ 时水温情况，而上面我们讨论的是压力不为零的非平衡态。因此，Wagner[13] 建议在计算纳米晶界等非平衡态的热力学问题时，Grüneisen 参数的计算应采用公式(14)，这样即可消除纳米晶体晶界的"熵稳定化效应"。为此，在本文的计算中采用(14)式。

至此，就可通过热力学公式计算出纳米晶体晶界处的熵、焓以及 Gibbs 自由能分别为[12]

$$\Delta H(V) = E + PV \quad (16)$$

$$\Delta S(V) = c_v \gamma \ln(V/V_0) \quad (17)$$

$$\Delta G(V,T) = \Delta H(V) + c_v(T - T_R) - T[\Delta S(V) + c_v \ln(T/T_R)] \quad (18)$$

式中的 c_v 是恒定体积下的比热，对于每一个原子其值约为 $3k_B$，k_B 是 Boltzmann 常数。E 由普式状态方程得到：

$$E = \Delta E E^*(\alpha^*) \quad (19)$$

此处参数 α^* 是一个长度标度，它可由 r_{WS} 确定如下：

$$\alpha^* = \frac{r_{WS} - r_{WSE}}{l} \quad (20)$$

$$E^*(\alpha^*) = (-1 - \alpha^* - 0.05\alpha^{*3})e^{-\alpha^*} \quad (21)$$

至此，由上面的公式，可计算出纳米晶界面的熵、焓和自由能。再结合(7)式，可计算金属的高温相在某一温度下稳定存在的临界尺寸。

13.3 计算实例——Co 纳米晶的相稳定性

大块 Co 在 420℃要发生 β 相(fcc)向 α 相(hcp)的转变，但一些实验证明[5,6]，当晶粒小于一定的尺寸时，β 相(fcc)可一直保持到室温而不发生相转变。

这些 β 相在室温下长期保存,并在电子显微镜下受电子束照射等仍可保持稳定存在[6],甚至将其冷却到 28K 时仍然保持 β 相稳定[5],由此说明,在一定尺寸下,β 相是稳定相。为此,我们分别计算了 β(fcc) 和 α(hcp) 纳米晶体的 Gibbs 自由能,希望从理论上解释 β-Co 可在室温下存在的原因。

为计算 β-Co 和 α-Co 的热力学量,需要知道在参考稳定下它们的点阵常数、体弹性模量、热膨胀系数和结合能。受实验数据的限制,参考温度 T_R 选室温 300K,具体的数据见表 1。需要指出是,由于 β-Co 为正常晶粒时,300K 温度下为非稳定相,因此,它的一些实验数据只能根据其他的数据来推算,如体弹性模量就是根据线膨胀系数来计算的。详细方法见表 1 下面的说明。

表 1 α-Co 和 β-Co 的点阵常数、体弹性模量、线膨胀系数和结合能

点阵结构	点阵常数/nm	体弹性模量 $B_0(T_R)$/GPa	线膨胀系数 $\alpha_0 \times 10^{-6}$/K	结合能 ΔE/eV
α-Co(hcp 结构)	α=0.250 71[20]	172.3a)	13.6[21]	4.39[22]
β-Co(fcc 结构)	α=0.354 46[20]	160.4a)	14.1b)	4.387c)

a. 根据文献[22],当知道了线膨胀系数,即可由该文献的方程(6)得到线膨胀系数和体弹性模量的关系如下:

$$B_0 = \frac{(3.45k_B)^2}{12\pi r_{WSE}^3 \alpha_0^2 \Delta E}$$

此处下标表示在平衡状态下的体弹性模量和线膨胀系数,为使计算结果具有可比性,β-Co 和 α-Co 均采用上式的计算结果。

b. 该线膨胀系数是根据文献[20]中 Müller 和 Scholten 测得的 297~1273K 之间的点阵常数随温度的变化数据,应用最小二乘法计算出来的值。

c. 该数值是根据 β-Co 和 α-Co 的自由能量差 251.2J/mol[23] 及和 α-Co 的结合能计算出来的。

图 2(a)~(d)分别表示了 α-Co 和 β-Co 纳米晶界面的压力 P 和体弹性模量 B 随界面过剩体积 ΔV 变化的计算结果。从图 2(a)和(c)可以看到,随着界面过剩体积的增加,压力逐渐降低,同时,体弹性模量也逐渐降低。当过剩体积达到一个临界值 ΔV_c 时,体弹性模量将等于零,过剩体积进一步增加将使体弹性模量变为负值。根据 Gibbs 稳定判据,这时纳米晶界面就会变得不稳定,而产生裂纹和孔洞等缺陷。在一定的温度下,比较图 2(a)和(c)可知,α-Co 的 ΔV_c 值要小于 β-Co,但 α-Co 的 ΔV_c 所对应的负压力值要大于 β-Co。随着温度的升高,ΔV_c 在减小,并且它所对应的临界压力也相应地减小。

图 3 表示了在不同温度下,α-Co 和 β-Co 纳米晶界面处 Gibbs 自由能随过剩体积 ΔV 的变化曲线。图 2 和图 3 中垂直虚线和横坐标的交点对应的是临界过

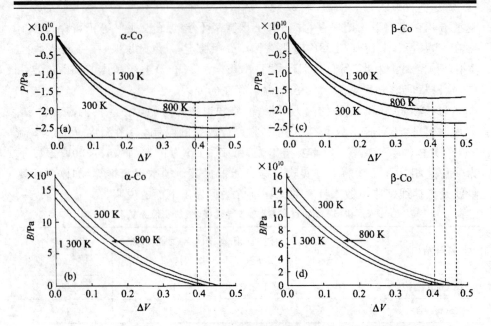

图2 在不同温度下，α-Co 和 β-Co 纳米晶界面处的压力 P 和体弹性模量 B 随过剩体积的变化

（图中的竖直虚线和横坐标的交点表示体弹性模量为零时的临界过剩体积 ΔV_c。）

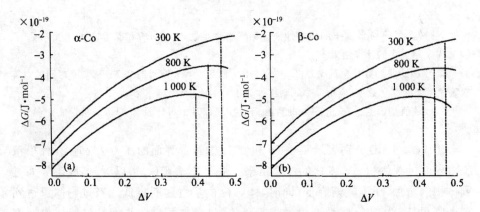

图3 不同温度下，α-Co 和 β-Co 纳米晶界面的 Gibbs 自由能随过剩体积的变化

剩体积，虚线左边为晶体可稳定的区域，右边为不稳定的区域。图2和3所表示的计算结果和 Fecht 计算的 Pd[12]，Wagner[13] 计算的 Cu、Pd、Lr 和 Lu[14] 计算的 Ni 有类似的变化趋势。为了便于比较，图4表示在 300K 时，α-Co 和 β-Co 纳米晶界面的 Gibbs 自由能。从图4可知，随着 ΔV 的增加，α-Co 的 Gibbs 自由能增量大于 β-Co。如果假定 α-Co 和 β-Co 纳米晶粒在界面处的过剩体积 ΔV 相同，

那么,当 $\Delta V > 0.004$ 时,β-Co 纳米晶界面的 Gibbs 自由能将降至低于 α-Co(见图 4 中的局域图)。由于纳米晶的比表面积较大,这样就可造成在室温下 α-Co 纳米晶的总的 Gibbs 自由能 $((1-x_\alpha^i)\Delta G_\alpha + x_\alpha^i \Delta G_\alpha^i)$ 大于 β-Co 的总自由能 $((1-x_\beta^i)\Delta G_\beta + x_\beta^i \Delta G_\beta^i)$,由此导致纳米晶 β-Co 在室温时的稳定存在。随着纳米晶粒尺寸的减小,界面部分所占的比例增加,β-Co 也将变得越来越稳定。

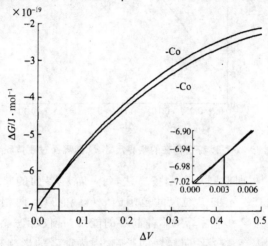

图 4 在 300K 时,α-Co 和 β-Co Gibbs 自由能随过剩体积的变化曲线

(如果 α-Co 和 β-Co 在界面有相同的膨胀量,则 $\Delta V=0.004$ 时,β-Co 的 Gibbs 的自由能低于 α-Co)

图 5 是根据(7)式计算出的 β-Co 可以在 300K 存在的临界尺寸 d^* 随过剩体积 ΔV 的变化曲线。计算时,ΔG_α 和 ΔG_β 分别取 α-Co 和 β-Co 在平衡态($P=0$)时的 Gibbs 自由能。同时,假定 α-Co 和 β-Co 纳米晶体的界面有相同的厚度,并取 $\delta_\alpha = \delta_\beta = 0.6$ nm(仅由 2 到 3 个原子层组成)[24]。从图 5 可以看到随着过剩体积 ΔV 的增加,β-Co 可以存在的临界尺寸 d^* 逐渐增加。实验表明,通常纳米晶体界面的密度约为完整晶体的 70%～90%,因此根据我们的计算,当界面 $\Delta V=0.1$ 时 β-Co 可在 35 nm 以下稳定存在。Kitakami 等人[6] 用磁控溅射制备的纳米多晶薄膜表明,当纳米晶体的尺寸小于 20 nm 时,可得到全部都是 β-Co 的纳米晶粒,晶体尺寸在 20～40nm 之间为 α-Co 和 β-Co 共存区域。而晶粒尺寸大于 40nm 时为单一的 α-Co。我们的计算结果和 Kitakami 等人的实验符合得较好。

由方程(7)可以看到,高温相可在低温存在的影响因素是:δ_α,δ_β,ΔV_α,ΔV_β 以及平衡态晶体的自由能 ΔG_α 和 ΔG_β。根据界面自由能的计算,ΔG_α^i 和 ΔG_β^i 是其相应过剩体积 ΔV_α 和 ΔV_β 的函数。在前面的计算中,δ_α 和 δ_β 被假定是相同的。Fultz 等人[25] 的实验以及计算结果表明,不同的晶体结构,其纳米晶体的界面厚度不同,其中 bcc 结构的界面厚度大于 fcc 结构的界面厚度。ΔV_α 和 ΔV_β

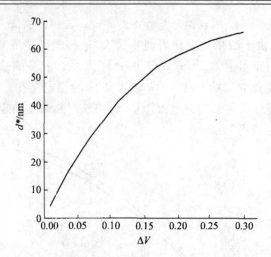

图 5 在 300K 时,β-Co 可以稳定存在的临界尺寸 d^* 随界面过剩体积 ΔV 的变化曲线

与制备方法有关[11],即使同一种制备方法,每一晶粒界面的状态也有一定的波动,这可能是导致在一定的晶粒尺寸范围内 α-Co 和 β-Co 两相共存的原因。应该指出是,以 ΔV 为参量来计算纳米晶晶界的能量,是仅考虑晶界中原子间距的变化对能量的影响,忽略了各向异性的影响,因为前者的影响是主要的,所以上述计算结果仅是一级近似。

另外,Zhao 等人[26]的实验指出,纳米晶体的点阵常数与晶粒大小有关。hcp 结构的 Se,其纳米晶点阵常数 a 随晶粒尺寸的减小而有较大的增加,而 c 则轻微地减小,总的原子体积则是增大的。晶粒尺寸从 70 nm 减至 13 nm 的纳米晶体 Se 的原子体积相对于块体材料增加了 0.001~0.007。原子体积的膨胀量 ΔV 和晶粒尺寸的倒数 d^{-1} 呈现性关系。上述类似的结果也在纳米晶的 Ni_3P 中发现[27]。由此也可以想象,如果在 Co 元素中也发生类似的现象,根据我们的计算,这样讲有利于 β-Co 的形成(见图 4)。

13.4 结论

纳米晶体的相稳定性必须考虑界面的影响。由于界面具有一定的过剩体积,因此,可将它视为一种结构松弛的相。纳米晶体的自由能为完整晶体和界面两部分之和。随着尺寸的减小,界面能量的高低将对纳米晶的相稳定起重要的作用。应用普适状态方程对纳米晶 Co 进行计算。由于 β-Co 纳米晶的界面能较 α-Co 的低,因此,在一定尺寸下,β-Co 变得比 α-Co 更稳定,我们对 Co 的计算结果与 Kitakami 等人的实验符合较好。

参考文献

[1] Buffat Ph, Borel J P. Size effect on the melting temperature of gold particles. [J] Phys Rev A, 1976, 13::287~2297.

[2] Cech R E, Turnbull D. Heterogeneous nucleation of the martensitic transformation[J]. Trans AIME, 1956, 206:124~132.

[3] Kajiwara S, Ohno S, Honma K. Martensitic transformations in ultra-fine particles of metals and alloys Phil Mag A, 1991, 63:625~644.

[4] Haneda K, Zhou Z X, Morrish A H, et al. Low-temperature stablenanometer-size fcc-Fe particles with no magnetic ordering. [J]. Phys Rev B, 1992, 46:13832~13837.

[5] Sato H, Kitakami O, Sakurai T, et al. Structure and magnetism of hcp-Co fine particlrs [J]. J Appl Phys, 1997, 81:1858~1862.

[6] Kitakami O, Sato H, Shimada Y. Size effect on the crystal of cobalt fine particles. [J]. Phys Rev B, 1997, 56:13849~13854.

[7] Tomanek D, Mukherjee S, Bennemann K H. Simple theory for the electronic and atomic structure of small clusters. [J]. Phys Rev B. 1983, 28:665~673.

[8] Chatterjee P P, Pabi S K, Manna I. An allotropic transformation induced by mechanical alloying. [J]. J Appl Phys, 1999, 86:5912~5914.

[9] Zu X, Birringer R. Herr U. et al. X-ray diffraction studies of the structure nanometer-sized crystalline materials. [J]. Phys Rev B. 1987, 35:9085~9090.

[10] Thomas G J, Siegel R W, Eaatman J A. Grain boundaries in nanophase palladium electron microscpoy and image simulation. [J]. Scripta Metall. 1990, 24:201~206.

[11] Sui M L, Lu K, Deng W, et al. Positron-lifetime study of polycrystalline Ni-P alloys with ultrafine grains. [J]. Phys Rev B, 1991, 44:6466~6471.

[12] Fecht J H. Intrinsic instabillty and entropy stabilization of Grain Boundaries. [J]. Phys Rev Lett, 1990, 65:610~613.

[13] Wagner M. Structure and thermodynamic properties of nanocrystalline Metals. [J]. Phys Rev B, 1992, 45:635~639.

[14] Lu K. Interfacial structural characteristics and grain-size limits in nanocrystaline materials crystallized from amorphous solid. [J]. Phys Rev B, 1995, 51:18~27.

[15] Rose J H, Smith J R, Guinea F, et al. Universal features of the equa tion of state of metals. [J]. Phys Rev B, 1984, 29:2963~2969.

[16] Vinet P, Smith J R, Ferrante J, et al. Temperature effects on the universal equation of state of solids. [J]. Phys Rev B, 1987, 35:1945~1953.

[17] Wolf D. Correlation between the energy and structure of grain boundaries in bcc metals I. Symmetrical boundaries on the(110) and(100) planes. [J]. Phil Mag B, 1989, 59:667~

680.
- [18] Dugdale J S, Macdonajd D K C. The thermal expansion of solids. [J]. Phys Rev,1959, 89:832~834.
- [19] Barron T H K,Collins J G,White G K. Thermal expansion of solids atlow temperatures. [J]. Adv Phys,1980,29:609~730.
- [20] Nishizawa T,Ishida K. The Co(cobalt)system. Bull Alloy Phase Diag. [J]. 1983,4: 387~390.
- [21] Brandes E A,ed. Smithells Metals Reference Book. [M]. London:Butter worths,1983, 4~6.
- [22] Guinea F,Rose J H,Smith J R. et al. Scaling relations in equation of metals. [J]. Appl Phys Lett,1984,44:53~55.
- [23] Weast C. Handbook of Chemistry and Physics. 66th ed. [M]. FL:CRC,Boca Raton,1987. D43.
- [24] Waniewska A S, Greneche J M. Magnetic interfaces in Fe-based nanocrystalline alloys determined by Mssbauer spectrometry. [J]. Phys Rev B,1997,56:R8491~8494.
- [25] Fultz B,Kuwano H,Ouyang H. Average widths of grain boundaries in nanophase alloys synthesizad by mechanical attrition. [J]. J, Appl Phys,1995,77:3458~3466.
- [26] Zhao Y H,Zhang K,Lu K. Structure characteristics of nanocrystalline element selenium with different grain sizes. [J]. Phys Rev B,1997,56:14322~14329.
- [27] Sui M L,Lu K. Variation in lattice parameters with grain size of a nanophase Ni3P compound. [J]. Mater Sci Eng,1994,A179-180:541~544.

导言译文

Phase equilibrium equation in nano-crystal line of metal

According to the thermodynamic equilibrium conditions, phase equilibrium equation in nano-sized crystal of metal was established. Using the interface expansion model of Fetch and Wagner and the universal equation of state established by Smith and the other authors, thermody namic parameters of nanocrystalline icterface were calculated, and ctitical grain size for the stable high-temperature phase at room temperature is obtained. Based on the calculation of nanocrystalline Gibbs free energy of β (FCC) and α (HCP) for Co elememt, the results indicates that the existence of β phase at room temperature was related to the excess volume (ΔV) of the nanocrystalline interface. When $\Delta V = 10\%$, the critical grain size of stable β at room temperature is determined as 35nm, which is consistent with Katakimi's experimental results. The factors affecting the stability of β are also discussed.

第 14 章　材料的相变研究及其应用

Fe-C 和 Fe-X-C 合金马氏体相变热力学的研究成果使结构钢的 M_s 温度能以热力学预测。建立铜基合金及 Fe-Mn-Si 基合金马氏体相变热力学,为铜基和铁基形状记忆合金的成分和工艺设计提供基础。提出含 ZrO_2 陶瓷 M_s 温度的热力学计算方法,以及其母相晶粒大小影响 M_s 的正确表达式,对陶瓷的生产和工业应用都具有意义。修正马氏体变温相变动力学方程,显示低碳钢中影响碳扩散系数的合金元素影响残余奥氏体量,这有利于低碳马氏体组织钢的开发。GCr15 轴承钢中残余奥氏体→马氏体的等温动力学研究提高了钢件的尺寸稳定性达 34 %。对 Ni-Ti、Cu-Zn-Al、Fe-Mn-Si 基合金及 ZrO_2 陶瓷中马氏体相变及其逆相变特征的研究,揭示不同形状记忆材料中,影响形状记忆效应(SME)的一些重要因素,并由此获得改善 SME 的途径,有利于这些材料的开发应用。对 Fe-C、钢、Cu-Zn、Cu-Al、Cu-Zn-Al 及 Ag-Cd 合金贝氏体相变的热力学研究,观察到生长台阶,母相强化对相变影响的研究以及内耗测量结果,均显示贝氏体相变属扩散型机制。Cu-Zn-Al 中加入阻碍 Zn 和 Al 扩散的合金元素可能提高形状记忆使用寿命。揭示 CeO_2-ZrO_2 中存在贝氏体相变,并与其出现脆性有关。三元合金 spinodal 分解判据的建立,对借 spinodal 分解呈现高阻尼或高强度合金的开发可能具有价值。群论在相变晶体学中成功地获得应用。由群论导出呈现晶体学可逆性的条件为形成单变体马氏体。应用孤粒子相变的形核—长大模型初见成效。随着功能材料的发展,二级相变理论在材料工程中将得到应用。纳米金属和合金常显示与大块晶体异常的晶体结构。初步揭示纳米材料在马氏体相变和扩散型相变中的一些特征,如高温相的稳定化,不同纳米度和不同制备方法呈现不同的相变产物,晶界偏聚引起脱溶临界温度的降低,以及过渡相的消失等。纳米材料的相变及其对性能的影响是纳米材料开发、应用的一项基础工作,值得重视。

14.1　概述

相变包括结构变化、化学成分的不连续变化和某些物理性质的跃变。材料经相变而改变性能,使材料科学呈现丰富多彩。近百年来材料相变研究及其应用一直为学术界所关注。物理学家提出平均场理论解释相变(如 1907 年 P. I. Weiss 对铁磁相变,1937 年 L. D. Landau 对有序—无序相变的解),继而概括出标度律与普适性(1965,1966),以及重正化群理论(K. G. Wilson,1972),建立相变临界现象的近代理论。这些主要对连续相变具有普适性。材料科学家在结构相变中探讨显微组织与性质(尤其是力学性质)的变化规律,不遗余力,使相变的研究成果为材料工程中的应用做出了显著成绩;近年来也学习和应用物理学家所引用的理论,如郎道理论和软模理论等[1],目的在于发挥材料在经济建设中的有效作用。近年物理学家也对结构相变的具体特性加以关注,如专著《金属物理学》中相变卷[2]对相变的基础理论和材料中具体相变行为有意识地加以联系。学科交叉正日渐迹显。本文择要介述本文作者及其合作者所得相变研究成果及其实用意义,并展望材料相变的理论研究可望在材料工程中的应用。

14.2 马氏体相变

14.2.1 马氏体相变热力学

对 Fe-C 及 Fe-X-C 合金中 fcc (γ) →bct 或 bcc(α')马氏体相变热力学加以完善,成功地以热力学计算 Fe-C[3,4] 及 Fe-X-C[5,6] 合金的 M_s 温度。例如,无论以规则溶液模型[5]或中心原子模型[6]计算所得的 Fe-Mn-C 的 M_s 均与实验值很好符合,如图 1 和 2[5]以及图 3[6]所示。结构钢的热处理及其性能预测均需要参考钢的 M_s 温度,结构钢中 M_s 温度的热力学预测为钢的成分和工艺设计提供基础。

本文作者等建立了铜基合金热弹性马氏体相变热力学[7-13]和以杨氏模量测定及量热法所得结果估算铜基合金马氏体内的储存能,从而导得马氏体相变的临界驱动力[11],使 M_s 能由热力学计算求得,包括不同有序态和有序度母相的 M_s,以及无序母相的理论 M_s。M_s 的计算值与实验值能很好符合(如 Cu-Zn-Al 中 $L2_1$ 母相的 M_s 与分级淬火实验所得的一致[9])。应用 Hall-Petch 式及 Landau 理论,导出 Cu-Zn-Al 中母相晶粒大小和有序度对 M_s 温度的影响,与实验值符合,并得母相有序度与分级淬火温度和时间的关系式(热力学、动力学演释)[12]。以马氏体内储存能作为逆相变的驱动力,计算了 Cu-Zn-Al 合金的 A_s 温度与实验值符合[13]。Cu-Zn-Al 为有潜力的形状记忆合金,其形状记忆的动作温度决定于 M_s 和 A_s 温度,因此铜基合金马氏体相变热力学的这些研究成果,对铜基形状记忆合金的开发具有实用意义。

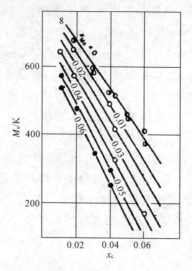

图 1 通过 Hsu-B-Orr 模型及 Chipman 的 $\Delta G_{Fe}^{\gamma \to \alpha}$e，算得的 M_s 值

(Calculated M_s values through Hsu-B model with $\Delta G_{Fe}^{\gamma \to \alpha}$e from Orr-Chipman)

●——Andrews(A); ○——Andrews(B); ◐——Greninger; ◑——Kaufman-Cohen

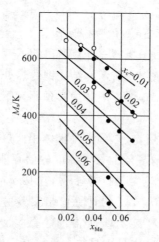

图 2 通过 Hsu-B-Orr 模型及 Chipman 的 $\Delta G_{Fe}^{\gamma \to \alpha}$，算得的 M_s 值

(Calculated M_s values through Hsu-B model with $\Delta G_{Fe}^{\gamma \to \alpha}$ from Orr-Chipman)

●——Andrews(A); ○——Andrews(B)

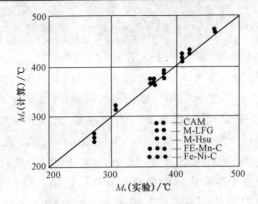

图 3　M_s 温度计算值与实验值的比较

Comparison of calculated values and experimental values of M_s temperature

Olson 和 Cohen[14]于 1976 年提出的 fcc(γ)→hcp(ε)马氏体相变的热力学式中,假定层错能在 M_s 时为零值,而实际上并不为零,该式不能用于 M_s 温度的计算。徐祖耀等于 1980 年提出的热力学表达式:$\Delta G = A\gamma + B$(其中 γ 为层错能,A 和 B 为材料常数)[15]适用于 Fe-Mn-Si 基形状记忆合金的马氏体相变[16]。本文作者等[17]计算了 Fe-Mn-Si 中 γ 和 ε 相的 Gibbs 自由能,考虑了磁性的影响,计算了 fcc(γ)→hcp(ε)马氏体相变的临界驱动力[18]及 M_s[19,20],M_s 与实验值符合得很好。得到 M_s 与成分间的关系[20]为

$$M_s(K) = 284.7 - 7.857\omega\%Mn + 46.0\omega\%Si$$

具单向形状记忆效应的 Fe-Mn-Si 基合金可望用做管接头,其 M_s 的热力学计算有助于合金的成分设计。

含 ZrO_2 陶瓷的马氏体相变有利于陶瓷的韧化。对 ZrO_2-CeO_2 的 t 相和 m 相平衡温度[21]和 M_s[22]的热力学计算以及正在进行的对 ZrO_2-CeO_2-Y_2O_3 中 $t→m$ 马氏体相变的热力学研究,对 ZrO_2 陶瓷的应用是有意义的。陶瓷学家们以往对含 ZrO_2 陶瓷马氏体相变的尺寸效应,往往将母相的晶粒大小与马氏体形核的临界大小相混同。本文作者以严格的热力学推导,表征了 M_s 随母相晶粒的增大而升高,纠正了上述的混淆情况[23],富有科学意义。陶瓷的 M_s 决定于母相晶粒大小,而晶粒大小决定于陶瓷的烧结工艺。因此上述规律对陶瓷的生产和应用有实用价值。

14.2.2　马氏体相变动力学

Magee[24]推导出 $\gamma→\alpha'$ 变温马氏体相变动力学式:

$$1 - f = \exp[-\alpha(M_s - T_q)] \tag{1}$$

其中，f 为马氏体形成分数，$\alpha = \overline{V}\phi\dfrac{\Delta G_V^{\gamma\to\alpha'}}{dT}$（$\overline{V}$ 为马氏体的平均体积，ϕ 为比例常数），α 决定于材料（当时以钢为研究对象）的成分。T_q 为淬火介质的温度。Magee 认为(1)式是变温动力学的普适式。很多高、中碳钢的实验结果与此式符合。(1)式中 $(1-f)$ 即为淬火钢中的残余奥氏体量，(1)式表示钢的 M_s 愈低，其淬火后在室温（$T_q=$室温）时的残余奥氏体量愈大，已成为一般所共识。但最近工作显示，0.27C-1Cr 钢中加入 0.17wt%（或 0.07at%）稀土元素后，M_s 由 390℃降至 365℃，而条间残余奥氏体却显著减少，因此(1)式对此就不适用。

材料中的间隙原子在马氏体相变中可能进行扩散。这在 0.27%C 钢（低碳钢的 M_s 较高，碳在马氏体相变温度下可能发生扩散）的实验[28,29]以及理论计算和实验[30,31]（淬火后存在少量孪晶马氏体）所证实。

Magee 所导得的(1)式并不考虑间隙原子（碳）的扩散，因此必须给予修正。本文作者等[26,27]导得 $\gamma\to\alpha'$ 变温马氏体相变动力学的普适式：

$$1-f = \exp[\beta(C_1-C_0) - \alpha(M_s-T_q)] \qquad (2)$$

其中，$\beta = \overline{V}\phi\left(\dfrac{\partial \Delta G_V^{\gamma\to\alpha'}}{\partial C}\right)$，$\alpha = \overline{V}\phi\left(\dfrac{\partial \Delta G_V^{\gamma\to\alpha'}}{\partial T}\right)$，而 C_0 和 C_1 分别为奥氏体在淬火（马氏体相变）前、后的碳浓度。对于(1)式和(2)式的推导请参阅文献[32]。

低碳马氏体组织（条状马氏体）钢在高强度的基础上具有良好的韧性（$\alpha_\kappa \geqslant 6\mathrm{kg\cdot m/cm^2}$），其原因有多种，但主要的是存在条间残余奥氏体所致。一定的残余奥氏体量是获得很好韧性的保证。为增加淬透性，低碳马氏体钢中常加有合金元素。加入提高碳在奥氏体和马氏体内活度或扩散系数的元素如 Ni，使(2)式内 C_1 值增大，Ni 又降低 M_s，因此使淬火钢内残余奥氏体量增加，有利于韧性提高。加入强碳化物元素如稀土元素，既降低 M_s，又降低碳的扩散率，使 C_1 值减小，使残余奥氏体量减少，不利于韧性提高。Mn（及 Cr）的影响不大。因此(2)式对低碳马氏体（条状）组织钢的成分设计应具有指导作用，对这些钢的开发有实用意义。

淬火 GCr15（AISI 52100）轴承钢中残余奥氏体等温 $\gamma\to\alpha'$ 马氏体相变的研究[33]得到的 TTT 图，如图 4 所示。根据其动力学曲线，可以认为第一阶段系变温马氏体内碳的扩散（降低）及变温马氏体的继续长大，第二阶段为等温马氏体的重新形核、长大。

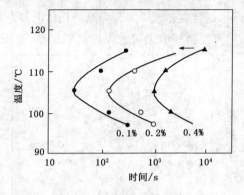

图 4 淬火后 GCr15 钢等温马氏体形成的 TTT 图

TTT diagram of the isothermal martensite formation in a quenched GCr15 (AISI 52100) steel

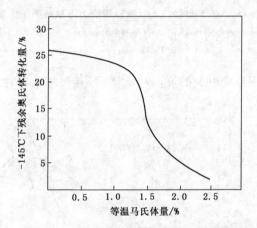

**图 5 GCr15 钢经 1 150 ℃油淬后,在等温形成的不同量的等温马氏体
对 -145℃下残余奥氏体转化量的影响**

Change in the amount of retained austenite upon cooling down to -145 ℃ vs. % of isothermal martensite in a spec—imen treated by austenitizing at 1 150 ℃, quenching to room temperature and isothermal holding below M_s

GCr15 轴承钢经淬油后约含 10 %残余奥氏体时,其接触疲劳寿命最高,但残余奥氏体将因温度改变(下降)或受应力而发生相变,影响工件的尺寸稳定性。为保持尺寸稳定,一般将钢件作零下处理,结果牺牲了接触疲劳性能。将淬火 GCr15 钢在 100 ℃附近进行等温处理,使形成少量的等温马氏体后回火,则在略为提高接触疲劳寿命(比经冷处理及回火的提高 35%,比正常淬火和回火的提高 18%)的条件下,能提高尺寸稳定性(比正常淬火-回火)达 34%[34]。淬火 GCr15 钢中等温马氏体的形成不但使经受力学稳定的残余奥氏体在零下温度时

不易转化,如图 5 所示,而且在形成 2.5% 等温马氏体时残余奥氏体在 -145 ℃下几乎全部稳定,并且再经循环应力时也保持其稳定性,如图 6 所示。

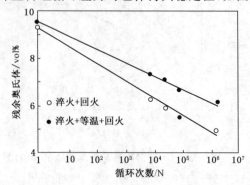

图 6　GCr15 钢在 3100Mn·m^{-2} 循环压应力下残余奥氏体量的变化

The relationship between cycles under a compression stress level of 3100Mn·m^{-2} and the amount of retained austenite in specimens treated by various heat-treating processes

淬火 GCr15 钢形成很少的等温马氏体后,其尺寸稳定性($\Delta l/l$)显著提高,见图 7[34,35]。

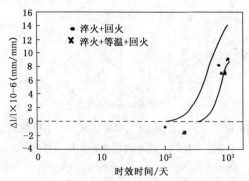

图 7　GCr15 钢经一般淬火—回火处理后与经等温处理,形成少量等温马氏体后钢件尺寸稳定性的比较

Dimensional change vs. duration of aging at 20℃ for specimens treated by normal quenching and tempering and also by quenching followed by isothermal holding and tempering

上述工作经作者于 1986 年国际会议上初步发表后,美国著名的实用性期刊《Indus-trial Heating》作了全文转载[35],事后,美国有关公司来函索取详细工艺。本文作者早在 1984 年就此在国内作过介绍[36]。已有迹象表明,美国和日本对轴承钢已采取上述的等温处理工艺。

14.2.3 形状记忆效应

除高分子形状记忆材料外,形状记忆合金、陶瓷及磁控材料的功能——形状记忆效应都与马氏体相变及其逆相变有密切关联[37]。在对 Ni-Ti 、Cu-Zn-Al 及含 ZrO_2 陶瓷[38]和 Fe-Mn-Si 基合金[38~40]的马氏体相变特征研究中,得到影响这些材料形状记忆效应的因素,如不同热处理工艺影响 Ni-Ti 中相变的顺序和特征,也影响其形状记忆效应[41]。母相有序度、母相的晶粒大小以及马氏体态的应变量是影响 Cu-Zn-Al 合金形状记忆效应的三个重要因素[42]。研究揭示:Cu-Zn-Al 中主要由于过饱和淬火空位的聚集,促使马氏体稳定化[43],因此进行分级淬火或淬火后立即上淬,可避免马氏体的稳定化。发现这类合金的贝氏体相变会使形状记忆效应急剧下降;贝氏体并不继承母相的有序度[44],因此贝氏体不具形状记忆性能。这类合金经久使用使形状记忆效应的衰退可能和贝氏体的孕育或形成有关;合金中加入能延长贝氏体相变孕育期的元素,将能有效延长这类合金的使用期。由于铜基合金的晶界脆性使 Cu-Zn-Al 的疲劳寿命较短,细化晶粒将是一个延长疲劳寿命的有效途径。Fe-Mn-Si 基形状记忆合金中影响形状记忆效应的主要因素为母相的屈服强度、合金的层错能(几率)和反铁磁相变温度,在对这类合金的马氏体相变进行较深入研究的基础上,推出了新型形状记忆合金 Fe-Mn-Si-Cr-N,并已获得专利[45]。陶瓷材料的成分、M_s 温度、致密度及其中微裂纹的形成影响形状记忆效应[46]。磁控形状记忆材料借磁场下马氏体内孪晶界或马氏体与母相间的界面迁动作为应变,也与马氏体相变有关。马氏体相变的研究无疑为形状记忆材料的开发提供了依据。

14.3 贝氏体相变

Fe-C[47]、低碳 Ni-Cr 钢[48]、Cu-Zn[49]、Cu-Al[50] 及 Cu-Zn-Al[51] 中贝氏体相变的热力学分析[52,53]揭示其相变机制为扩散型。观察到含硅 Ni-Cr-Mo 钢贝氏体的生长台阶[54],由 Fe-Ni-C 中奥氏体强化对相变影响的分析[55],测得钢、脱碳钢、Cu-ZnAl 和 Ag-Cd 合金等在贝氏体相变孕育期内出现相变内耗峰[56,57],Fe-Ni-C 中珠光体相变、贝氏体相变和马氏体相变内耗特性的比较[58],Cu-Zn-Al 贝氏体相变动力学的研究[59]等都显示贝氏体相变属扩散性机制。相变机制的研究结果虽不能直接应用于材料工程,但有其实用意义。例如,前述贝氏体相变急剧减弱 Cu-Zn-Al 的形状记忆效应。如能确立贝氏体相变属扩散性机制,则在合金中加入减低 Zn 和 Al 在 Cu 中扩散系数的元素,就有利于形状记忆效应的改善。

在 8mol%CeO_2-ZrO_2 中,400℃等温相变产物的点阵常数与变温马氏体的点阵常数显著不同(a 和 c 都减小),可能在等温相变中有成分的变化。参考金属相变,将含 ZrO_2 的陶瓷中温相变的产物命名为贝氏体,并认为贝氏体的 c/b 减小是较显著显示脆性的标志[60]。这项工作结果对含 ZrO_2 陶瓷的相变致韧,以及脆化的防止有参考价值。

14.4　有序化和 Spinodal 分解

对 Cu-Zn 合金中间相有序化($\beta \to \beta'$)采用 Inden 公式计算其 $\Delta G^{\beta \to \beta'}$(引入短程有序修正因子 $X = 0.67$);由 $\frac{\partial^2 \Delta G^{\beta \to \beta'}}{\partial \eta^2} = 0$ 求得的有序化温度与相图符合。但其最大有序度 η_{max} 须取 0.32,则求得的各温度下的平衡浓度 $x_{Zn}^{a/a+\beta}$ 与相图一致[61]。有序化热力学研究不但与相图计算有关,对一些存在有序相加以使用的材料,如形状记忆合金经母相有序后使用,有序度影响材料性能,这类相变研究就有较大实用价值。

二元合金 spinodal 分解的热力学条件为 $\frac{\partial^2 G}{\partial x^2}$[62]。以三元系自由能对成分的 Taylor 展开,导出三元合金 spinodal 分解的热力学判据为:$Gxx(\delta x)^2 + 2G_{xy}\delta_x\delta_y + G_{yy}(\delta_y)^2 < 0$(其中 G_{xx}、G_{xy} 和 G_{yy} 为自由能的二阶偏导),据此导出 spinodal 分解的一些条件[63]。Spinodal 分解有广泛应用。Mn-Cu 借此分解呈现很高阻尼;Cu-15Ni-8Sn 及 Cu-15Ni-8Sn-0.2Nb 合金借此分解以提高强度,可用做高温电连接器的弹性元件[64]。

14.5　纳米材料的相变

在纳米材料的相变研究中,非晶晶化已有较深入的研究[65],本文主要论述单质金属的同素异构转变、合金的马氏体(无扩散型)相变和扩散型相变。

14.5.1　纳米金属的结构和相变

以往数十年来的工作已显示一些元素在超细晶态时,呈反常的相结构稳定性[66,67]。例如 ≤20nm 的 Co 粒在室温呈 fcc 晶体结构,这是大块 Co 在 420℃ 以上才呈现的稳定结构;从 Cu-Fe 合金中时效时析出的 γ-Fe 固溶体(2~20nm)与基体共格(同为 fcc 结构),如将析出相脱离基体萃取出来,则呈 bcc 结构,但部分残余奥氏体冷至液氮也不转变。这些实验结果表明纳米金属颗粒的结构受周围条件的影响,以及纳米金属中高温相容易呈热稳定化。经机械合金化(MA)球磨所得的

10nm 的 α-Fe 粉,经 570~670K 退火 1h,在 bcc 晶界处发生原子重排,呈现具磁性的有序 γ-Fe。这种 γ-Fe 较稳定,但经 920K 退火 1h,晶粒长大至几十纳米时发生 $\gamma \rightarrow \alpha$,$\gamma$-Fe 不复存在[68]。这些工作说明晶体结构决定于晶粒大小。

14.5.2 纳米材料的马氏体相变

对于大块材料,包括含 ZrO_2 的陶瓷材料,其 M_s 受晶粒大小的控制,以及测量方法对 M_s 值影响已由作者作过总述[69]。同成分 Fe-Ni 细粒的 M_s 也因不同制备方法而呈现差异。

以氢等离子与金属反应方法制备 20~200nm 直径的 Fe-Ni(11.9at%~35.2at%Ni)细粒[70]、在溅射所得 Fe-Ni 薄膜和蒸发沉积 Fe-Ni 薄膜中的纳米颗粒(<10nm)[71~74]、以悬浮凝固(液氮冷却)得到的 Fe-25ω%~35ω%Ni 超细粉(10~200nm)[75]、以机械合金化(MA)制备的 $Fe_{100-x}Ni_x$[76] 纳米晶均表明:α 和 γ 区溶解度较大块 Fe-Ni(α 含 10at%Ni,γ 含 20at%Fe)的为大,并且纳米晶体的尺寸效应抑制了 $\gamma \rightarrow \alpha$ 相变,但对 $\alpha \rightarrow \gamma$ 逆相变几乎没有影响。例如,以磁控溅射法制备纳米颗粒(10nm)Fe-Ni 薄膜(KCl 基片),得到[77]:≤36at%Ni 合金呈 bcc 结构,≥60at%Ni 合金呈 fcc 结构,36at%~60at%Ni 间的合金为混合结构;其 α 区和 γ 区不但较大块合金的宽很多,也较上述不同方法制备的 Fe-Ni 合金为大。将 Fe-32at%Ni 和 Fe-46at%Ni 合金试样在 TEM 中加热至 573~773K,保温 20min 后观察,伴随颗粒的长大而发生逆相变,逆相变的开始转变温度 A_s 与大块的相近;自 773K 冷至室温仍保持 fcc 结构,进一步冷却至 77 K,其结构和组织并不改变,因此人们提出了薄膜应力状态对相结构具有影响,而室温磁控溅射薄膜中的 bcc 颗粒是由溅射粒子直接碰撞形成的。

14.5.3 纳米材料的扩散型相变

对纳米材料中扩散型相变的研究,目前还很少有报道。在此引述最近的 Al-Cu 中脱溶沉淀和 Nb 的亚稳同素异构相变的工作。

Lokker 等[78]以磁控溅射制备的 Al-Cu(0.3at%Cu 和 1at%Cu)薄膜(厚度 500nm),有衬底的晶粒为 60~250nm,无衬底的为 30~120nm,研究其经 323~773K 间热循环后的相变,热循环后,前者晶粒为 $1\mu m$,后者为 $0.5~2.2\mu m$。发现经加热至 773K,慢冷后都发生脱溶沉淀,而在铝晶粒内未见沉淀。冷却至室温后,大量的 Cu(约 0.2at%)不含在第二相内(大块 Al-Cu 中仅 0.001at%Cu)。和大块 Al-Cu 的脱溶沉淀不同,薄膜 Al-Cu 中,第二相粒子为非共格的 Al_2Cu,无中间相形成。这个工作揭示了薄膜材料中主要是晶界的溶质偏聚使其脱溶沉淀出现一些异常情况。

以机械合金化制备纳米材料时,引入众多缺陷有利于扩散。Chatterjee 等[79]在利用机械合金化制备 $Nb_{80}Al_{20}$ 时,发现迄今未知的 Nb 的同素异构相变 bcc→fcc。他们以点阵膨胀作为等静压负值作用进行分析,认为按 Gibbs-Thompson 公式:晶粒减小、表面能增大及摩尔体积增高使 ΔG 上升,导致 bcc 失稳,发生同素异构相变。按机械合金化所制备的材料,会引入众多缺陷,无异提高温度,增高自扩散率,因而引发同素异构相变。其他元素或合金经球磨也可能发生同素异构或其他扩散型相变。

14.5.4 纳米金属相变的理论模型

Kitakami 等[80]认为,不同大小纳米 Co 粒呈不同结构是由于它们的能量随 Co 晶粒尺寸变化不同所致。他们企图用细粒 Co 在不同晶态时的能量随晶粒直径的变化来说明晶粒尺寸对结构的影响,但不能作为普适的理论模型。

Suzuki 等[81]设想在一个小晶体的表面形成漩涡进行马氏体相变,并用嵌入原子法模拟 Fe 晶体相变,说明晶粒愈小,其 $\gamma \rightarrow \alpha$ 相变的温度愈低。为了便于理论处理,该文假设纳米晶粒不存在缺陷,巧妙地应用 Bain 应变,诚属创见。

我课题组利用 Fecht[82,83] 和 Wagner[84] 提出的纳米晶(界面密度较低)晶体膨胀模型和准谐 Debye 近似方法[85],还提出了纳米金属相变热力学模型[86]。以 Fe 为例的计算结果表明(如图 8 所示),一般由于晶粒细化使晶体膨胀 ΔV 不大于 0.3,因此当 Fe 晶粒小于 50nm 时,γFe 可在室温稳定存在。由这个热力学推导得出细晶 αFe 的自由能较高,还能解释纳米晶不阻碍逆相变的进行。这个热力学计算方法也可应用于其他元素。

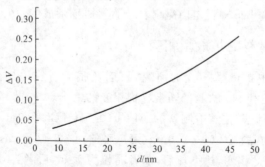

图 8 临界晶粒大小 d^* 随 ΔV 的变化($T=300K$)
(Variation of critical grain size d^* withΔV($T=300K$))

14.5.5 纳米晶体马氏体相变的形核能垒

我课题组参照 Cahn 等[87]的表面(界面)应力对相平衡的研究和 Gurtin 和

Murdoch[88]提出的界面力学平衡条件和Eshelby[89]的切应变能方程,得出了纳米晶体马氏体相变形核能垒的计算公式。

以Fe-Ni为例,计算了Fe-30at%Ni和Fe-20at%Ni的形核能垒。图9和图10分别显示Fe-30Ni和Fe-20Ni晶粒半径为50nm和10nm的晶粒形核能垒和临界核胚的半径。可见,含Ni量高的或含Ni量相同而晶粒较小的,其马氏体形核能垒就高,临界核胚就大,即愈不容易进行马氏体相变,详文将另行发表。

14.6 材料相变研究及其应用的展望

作者等以群论研究了Cu-Zn-Al合金马氏体相变晶体学,得到诱导$\beta 2 \rightarrow 9R$的不可约表示,24个马氏体变态的可能性和自协作组织的对称群揭示了变体间的对称联系和分布规律[90]。根据上述研究的一些计算方法,导出了马氏体相变及其逆相变时晶体学可逆的条件———形状记忆应需的条件为:单变体马氏体的形成[91],这为开发新型形状记忆材料及提高现有材料的形状记忆效应提供了理论依据。

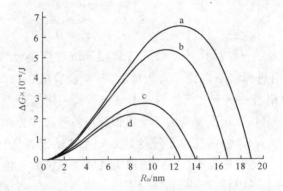

Fe-20Ni
a. $f_1 = \gamma = 1J/m^2$, $f_2 = 2J/m^2$ $c/a = 1/75$, $R_1 = 10nm$;
b. $f_1 = \gamma = 1J/m^2$, $f_2 = 2J/m^2$ $c/a = 1/75$, $R_1 = 50nm$;
c. $f_1 = \gamma = 0.75J/m^2$, $f_2 = 2J/m^2$ $c/a = 1/75$, $R_1 = 10nm$;
d. $f_1 = \gamma = 0.75J/m^2$, $f_2 = 2J/m^2$ $c/a = 1/75$, $R_1 = 50nm$;

图9 Fe-20at%Ni合金半径为50nm及10nm晶粒的马氏体相变形核能垒和临界胚核大小
(Nucleation barrier and critical radius of embryo of the martensitic transformation in Fe-20at %Ni alloy with grain radius of 50nm and 10nm. f_1: interface energy, f_2: grain boundary energy, R_1: radius of grain)

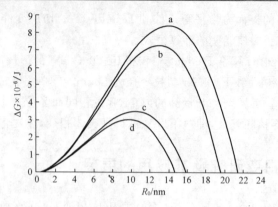

Fe-30Ni

a. $f_1=\gamma=1J/m^2, f_2=2J/m^2 c/a=1/50, R_1=10nm$;
b. $f_1=\gamma=1J/m^2, f_2=2J/m^2 c/a=1/50, R_1=50nm$;
c. $f_1=\gamma=0.75J/m^2, f_2=2J/m^2 c/a=1/50, R_1=10nm$;
d. $f_1=\gamma=0.75J/m^2, f_2=2J/m^2 c/a=1/50, R_1=50nm$;

图 10　Fe-30at%Ni 合金半径为 50 及 10nm 晶粒的马氏体相变形核能垒和临界胚核大小

(Nucleation barrier and critical radius of embryo of the martensitic transformation in Fe-30at %Ni alloy with grain radius of 50nm and 10nm)

　　孤粒子波作为热弹性马氏体的畴界曾被用来进行数学分析[92,93]。徐祖耀等[94]于1984年引进孤粒子理论于马氏体相变,初步验证迁动孤粒子的能量与相变临界驱动力相当。鉴于马氏体相变中形核－长大模型迄今未臻完善,目前已明确提出:在一定临界相变驱动力下形成拓扑孤粒子波作为相界面即为形核,孤粒子波的迁动作为长大;用孤粒子理论建立一个普适于各类马氏体相变的形核－长大模型[95~97]已初见成效。孤粒子理论也可望在扩散型相变中得到应用。利用材料的相变能改变材料性能,相变理论的进展在材料工程中将起积极作用。

　　具备二级相变及弱一级相变的功能材料,如超导材料、磁性材料及铁电材料等已日见开发应用。物理学家关注的连续相变和临界现象以及软模理论等都将在材料工程中得到直接或间接的应用。应用量子力学计算材料组元间的结合能以及其他能量已成为计算材料科学的主要内容。计算材料科学的发展有利于相变研究。材料相变研究内容将随基础科学的介入而日益丰富,这些都将在材料工程中获得更广泛的应用。

　　探索纳米材料的晶体结构及其形成机制,研究纳米材料中的相变行为借以控制其性能应是纳米材料基础研究的重要部分,纳米材料的结构和相变研究正待大力兴起,展望积极开展下述工作:不同制备方法所得纳米材料的结构,因条件(温度场和应力场)不同而改变结构的机制,纳米材料的马氏体相变热力学(包括相变形核能垒及 M_s 温度的计算热力学模型)、动力学、晶体学及形核-长大机制以及与大块材料的异同,不同制备方法所得纳米晶体在无扩散及扩散型相变中的不同行为,纳米材料的脱溶分解,spinodal 分解,胞状分解(共析相变、珠光体相变)等的相变特征及其与大块晶体中相变行为的比较,晶界(结构、数量及溶质偏聚)和其他缺陷对无扩散型和扩散型相变的影响。纳米材料奥氏体(高温相)的稳定化具有潜在的应用[98],纳米材料的超硬性[99]、超塑性[100]以及在电磁方面的应用均有待开发。

参考文献

[1] 徐祖耀. 相变原理[M]. 北京:科学出版社,1988 年第一版,1991 年第二次印刷,2000 年第三次印刷.

[2] 冯端等. 金属物理学(第二卷). 相变[M]. 北京:科学出版社,1990.

[3] Hsu T Y(徐祖耀). An approximate approach for the calculation of M_s in iron-base alloys[J]. J Mater Sci, 1985,20:23~31.

[4] Hsu T Y(徐祖耀), Chang H. On calculation of M_s and driving force for martensitic transformation in Fe-C[J]. Acta Metall, 1984,32:343~348.

[5] Chang H, Hsu T Y(徐祖耀). Thermodynamic prediction of M_s and driving force for martensitic transformation in Fe-Mn-C alloys[J]. Acta Metall, 1986,34:333~338.

[6] 徐祖耀,潘牧. Fe-Mn-C 及 Fe-Ni-C 合金马氏体相变热力学[J]. 金属学报,1989,25:A250~A256. Xu Zuyao (Hsu T Y), Pan M. Thermodynamics of martensitic transformation in Fe-Mn-C and Fe-Ni-C alloys [J]. Acta Metall Sin (English Ed.), Ser. A, 1990,3:16~21.

[7] Hsu T Y(徐祖耀), Zhou X. Thermodynamics of the martensitic transformation in a Cu-Zn alloy[J]. Acta Metall, 1989,37:3091~3094.

[8] Zhou X W, Hsu T Y(徐祖耀). Thermodynamics of martensitic transformation in Cu-Al alloys[J]. Acta Metall Mater, 1991,39:1041~1044.

[9] Zhou X W, Hsu T Y(徐祖耀). Thermodynamics of martensitic transformation in Cu-Zn-Al alloys [J]. Acta Metall Mater,1991,39:1045~1051.

[10] 徐祖耀,周晓望. β 铜基合金马氏体相变热力学[J]. 金属学报. 1991,27:A173~A178. Xu Zuyao (Hsu T Y), Zhou X. Thermodynamics of martensitic transformation in β Cu-base alloys [J]. Acta Metall Sin (English Ed.), Ser. A, 1991,4:401~406.

[11] Hsu T Y(徐祖耀), Zhou X W, Van Humbeeck J et al. Estimation of the critical driving force for the thermoelastic martensitic transformation in Cu-Zn-Al alloys[J]. Scr Metall Mater,1991,25:165~166.

[12] Wu J, Jiang B, Hsu T Y(徐祖耀). Influence of grain size and ordering degree of the parent phase on M_s in a Cu-Zn-Al alloy[J]. Acta Metall, 1988, 36:1521~1526.

[13] Hsu T Y(徐祖耀). Thermodynamics of the thermoelastic martensitic transformation [J]. Mater Sci Forum, 1990, 56-58:145~150.

[14] Olson GB, Cohen M. A general mechanism of martensitic nucle-ation: Part I. general concepts and the fcc →hcp transformation [J]. Metall Trans, 1976, 7A:1897~1904.

[15] 徐祖耀. β(γ)→ε 马氏体相变热力学[J]. 金属学报(Acta Metall Sin), 1980, 16:430~434.

[16] Jiang B, Qi X, Yang S et al. Effect of stacking fault probability on fcc (γ)→hcp (ε) martensitic transformation and shape memory effect in Fe-Mn-Si based alloys[J]. Acta Mater, 1998, 46:501~510.

[17] Lin L, Hsu T Y(徐祖耀). Gibbs free energy evaluation of the fcc(γ)and hcp (ε)phases in Fe-Mn-Si alloys [J]. CALPHAD, 1997, 21:443~448.

[18] 金学军, 徐祖耀, 李麟. Fe-Mn-Si 形状记忆合金 fcc (γ)→hcp(ε)马氏体相变的临界驱动力[J]. 中国科学, E 辑, 1999, 29:103~111. Jin X, Xu Zuyao (Hsu T Y), Li L. The critical driving force for martensitic transformation fcc (γ)→hcp (ε) in Fe-Mn -Si based shape memory alloys [J]. Science in China, Ser. E, 1999, 42:266~274.

[19] 张骥华, 金学军, 徐祖耀. Fe-Mn-Si 合金 γ→ε 马氏体相变 M_s 的热力学预测. 中国科学, E 辑, 1999, 29:385~390. Zhang J, Jin X, Xu Zuyao (Hsu T Y). The thermodynamic predic-tion of M_s in Fe-Mn-Si shape memory alloys associated with fcc (γ)→hcp (ε)martensitic transformation [J]. Science in China, Ser. E, 1999, 42:561~566.

[20] Jin X, Hsu T Y(徐祖耀). Prediction of martensitic transformation start temperature M_s in Fe-Mn-Si shape memory alloys [J]. Mater Sci Forum, 2000, 327~328:219~222.

[21] Hsu T Y(徐祖耀), Lin L, Jiang B. Thermodynamic calculation of the equilibrium temperature between the tetragonal and monoclinic phases in CeO2-ZrO2[J]. Mater Trans J IM, 1996, 37:1281~1283.

[22] Jiang B, Lin L, Hsu T Y(徐祖耀). Thermodynamic calculation of the M_s temperature in 8mol % CeO2-ZrO2[J]. Mater Trans J IM, 1996, 37:1284~1286.

[23] Tu J, Jiang B, Hsu T Y(徐祖耀)et al. The size effect of the martensitic transformation in ZrO2-containing ceramics [J]. J Mater Sci, 1994, 29:1662~1665.

[24] Magee C L. The nucleation of martensite[J]. In Phase Transfor-mations, Amer Soc Metals, 1970, 115~156.

[25] 徐祖耀, 吕伟, 王永瑞. 稀土对低碳马氏体相变的影响[J]. 钢铁(Iron & Steel), 1995, 30 (4): 52~58.

[26] Hsu T Y(徐祖耀). Carbon diffusion and kinetics during the lath martensite formation [J]. J de Phys IV, 1995, Coll. C8, Suppl Jde Phys III, 5:C8-351~C8-354.

[27] Hsu T Y(徐祖耀). Effects of rare earth element on isothermal and martensitic transformations in low carbon steels [J]. ISIJ Inter, 1998,38:1153~1164.

[28] Rao B V N, Thomas G. Transmission electron microscopy characterization of dislocated "lath"martensite[C]. Proc ICOMAT-79,MIT, 1979,12~20.

[29] Sarikaya M, Thomas G, Steeds J W et al. Solute element parttioning and austenite stabilization in steels [C]. Proc Inter Conf Solid-Solid Phase Transformations, Aaranson H I et al ed, TM_s- AIME, 1982,1421~1425.

[30] 徐祖耀,李学敏. 低碳马氏体形成时碳的扩散[J]. 金属学报(Acta Metall Sin), 1983, 19:A83~88.

[31] Hsu T Y(徐祖耀), Li X. Diffusion of carbon during the formation of low-carbon martensite [J]. Scr Metall, 1983, 17:1285~1288.

[32] 徐祖耀. 马氏体相变与马氏体[M], 第二版. 北京:科学出版社,1999,560~563.

[33] Hsu T Y(徐祖耀), Chen Y, Chen W. Isothermal martensite formation in an AISI 52100 ball bearing steel [J]. Metall Trans,1987,18A:1389~1394.

[34] Hsu T Y (徐祖耀), Chen Y, Chen W. Effect of isothermal martensite on properties of an AISI 52100 ball bearing steel [J]. Metall Trans, 1987,18A:1531~1532.

[35] Hsu T Y(徐祖耀), Chen Y, Chen W. Heat treating process for stabilization of retained austenite in a 1C-1. 5Cr ball bearing steel[J]. Industrial Heating, 1987,July, 20~23.

[36] 徐祖耀,陈业新. 提高 GCr15 钢轴承寿命的热处理途径[J]. 上海金属(Shanghai Metals), 1984,6 (6): 31~39.

[37] 徐祖耀. 马氏体相变与形状记忆材料[J]. 上海交通大学学报(JShanghai Jiaotong University), 1996,30, (3): 8~15.

[38] Hsu T Y(徐祖耀). Shape memory materials[J]. Trans Nonferrous Met Soc China, 2001,11:1~10.

[39] Hsu T Y(徐祖耀). Fe-Mn-Si based shape memory alloys[J]. Mater Sci Forum, 2000, 327~328:199~207.

[40] Hsu T Y(徐祖耀). Martensitic transformation in Fe-Mn-Si based alloys[J]. Mater Sci Engr, 1999, A273-275:494~497.

[41] 徐祖耀,曹四维,陈树川等. 热处理对 Ni-Ti 合金相变及形状记忆效应的影响[J]. 金属热处理学报(Trans Heat Treatment of Metals), 1989,10 (2): 1~10.

[42] Jiang B. Hsu T Y(徐祖耀). Influence of order, grain size and pre-strain on shape memory effect in Cu-Zn-Al alloys[J]. Mater Sci Forum, 1990,56~58:145~150.

[43] Kong Y, Jiang B, Hsu T Y(徐祖耀)et al. The behavior of quenched-in vacancies and stabilization of martensite in copper based shape memory alloys [J]. Phys State Sol (a), 1992,133:269~275.

[44] Lu W, Jiang B, Hsu T Y(徐祖耀). Non-inheritance of ordering of parent phase during the bainite formation [J]. Scr Metall Mater, 1992,27:861~864.

[45] 中国专利，含 Cr 和 N 铁锰硅基形状记忆合金及其训练方法[P]. 申请号 00125769. 2
[46] 张玉龙，金学军，徐祖耀. Ce-Y-TZP 陶瓷中的马氏体相变与形状记忆效应[J]. 上海交通大学学报，2001,35:385～388.
[47] Hsu T Y(徐祖耀), Mou Y. Thermodynamics of the bainitic transformation in Fe-C alloys[J]. Acta Metall, 1984,32:1469～1481.
[48] Mou Y, Hsu T Y(徐祖耀). Bainite formation in low carbon Cr -Ni steels[J]. Metall Trans, 1988,19A:1671～1695.
[49] Hsu T Y(徐祖耀), Zhou X. Thermodynamics of the bainitic transformation in Cu-Zn alloys[J]. Acta Metall, 1989,37:3095～3098.
[50] 徐祖耀，周晓望. Cu-Al 合金贝氏体相变热力学[J]. 金属学报，1992, 28: A262～A264. Xu Zuyao (Hsu T Y), Zhou X. Thermodynamics of bainitic transformation in a Cu-24at ％Al alloy[J]. Acta Metall Sin (English Ed.), Ser A, 1992,5:465～467.
[51] Hsu T Y(徐祖耀), Zhou X W. Thermodynamics of bainitic transformation in Cu-Zn-Al alloys[J]. Acta Metall Mater, 1991,39:2615～2619.
[52] Hsu T Y(徐祖耀). On Bainite Formation [J]. Metall Trans,1990,21A:811～816.
[53] Hsu T Y(徐祖耀), Zhou X W. Thermodynamic consideration of formation mechanism of α1 plate in β Cu-base alloys[J]. Metall Mater Trans, 1994,25A:2555～2563.
[54] Hsu T Y(徐祖耀), Gu W, Yu X. Superledges and carbides in Bainite[C]. Proc Inter Conf on Solid-Solid Phase Transformations, Aaronson H I et al eds, TM_s-AIME, 1982, 1029～1033. Chin J Met Sci Technol, 1986,2:235～243.
[55] 徐祖耀，陈卫中. 奥氏体强化对马氏体和贝氏体相变的影响[J]. 金属学报，1988,24: A155～160. Acta Metall Sin (English Ed), Ser A, 1988,1:174～178.
[56] Zhang J, Chen S, Hsu T Y(徐祖耀). An investigation of internal friction within the incubation period of the bainitic transformation [J]. Acta Metall, 1989,37:241～246.
[57] Zhang J, Chen S, Hsu T Y(徐祖耀). Bainite formation in a Silver-Cadmium alloy [J]. Metall Trans, 1989, 20A:1169～1174.
[58] Chen W, Hsu T Y(徐祖耀), Chen S et al. The internal friction of the pearlitic, bainitic and martensitic transformations in Fe-Ni-C Alloys[J]. Acta Metall Mater, 1990,38: 2337～2342.
[59] Jiang L, Lu W, Jiang B et al. Kinetics characteristics of bainite formation in Cu-Zn-Al alloys[J]. Trans Nonferrous Metals Soc of China (English Ed.), 1991,1:57～60.
[60] Hsu T Y(徐祖耀), Jiang B, Qi X et al. Bainitic transformation in a 8mol ％CeO2-ZrO2 [J]. 材料研究学报(Chinese J Mater Research), 1995,9:338～344.
[61] Zhou X, Hsu T Y(徐祖耀). Thermodynamics of α- and β-phase equillibria and ordering in Cu-Zn system [J]. Acta Metall, 1989,37:3085～3090.
[62] Cahn J W. On spinodal decomposition[J]. Acta Metall, 1961,9:795～801.
[63] 江伯鸿，张美华，魏庆等. 三元系调幅分解的热力学判据[J]. 金属学报，1990,26:

B303~309. Acta Metall Sin (English Ed.), Ser B, 1991, 4:75~81.

[64] 江伯鸿,魏庆,徐祖耀等. Cu-15Ni-8Sn 及 Cu-15Ni-8Sn-0. 2Nb Spinodal 分解型弹性合金的研究[J]. 仪表材料, 1989, 20 (5): 257~264.

[65] Lu K, Lück R and Predel B J Thermodynamics of the transition from the amorphous to the nanocrystalline state [J], Non Crystal Solids, 1993, 589:156~158

[66] Granqvist C G, Bubrman R A. Ultrafine metal particles[J], J. Appl. Phys., 1976, 47: 2200~2219.

[67] Kimoto K, Nnishida I. An electron diffraction study on the crystal structure of a new modification of chromium[J], J. Phys. Soc. Jpn., 1967, 22:744~756.

[68] Bianco L Del., Ballesteros C, Rojo J M, Herrando A. Magnetically ordered fcc structure at the relaxed grain boundaries of pure nanocrystalline Fe[J]. Phys. Rev. Lett., 1998, 81:4500~4503.

[69] 徐祖耀. 马氏体相变的开始温度[J], 金属热处理学报, 1999, 20:9~15。Hsu T Y The starting temperature of martensitic transformations, Trans. Heat Treatment of Metals.

[70] Kajiwara S, Ohno S. Honma K. Martensitic transformation in ultrafine particles of metals and alloys [J], Phili. Mag., A, 1991, 63:625~644.

[71] Cech R W, Turnbull D. Heterogeneous nucleation of the martensite transformation [J], Trans. AIME., 1956, 206:124~132.

[72] Dumpich G, Wassermann E F, Manns V, et al. Structural and magnetic properties of Nix Fe1-x evaporated thin film[J], J. Magn. Magn. Mater., 1987, 67:55~64.

[73] Asaka K, Hirotsu Y, Tadaki T. Lattice softening and its relation to the martensitic transformation in nanometer-sized particles of Fe-Ni alloys[C]. Proc. Inter. Conf. on Solid-Solid Phase Transformations'99 (J IMIC-3), Ed. M. Koiwa, K. Otsuka and T. Miyazaki, The Jpn Inst. Metals 1999, 1068~1071.

[74] Asaka K, Hirotsu Y, Tadaki T. Martensitic transformation in nanometer-sized particles of Fe-Ni alloys[J], Mater. Sci. Engr. A, 1999, 273~275:262~265.

[75] Zhou Y. H., Harmelin M. Bigot J. Martensitic transformation in ultrafine Fe-Ni powers [J], Mater. Sci. Engr. A, 1990, 124:241~249.

[76] Kuhrt C., Schultz L. Phase formation and martensitic transformation in mechanically alloyed nanocrystalline Fe-Ni [J], J. Appl. Phys., 1993, 73:1975~1980.

[77] Rong Y. H. (戎咏华), Meng Q. P. (孟庆平), Hsu T. Y. (徐祖耀)The structure and martensitic transformation of nano-size particles in Fe-Ni film [C]. Proc 4th Pacific Rim Conf. on Advanced Mater. in Hawaii December 2001, in press.

[78] Lokker J P, Bêttger A J, Sloof W G, Tichelaar F D, Janssen G C A, Radella S. Phase transformations in Al-Cuthin filM_s: precipitation and copper redistribution [J], Acta Mater., 2001, 24:1339~1349.

[79] Chatterjee P P, Pabi S K, Manna I. An allotropic transformation induced by mechanical alloying[J], J. Appl. Phys., 86:5912~5914.

[80] Kitakami O, Sato H, Shimada Y. Size effect on the crystal phase of cobalt fine particles [J], Phys. Rev., 1997, B56, 13849~13854.

[81] Suzuki T, Shimono M, Takeno S. Vertex on the surface of a very small crystal during martensitic transformation [J], Phys. Rev. Lett., 1999, 82:1474~1477.

[82] Fecht H J. Intrinsic instability and entropy stabilization of grain boundary[J], Phys. Rev. Lett, 1990, 65:610~613.

[83] Fetch H J. Thermodynamic properties and stability of grain boundaries in metals based on the universal equation on state atnegative pressure [J]. Acta Metall. Mater., 1990, 38:1927~1932

[84] Wagner M. Structure and thermodynamic properties of nanocrystalline metals[J], Phys. Rev., 1992, 45B:635~639

[85] Gerifelco L A, Weizer V G. Application of the Morse potential function to cubic metals [J]. Phys. Rev., 1959, 114:687~690.

[86] Meng Q (孟庆平), Zhou N (周宁), Rong Y. (戎咏华), et al. Size effect on the Fe nanocrystalline phase transformation [J]. Acta Mater., to be published

[87] Cahn J W, LarchéF, Surface stress and the chemical equilibrium of small crystals—II solid particles embedded in a solid matrix [J]. Acta Metall., 1982, 30:51~56

[88] Gurtin M E, Murdoch A I. A continuum theory of elastic material surface[J]. Arch. Rat. Mech. Anal., 1975, 57:291~323 。

[89] Eshelby J D. The determination of the elastic field of an ellipsoidal inclusion and related probleM_s[J]. Proc. Roy. Soc. A, 1957, 241:376~396

[90] Zhu W, Chen W, Hsu T Y(徐祖耀). Group theory and crystallography of the martensitic transformation in a Cu-26. 71Zn-4. 15 Al shape memory alloy[J]. Acta Metall, 1985, 33:2075~2082.

[91] Hsu T Y(徐祖耀). Perspective in development of shape memory materials associated with martensitic transformation[J]. J Mate Sci Technol, 1994, 10:107~110

[92] Falk F. Martensitic domain boundaries in shape memory alloys as solitary waves[J]. J de Phys, Coll C4, Suppl 12, 1982, 43:C4-203~208.

[93] Falk F. Stability of solitary-wave pulses in shape memory alloys [J]. Phys Rev B, 1987, 36:3031~3041.

[94] 朱伟光, 徐祖耀. 孤立子与马氏体相变[A]. 1984 年马氏体相变讨论会文集(一)[C]. 上海市热处理学会, 1984. 215~221.

[95] 赵愉, 张骥华, 徐祖耀. 马氏体相变中的孤立子[J]. 上海交通大学学报, 2000, 34:334~337.

[96] Zhao Y, Zhang J, Hsu T Y(徐祖耀). Soliton interpretation of relation between driving

force and velocity of interface motion in martensitic transformation[J]. J App Phys, 2000,88:4022~4025.

[97] 徐祖耀. 材料相变的孤立子理论[A]. 2000年材料科学与工程新进展[C]. 中国材料研究学会主编,冶金工业出版社,2001,3~6.

[98] Gleiter H. Nanocrystalline materials [J], Progr. in Mater. Sci. ,1989, 33:223~315.

[99] Lu. K. Nanocrystalline metals crystallized from amorphous solids:nanocrystallization, structure and properties[J]. Mater. Sci. Eng. R, 1996, 16:161~221.

[100] Lu L, Sui M L, Lu K. Superplastic extensibility of nanocrystalline copper at room temperature[J], Science, 2000, 287:1463~1466.

导言译文

Studies on Phase Transformations and Their Applications in Materials Engineering

The results of studies on thermodynamics of martensitic transformation in Fe-C and Fe-X-C alloys lead the M_s temperature in structural steels to be predicted. Establishing thermody-namics of martensitic transformation in Cu- and Fe-Mn-Si based alloys built the basis of composition and processing design for Cu-and Fe-based shape memory alloys. The suggested thermodynamic approach for calculation of M_s in ZrO_2 containing ceramics and corrected formula expressing the effect of parent grain size on M_s are significant for production and indust rial applications of ceramics. The revised kinetics equation of athermal martensitic transformation shows that alloying element varying the diffusion coefficient of carbon in low-carbon steels would affect the amount of the retained austenite and this conclusion will be beneficial for the exploitation of steels with microstructure of lath martensite. Research on the isothermal kinetics of the retained austenite →martensite in GCr15 ball bearing (AISI 52100) steel indicated that the dimensional stability (as comparison to specimen treated by traditional quenching and tempering) increased 34% in specimen treated by an isothermal holding in order to form a few percent of isothermal martensite from the retained austenite after quenching and followed by normal tempering and the contact fatigue life was not reduced. Studies of characteristics of martensitic transformations and their reverse transformations in Ni-Ti, Cu-Zn-Al, Fe-Mn-Si based alloys and ZrO_2 containing ceramics revealed the factors affecting the shape memory effect (SME) and indicted the way to improve the SME as well as the exploitation of these materials. Thermodynamics study of bainitic transforma-tion in Fe-C, steels, Cu-Zn, Cu-Al, Cu-Zn-Al, and Ag-Cd, observation of the growth ledge, studies on the effect of parent strengthening on transformations and the results of internal friction measurements all display that the bainite formation is controlled by diffusion. Addition of alloying elements hindering the diffusion of Zn and Al in Cu-Zn-Al may improve the SME and its service life. The bainitic transformation is found in CeO_2-ZrO_2 and it relates to the appearance of the brit-tleness in ZrO_2 containing ceramics. Research on the ordering of β phase in Cu-Zn is significant for the application of alloy with ordered phase. The presentation of the criterion of spinodal decomposition in ternary alloys may be valuable for the development of alloys exhibiting high damping capacity or high strength by means of spinodal decomposition. Group theory is successfully utilized in crystallography of phase transformation. The required condition for the appearance of crystallo-graphy reversibility derived from group theory is the formation of single variant martensite. It see M_s effective that the soliton is introduced in the nucleation and growth model in phase transformation. Theories for the second order-phase transition will be utilized in materials engineering following the development of the functional materials. In nano-sized metals and alloys, there often appeared an abnormal crystal structure from that in bulk ones. Some characteristics of martensitic and diffusional phase transformations in nanocrystalline materials are preliminary revealed, such as the stabilization of high-temperature phase, different transformation products formed from materials with different size scales or made by various manufacture processes, the lowering of solid solubility temperature induced by the grain boundary segregation and the non-existence of the intermediate phase during precipitation of Al_2Cu in Al-Cu. Studies of phase transformations in nanocrystalline materials and their effects on properties are basic works for development and application of these materials, being worthy to be paid due attention.

第 15 章　相变及相关过程的内耗[*]

内耗测量能显示 Cu-Zu-Al 中热弹性马氏体相变 B2↔9R 和 DO_3↔18R 共存，以及单一 DO_3↔18R 或 B2↔9R。Fe-Ni-Mn 中等温马氏体相变在孕育期内出现相变内耗峰。因模量改变的特征不同，可将马氏体形核机制区分为与软模或局域软模有关和无关两种类型：Fe-Ni-C 中珠光体相变和贝氏体相变都呈低频内耗，两者的特征相近。18Cr2Ni4WA 钢及其脱碳合金、Cu-Zn-Al 和 Ag-Cd 合金（包括上述 Fe-Ni-C）在贝氏体相变孕期内就出现相变内耗峰，论证此时发生贝氏体的形核过程。从相变时模量变化的实验，我们认为不同相变产生不同的相界面效应，呈现不同的模量变化。只有在 (M_s-T_N) 较大（如 90K）的材料中，才在冷却过程中的 T_N 温度，出现与反铁磁相变相关的磁畴界运动引起的内耗峰。材料的形状记忆效应可由马氏体逆相变的瞬间内耗峰面积 $\int_{A_s}^{A_f} Q_s^{-1} dT$ 表征。

15.1　概述

受研究内耗鼻祖葛庭燧先生的影响，相变内耗的研究虽创始于海外[1,2]（1956 年发表 Fe-Ni 马氏体相变的内耗，可能是相变内耗研究的先驱），但却中兴于我国。王业宁等在我国最早以内耗研究合金的马氏体相变[3,4]，并相继数十年，经铁电、铁弹相变、延续至目前对玻璃态相变的内耗研究，成果累累。葛庭燧等[5]也关注 Fe-Mn 合金 fcc(γ)→hcp(ε) 马氏体相变的稳定内耗峰，认为由扩展位错运动所导致。张进修等[6,7]对 Ni-Ti 的应力诱发马氏体相变首先做了内耗测量和研究，接着进行相变过程中界面动力学的内耗研究[7,8]，热诱导一级相变过程的非平衡理论和一级相变时能量发散理论的建立，延续至目前溶液凝固的内耗研究，成果卓著。由于内耗测量能灵敏地反映材料相变中的微观力学行为，因此相变内耗能提供重要的信息和有益的启示。本文缕述本文作者在上述专家们工作的启迪下，对一些相变（共析分解、贝氏体相变、马氏体相变和反铁磁相变）及其相关过程内耗研究的一些结果和管见。

[*] 原发表于中山大学学报（自然科学版），2001，40（增刊 A）：224-231。

15.2 马氏体相变内耗

15.2.1 热弹性马氏体相变

以内耗方法研究热弹性马氏体相变不但能揭示其相变时弹性模量急剧下降的原因,即新相形核与软模有关[9],还能给出不同母相有序态的相变[10]。图 1(a)所示为 Cu-26Zn-4Al(ω/%)合金中 B2↔9R 和 DO$_3$↔18R 共存,也显示了 B2↔DO$_3$ 系一级相变;图 1(b)所示为这类合金经 150℃ 充分时效后的 DO$_3$↔18R 内耗峰;图 2 所示为这类合金经淬火并立即上淬(100℃淬 30min)后的 B2↔9R 内耗峰,测得的 B2↔9R 相变的热滞较小,仍具有形状记忆效应[10]。

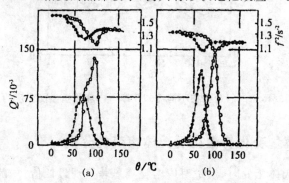

图 1　Cu-26Zn-Al 合金在冷却和加热时内耗和模量随温度的变化(1Hz)曲线
(a) 在 150℃分级淬火 2min;(b) 在 150℃分级淬火 120min

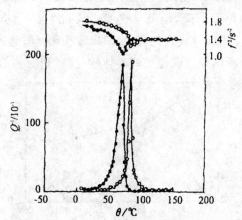

图 2　800℃淬火、上淬 100℃经 30min 后,Cu-26Zn-4Al 合金在冷却和加热时内耗和模量随温度的变化(1Hz)曲线

15.2.2 等温马氏体相变

对 Fe-23Ni-3.5Mn(wt/%)合金的等温马氏体相变做了内耗测量[11,12]。在连续冷却至 $-50 \sim 80℃$ 之间时,出现内耗峰,其峰值随冷却速率的加大而增高,但峰温下降,如图 3 所示。当等温测量时,内耗峰在孕育期(电阻及膨胀法测定)就出现,其峰值随孕育期的缩短而升高,并显示局域软化现象。

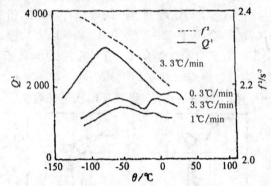

图 3 Fe-23Ni-3.5Mn(ω/%)合金在不同冷却速率下内耗和模量随温度的变化(2Hz)曲线

15.2.3 按模量变化特性对马氏体相变的分类

热弹性马氏体相变时,模量对应内耗峰显著呈现最低值,一般在内耗峰开始兴起前模量已呈下降,如图 1、2 所示。这被认为形核与软模有关。Fe-Ni-C 等一般材料(具非热弹性或半热弹性相变)在连续冷却时,对应马氏体相变呈低频内耗峰,弹性模量也略呈下降,但呈非典型的最低点并在 M_s 以下才开始降低,如图 4[13] 所示。这可能和局域软化有关(即局域软化使瞬间形核—长大,此时母相整体尚未软化,随后出现一定程度的整体软化)。和上述的不同,Fe-Mn-Si 基

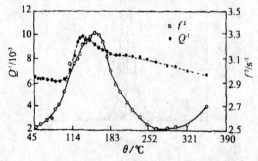

图 4 Fe-16Ni-0.15C 合金在马氏体相变时内耗及模量的变化曲线

合金对应 fcc(γ)→hcp(ε)内耗峰附近,母相的弹性模量并不显著下降[14](多数数据显示总体模量上升,这是由于马氏体模量较大),如图5所示。母相的晶粒大小及亚晶大小对 M_s 也没有显著影响[15,16];马氏体的形核似并不强烈依赖于软模,以此区别马氏体相变形核机制上的两种类型[14,17]。

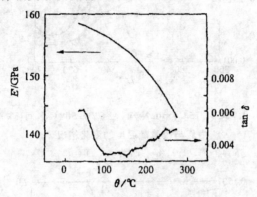

图5 退火态 Fe-3.3Mn-5.3Si(ω/%)合金在冷却时内耗($\tan\delta$,2)和模量(E',1)随温度的变化(0.5Hz)曲线

15.3 共析分解(珠光体相变)和贝氏体相变内耗

1990年本文作者及其合作者发表了对 Fe-Ni-C 的珠光体相变、贝氏体相变和马氏体相变的低频内耗研究结果[13],揭示扩散型相变也出现内耗峰,并得到:当频率一定,珠光体和贝氏体相变的内耗峰值随冷却速率的加大而增高,但峰温降低 Q_{max}^{-1},正比于 $\dot{T}/f_m T_m$ ($\dot{T}$(指冷却速率, f_m 和 T_m 分别为对应内耗峰的频率和温度);随频率增加峰值降低,但峰温升高,见图6和7,符合 Belko 等对一级相变提出的理论[18]。对 Fe-Ni-C 的马氏体相变,其相变速率及相变非弹性应变较珠光体相变和贝氏体相变的为大,而相变温度又较低,按 Belko 理论,其内耗峰值应较珠光体和贝氏体相变的高得多。而马氏体相变实验显示,内耗峰值较珠光体和贝氏体相变的小一个数量级(见图4)。马氏体相变内耗符合王业宁等提出的静滞后模型[19]。由上述可见,贝氏体相变的内耗特征与珠光体相变的相似,意味着贝氏体相变属扩散型相变,这与铁碳合金和铜基合金贝氏体相变热力学[20~23]和 Cu-Zn-Al 贝氏体不继承母相有序度[24]的研究结论一致,而与王业宁等由内耗研究贝氏体相变机制的论点[25]相反。

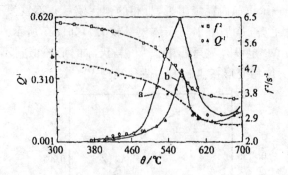

图 6　Fe-4.95Ni-0.72C 以 15℃/min 冷却,在 620～500℃ 区间(珠光体相变区间)
内耗与模量随温度的变化情况

a 为 $f=1.81\sim1.87/s$;b 为 $f=2.01\sim2.22\ 1/s$

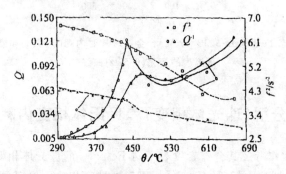

图 7　Fe-9.73Ni-0.36C 以 17℃/min 冷却,在 490～300℃ 区间(贝氏体相变区间)
内耗与模量随温度的变化情况

a 为 $f=1.89\sim1.97/s$;b 为 $f=2.23\sim2.40\ 1/s$

图 8 所示为 Fe-9.73Ni-0.36C 合金在 50℃ 等温(a)并以 22℃/min 冷却速率冷至 412℃ 等温(b)时的低频内耗和模量变化情况。图 8(a)中虽显示模量下降,但远落后于内耗峰的兴起(约 300s 以后),且在(b)中未见模量下降。这些显示贝氏体相变时母相并不一定软化。

1996 年,刘军民和张进修[26]报道 Zn-22Al(wt/%)合金共析分解的内耗研究,证实扩散型相变也存在低频相变内耗峰,具典型的一级相变特征,并指出其稳定内耗峰值(阶梯改变降温速率测量结果)为相变内耗峰的主要组成;在 $\alpha'\to\alpha+\beta$ 时,低温相 α/β 相界面引起的共析相变过程振动能的损耗,不同于马氏体相变中母相/马氏体相界面起主要作用。Zoidze 等[27]在 1982 年就曾发现合金钢连续冷却时的内耗峰,认为贝氏体相变过程中存在运动型核心界面使内耗增长。

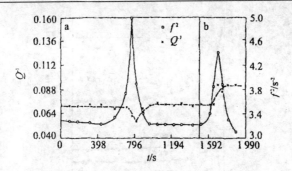

图8 Fe-9.73Ni-0.36C 合金在 500℃ 等温(a)并以 22℃/min 冷却至 412℃ 等温(b)时内耗和模量随时间的变化

15.4 贝氏体预相变

Lim 和 Wuttig[28]等以超声仪测得两种高碳(>0.7%C)钢在下贝氏体相变孕育期内声传播时间相对改变,求得的贝氏体相变预效应的激活能与碳在奥氏体内的扩散激活能相符,从而推测贝氏体预相变为碳向位错扩散并在位错附近形成贫碳区的过程。Bojarski 和 Bold[29]等发现含 0.18%C 的 Ni-Cr-Mo-B 钢经连续冷却后出现无碳化物贝氏体,应用 X 线衍射测得,在相变前,奥氏体衍射强度发生变化,但宽度不变;认为由碳浓度起伏导致贫碳和富碳显微亚区的先期效应。本文作者等利用自行设计制成的相变低频内耗仪测得 18Cr2Ni4WA 钢及其脱碳试样[30,31]、Cu-Zn-Al[30~34]和 Ag-Cd 合金[30,33,34]经高温母相快速冷至贝氏体相变温度等温时的内耗特征;显示在孕育期内出现内耗峰,以 Cu-Zn-Al 为例,如图 9 所示;内耗峰值因孕育期的缩短而增高,出现峰值的时间随孕育期的缩短而减少;各合金(包括上述的 Fe-Ni-C)的内耗变化特征相同,只是 Cu-Zn-Al 在等温开始时弹性模量下降较显著;内耗峰的出现和合金中是否含碳无关;内耗峰为相变峰而不是碳扩散峰。结合 Ag-Cd 合金在贝氏体相变孕育期内的 X 线衍射实验显示:母相(111)衍射强度随等温时间而增强,表示等温时母相点阵畸变致消光效应减弱,论证了在孕育期内贝氏体相变进行了形核过程[30~34]。经数学式表示并推演,可得 Q_{max}^{-1} 或形核率 J^* 和等温时间 t 的关系曲线,如图 10 所示。Q_{max}^{-1} 或 J^* 与孕育期 $t=\tau$ 时对应 TTT 图的关系如图 11 所示。

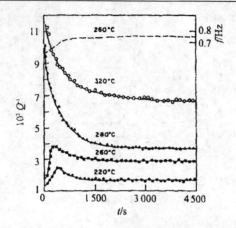

图 9 Cu-25.83Zn-3.96Al 合金在不同温度等温时内耗和模量的变化(1Hz)曲线

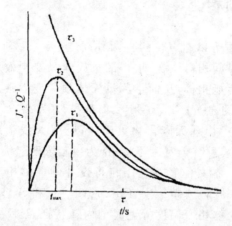

图 10 贝氏体相变时 Q_{max}^{-1} 或形核率 J^* 和等温时间的关系示意图($t=\tau$ 为孕育期)

本文作者对钢中贝氏体相变孕育期内出现贫碳-富碳区的预相变等实验和论点曾著文加以评述[35],认为钢中形成贫碳和富碳区不符合 Spinodal 分解的条件:$d^2\Delta G/d\Delta C^2<0$,而实际上此时正进行贝氏体形核,在钢中必然存在碳的扩散,并非预相变。等温时形成贫溶质原子区将引起体系自由能升高,除非形核才能使其下降,只有溶质原子向缺陷位错偏聚,才形成贫溶质区。但借此形成贫溶质区,使切变形成贝氏体的困难之处在于位错密度与形核区密度不符。本文作者对此曾在贝氏体相变国际会议的大会讨论中作过表述,并就 Wayman 的提问,会上作了论及[36]。杨延清等[25]测得的 Cu-42.85Zn(ω/%)中,贝氏体孕育期内贫 Zn 的质量浓度约为 37%,250℃时出现贝氏体相变内耗峰。Cu-37Zn 的 T_0 约为 0℃;按切变机制只能在 T_0 温度以下才能形核,T_0 以上只能发生扩散型

相变[21]。

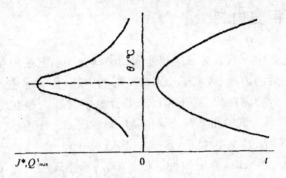

图 11 材料在贝氏体相变时和孕育期的关系对应 TTT 图示意图($t=\tau$ 为孕育期)

15.5 相变与模量反常

18cr2Ni4WA 钢及其脱碳合金[30]和 Fe-Ni-C 合金[13]在连续冷却时，对应贝氏体相变峰母相模量并不显著下降，Fe-Ni-C 的珠光体相变也是如此。这些材料只有在等温条件下，对应贝氏体相变内耗峰温附近模量才会明显下降。具有马氏体相变的材料在连续冷却时，对应热弹性马氏体相变，呈现显著的模量下降，并呈典型的软模。有些材料，如 Fe-Ni-C(Fe-Mn-Si 基合金除外)，模量对应非(半)热弹性马民体相变也略呈下降，但不属典型软模。上述实验结果显示马氏体为瞬间形核长大，而珠光体和贝氏体的形核和长大受时间控制。Zn-Al 合金在连续冷却时，对应共析反应也出现模量下降，其内耗由低温相界面引起[26]。在低温相的模量较低下相变时也会呈现模量下降(再继续降温时，模量因温度效应升高)。因此，模量下降可能是由于母相软化或先局部软化，后呈整体软化或因新相的界面效应、新相模量较低所致。模量下降并非必然为软模或局部软模，即不一定和切变机制相关联。在 Fe-Mn-Si 基合金中，对应 $\gamma\to\varepsilon$ 马氏体相变内耗峰，一般情况下模量并不下降，并且由于降温以及马氏体的模量较高，而连续上升(见图 5)。

15.6 沉淀和孪晶引起的内耗

沉淀以及孪晶的形成和粗化都呈由界面运动所引起的内耗[1]。目前，研究的磁控形状记忆材料，可望获得由于孪晶再取向、合并而出现的内耗峰。阻尼材料中已测得马氏体相变和孪生叠加的内耗峰。

15.7 二级相变内耗

王业宁和沈惠敏[1]等已对二级相变和动态畴变畴引起的内耗以及高温超导体的超导相变前后的内耗(载流子动态畴变畴的内耗)作了综述。在此仅引介本文作者等以静电音频内耗仪对 Fe-Mn-Si 基合金中反铁磁相变所做的实验与结果及其讨论情况[37]。试验用3种合金的 M_s 和温度如表1所示。

实验发现(M_s-T_N^γ)不大的 Fe-30.3Mn-6.1Si 和 Fe-29.05Mn-6.27Si-0.024Re-0.076C 在冷却时对应弹性模量下降,均未出现相的二级反铁磁相变内耗峰。由于 M_s 与 T_N^γ 相近,γ→ε 马氏体相变受抑制较大,在加热时尚存在大量的γ相,会出现γ相进行反铁磁→顺磁的内耗峰。这和以往作者对 T_N^γ 与 M_s 较接近的 Fe-Mn[38] 及 Fe-Mn-Si[39] 实验所得的结果一致。由于稀土(Re)能提高 T_N^ε 温度,含稀土合金在升温时还会出现ε相的反铁磁→顺磁的内耗峰。图12所示为 Fe-29.05Mn-6.27Si-0.024Re-0.076C 在降温(a)和升温(b)过程中内耗和模量随温度的变化情况,在(a)中 259K 峰为γ→ε马氏体相变内耗峰(峰的起始约在290K,与电阻法测得的 M_s 相近),对应模量的显著下降,未见反铁磁相变峰;(b)中 261K 峰之前尚有一小峰,均系加热时反铁磁相变峰,436K 峰为马氏体逆相变峰;(c)和(d)为该合金在 175～375K 温度区间(A_s 以下区间)升温(c)和降温(d)过程的内耗和模量,在(c)中明显地显示出 ε 和 γ 相的反铁磁相变峰,T_N^ε 低于 T_N^γ;(d)中仅出现 γ→ε 相变内耗峰。Fe-26.40Mn-6.02Si-5.2Cr 合金的 M_s 较高,而 T_N^γ 较低,在冷却和加热时均出现较宽的反铁磁相变内耗峰,峰温相差约 26K(降温时峰温在 221K,升温时为 247K),峰温均对应模量的显著下降,模量反常的开始温度一致均为 225K 左右,如图13所示。

二级相变中并不存在形核-长大过程并没有母相/新相间的界面,在低频条件下不会出现内耗峰,在高频条件下会出现序参量弛豫或涨落引起的衰减峰。王业宁等[40]发现 LNPP 晶体($La_{1-x}Nd_xP_5O_{14}$)在 T_c 温度时出现明显的内耗峰,认为在外加应力下瞬间的新相畴区(动态畴变畴)有利取向的长大,不利取向的消失,从而产生非弹性应变和内耗,这表征二级相变相关过程的内耗峰。她们还导出二级相变相关过程的内耗峰随频率减低而内耗增大的关系式[41],显示在 T_c 温度时内耗呈极大值。黄以能等[42]又列出铁电材料中,和二级或弱一级相变有关的、由畴界运动所引发的内耗的定量表达式。

第 15 章 相变及相关过程的内耗

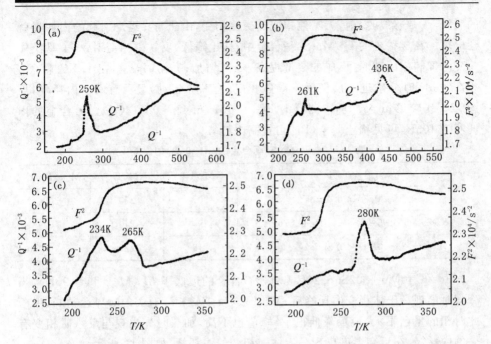

图 12 Fe-29.05Mn-6.27Si-0.024Re-0.076C 合金在降温(a)和升温(b)以及在 175~375K 温度区间升温(c)和降温(d)过程内耗和模量随温度的变化(150~220Hz)曲线

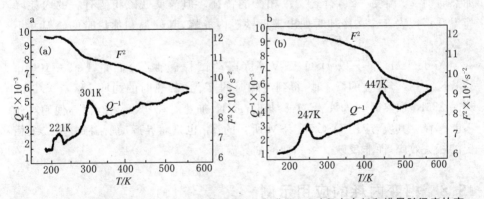

图 13 Fe-26.4Mn-6.02Si-5.2Cr 合金在降温(a)和升温(b)过程中内耗和模量随温度的变化(150~220Hz)曲线

当材料 T_N 在 M_s 以下不远的温度时,在冷却至 M_s 以下时,由于 $\gamma \to \varepsilon$ 马氏体相变正在兴起,反铁磁相变就相继产生,母相弹性模量显著下降,因磁畴界移动引起的内耗峰势必被 $\gamma \to \varepsilon$ 内耗峰所掩盖或湮没,因此在冷却过程中只显示 $\gamma \to \varepsilon$ 相变内耗峰,而未出现畴界运动内耗峰。在加热时,尚留有不少 γ 相,在 γ 相的反铁磁→顺磁相变前,无其他相变经磁性相变,由磁畴界运动引起的内耗峰就会出现。在含稀土的 Fe-Mn-Si 基合金中,稀土降低,反铁磁相变对 $\gamma \rightarrow \varepsilon$ 马氏体相变的抑制作用减弱,形成的 ε 量提高,峰高增加;升温时,ε 相在 173K、剩余 γ 相在 265K 时分别进行反铁磁→顺磁相变,有畴界运动,显示有两个内耗峰,见图 12。比较 Bouraou 等[43]测得的 Fe-31.6Mn-6.45Si-0.018C(ω/%)合金的内耗峰为 103K,可见稀土元素(Re)可提高内耗峰。

表 1　3 种 Fe-Mn-Si 基合金的 M_s 和 T_N 的温差

wt(合金)/%	M_s/K	T_N/K	$M_s - T_N$/K
Fe-30.3Mn-6.1Si	300	270	30
Fe-29.05Mn-6.27Si-0.24Re-0.076C	290	240	50
Fe-26.40Mn-6.02Si-5.2C	315	225	90

Fe-26.40Mn-6.02Si-5.20Cr(wt/%)合金的远低于 M_s($M_s - T_N = 90K$),当冷却时出现马氏体相变内耗峰后,又出现与反铁磁相变有关的畴界运动峰,由于此时相的量已不大,模量降低很小,峰值也不高,加热时先出现与反铁磁相变有关的内耗峰,在更高温度出现马氏体逆相变的内耗峰,如图 13 所示。

对应反铁磁相变,母相模量降低。以模量下降的开始温度为 T_N,则冷却和加热时的 T_N 温度一致,符合二级相变的特征。但与反铁磁相变有关的内耗峰峰温并不代表 T_N,在冷却时如出现反铁磁内耗峰,其峰温和加热时的峰温并不一致。

Andersson 等[44]以 DSC 及 VSM(振动试样磁性仪)测量 Fe-33.10Mn-2.97Si(wt/%)合金的 T_N 时,得到冷却时的 T_N 比加热时的约低 10℃(DSC:冷却时 336K,加热时 351K;VSM:冷却时 361K、加热时 370K)。作者称,他们对此不能解释。其实,应用 DSC 和 VSM 所得的 T_N 也是畴界运动所引致,是二级相变的相关效应,而非反映二级相变的临界温度。

15.8　相变内耗的应用示例

根据 Belko 等的模型,瞬间内耗与相变量成正比;材料的形状记忆效应决定于马氏体逆相变量,当切变模量的改变小于 5%时,假定 ω/G 为恒量,可导得马氏体逆相变量正比于逆相变引起的内耗峰的面积 $\int_{A_s}^{A_f} Q_T^{-1} dT$。图 14[45]所示为 Fe-33.7Mn-5.22Si(ω/%)合金经 950℃退火后,(a)冷却由热诱发形成马氏体;(b)施加 2%拉伸变形,形成应力诱发马氏体;(c)训练(2%形变及加热至 500℃

回复,循环 5 次)后得到马氏体,再经加热,出现逆相变内耗峰,其峰面积有显著差别。

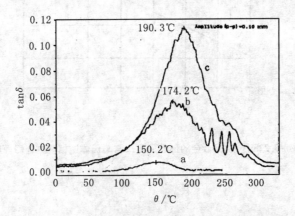

图 14 Fe-33.7Mn-5.22Si(wt/%)合金经 950K 退火后,(a)冷却、热诱发马氏体;(b)拉伸形变 2%形成应力诱发马氏体;(c)训练(形变 2%,500℃回复)5 次后形成马氏体,再经加热,出现的逆相变内耗峰(0.5Hz)

图 15[45]表示上述合金的形状回复率和逆相变内耗峰面积 $\int_{A_s}^{A_f} Q_i^{-1} dT$ 为训练回复温度(形变固定为 2%)的函数。

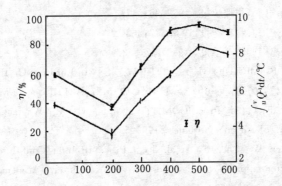

图 15 Fe-33.7Mn-5.22Si(wt/%)合金的形状回复率及马氏体逆相变内耗峰面积为训练回复温度的函数

由图 15 可得材料的形状回复率 η 与逆相变内耗峰面积呈线性关系,如图 16[46]所示。可见,形状记忆材料的马氏体逆相变面积可作为形状记忆效应的表征,这是一个相变内耗实际应用的示例。

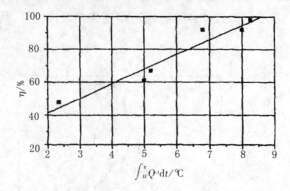

图 16　Fe-33.7Mn-5.22Si(wt/%)合金的形状回复率与马氏体逆相变内耗峰面积之间的关系

参考文献

[1] 王业宁,沈惠敏. 金属物理学. 第三卷[M]. 北京:科学出版社,1999. 第 24 章.
[2] SCHEIL E, MULLER J. Arch Eisenhut, 1956,27:801.
[3] 王业宁,朱健中[J]. 物理学报,1959,15:341;Scientia,1960,9:197.
[4] 王业宁,杨正举,祝和,等[J]. 南京大学学报,1963,7:1;高等学校自然科学学报,1965,试刊,5:352.
[5] 马应良,葛庭健[J]. 物理学报,1964,20:72.
[6] 张进修,李燮均[J]. 物理学报,1987,36:847.
[7] 张进修,李江宏[J]. 物理学报,1988,37:363.
[8] 张进修,罗来忠[J]. 物理学报,1988,37:353.
[9] KASHIMISU S, MORDIO M, BENOTT W. [C] 3th Eur Conf On IFUAS, 1979,269.
[10] 陈树川,徐祖耀,杨凡,等[J]. 金属学报,1991,27:A249;[J]Acta Metall Sin (English Ed.), 1992, A5:1;[C]Proc ICOMAT-92, Eds. C. M. Wayman and J. Perkins, Monterey Iust. of Advanced Studies, 1993,599.
[11] Zhang J, Chen W, Chen S, et al. [C] Proc 9th Inter Conf Internal Friction and Ultrasonic Attenuation in Solids, Ed. T. S. Ke, Inter. Academic Publishers and Pergamon Press, 1989. 333.
[12] Zhang J, Chen S, Hsu T Y(徐祖耀), et al. [C] Proc. ICOMAT-92, Eds. C. M. Wayman and J. Perkins, Monterey Iust. of Advanced Studies, 1993. 167.
[13] Chen W, Hsu T Y(徐祖耀), Chen S, et al. [J]. Acta Metall Mater, 1990, 38:2337.
[14] 徐祖耀[J]. 中国科学(E 辑),1997,27:289;Sci in China (E), 1997,40:561.
[15] Jiang B H, Qi X, Zhou W, et al. [J]. Scr Mater 1996,34:771.
[16] Jiang B, Qi X, Yang S, et al. [J]. Acta Mater, 1998,46:501.

[17] 徐祖耀. [J]. 金属学报,1997,33:45.

[18] Belko V N, Darinskill B M, Posthikov V S, et al. [J]. Phys Metals Metallogr, 1969, 27:41.

[19] 杨照金,邹一峰,张志方,等[J]. 金属学报,1982,18:21.

[20] Hsu T Y(徐祖耀), Mou Y. [J]. Acta Metall,1984,32:1469.

[21] Hsu T Y(徐祖耀), Zhou X. [J]. Acta Metall,1989,37:3095.

[22] Hsu T Y(徐祖耀), Hou X W. [J]. Acta Metall Mater,1991,39:2615.

[23] Hsu T Y(徐祖耀), Zhou X W. [J]. Metall Mater Trans,1994,25A:2555.

[24] Lu W, Jiang B, Hus T Y(徐祖耀). [J]. Scr Metall Mater,1992,27:861 Trans Nonferrous Metals Soc. China,1993,3:66.

[25] Yang Y Q, Zhang Z F Shen H M, et al. [J]. Phase Transitions,1994,50:247.

[26] 刘军民,张进修[J]. 金属学报,1996,32:785.

[27] Zoidze N A, Luarabishvlei N N, Badzoshvill V I, et al. Intemal Friction in Metals and Inorganic Materials [M]. Science Press, Moscow, 1982,106-109.

[28] Lim C, Muttig M [J]. Acta Metall,1974,22:1215.

[29] Bojarski Z, Blod T. [J]. Acta Metall,1974,22:1223.

[30] Zhang J, Chen S, Hsu T Y(徐祖耀). [J]. Acta Metall,1989,37:241.

[31] Hsu T Y(徐祖耀). [J]. Metall Trans,1990,21A:811.

[32] 张骥华,陈树川,徐祖耀[J]. 金属学报,1986,22A:372.

[33] 张骥华,陈树川,徐祖耀[J]. 物理学报,1986,35:379.

[34] Zhang J, Chen S, HSU T Y(徐祖耀). [J]. Metall Trans,1989, 20A:1169.

[35] 徐祖耀[J]. 上海金属,1991,13(3):7.

[36] Hsu T Y(徐祖耀). Metall Trans,1994,25A:2666-2667.

[37] WU X, Hsu T Y(徐祖耀). Prog in Natrual Science [J]. 1999,9:454; Mater Char,2000,45:137.

[38] Lenkkeri J T, Levoska J. [J]Phil Mag,1983,A48:740.

[39] Sato A Yamaji Y, Mori T. [J]. Acta Metall,1986,34:287.

[40] Wang Y N, Sun W Y, Chen X H, et al [J]. Phys Stat Sol(a),1987,102:279.

[41] Wang Y(王业宁), CHEN X(陈小华), SHEN H(沈惠敏)[J]. Chin J Met Set Technol,1991,7:157.

[42] Huang Y N, Wang Y N, Shen H M. [J]. Phys Rev,1992,B46:3290.

[43] Bouraout T A. Van Neste, B. Dubois, [C]. Proc. ICOMAT-95, J. De Phys. Ⅳ., Coll. C8. Suppl. Ⅲ,5,C8-403,1995.

[44] Andersson M, Forsberg A, Agren J. Advanced Materials'93 Shape Memory Materials and Hydrides. OTUKA K, et al eds. [J]. Trans Res Soc Jpn, Elsevier Sol B. V, 1994, 18B:973.

[45] Chung C Y, Chen S, Hsu T Y(徐祖耀). [J]. Mater Char,1996,37:227.

导言译文

The Internal friction measurements show that there coexists B2→9R and DO_3→18R martensite transformation in thermalelastic Cu-Zn-Al alloys, and a single DO_3→18R or B2→9R. There is the internal friction peak of isothermal martensitic transormation in the incubation period in Fe-Ni-Mn alloys. Because the characteristics of modulus change are different, the martensitic nucleation mechanism is divided into tow types: related on or not associated with soft mode or local soft mode. Low frequency internal friction appears also in the pearlite and the bainite transformation of Fe-Ni-C. The internal friction peaks show in bainite phase incubation period in 18CrNiWA steel and decarburized alloys, Cu-Zn-Al and Ag-Cd alloys (including the Fe-Ni-C) and demonstrated the bainite nucleation process. From the experiment of modulus change of the transformation we think that different phase interfacial effect produced significant different modulus. Only in the larger M_s-T_n (such as 90K) materials, the internal friction peak of antiferromagnetic transition related domain boundary movements is caused in the cooling process of T_n temperature. The shape memory effect of material can be characterized with the area of internal friction peak of the reverse martensitic transformation.

第 16 章 相变内耗与伪滞弹性

Fe-Ni-C 在扩散型（珠光体）相变时呈现较高的内耗峰，说明相界面（尤其是高能相界面）的运动对相变内耗起到重要作用。建议建立一个内耗峰值与相界面能量之间的关系式。Fe-Ni-C 中贝氏体相变的内耗特征与珠光体的相似，贝氏体相变孕育期内已发现相变内耗峰。结合溶质区的实验结果，证明贝氏体相变系扩散形核。马氏体相变中相界面能量较低，导致其内耗峰值低于扩散型相变的峰值。马氏体相变的软模现象为相变形核机制提供启迪。fcc→hcp 反铁磁相变抑制了马氏体相变动力学，但促发了 fcc→fct 相变。在 ZrO_2-CeO_2-Y_2O_3 陶瓷中，因 $m\to t$ 逆相变而引起的滞弹性可称其为伪滞弹性，其驰豫时间长达数日之久。

16.1 引言

本文作者在 2000 年曾对相变及相关过程的内耗作过综述。本文对此再做些补充，并在总结一些经验的基础上，建议建立一个内峰值与相界面能量之间的关系式，并介绍在近年来 ZrO_2 陶瓷中发现的伪滞弹性现象。

自 20 世纪 50 年代开始以内耗研究 Fe-Ni 合金的马氏体相变[2]以来，在很长一段时间内学者们认识到，在无扩散的切变相变时，由于相界面运动引起内耗，出现的内耗相变就是切变相变，因此发现一些材料在贝氏体相变温度呈现内耗峰，论证其不是扩散峰后就认为贝氏体相变属切变型相变。当时认为扩散型相变不会呈现内耗峰。1990 年，本文作者报道了 Fe-Ni-C 中珠光体相变时出现较高的内耗峰[3]。当时还对其重要性认识不足。1996 年刘军民和张进修[4]报道，Zn-22％Al（质量分数）合金共析分解也出现稳定内耗峰后，认识到扩散型相变（如 $\gamma\to\alpha+\beta$）时，不但存在 γ/α 及 γ/β 的相界面，还有 α/β 的运动界面，引起振动能量的损耗。在二级相变中，如磁畴界的运动，在适当测试条件下，也可能测得其内耗峰，为内耗研究相变打开宽广的通道。内耗研究将为相变中界面运动机制提供有益的信息和启示。除近代新测试手段（如高能同步 X 射线辐射）外，在诸多经典测试方法中，以内耗检查相变最为敏感，但不足之处是根据内耗测量的结果去推断相变特征或机制，往往需要其他实验加以确证。

在一般物理方法（如电阻、膨胀法）所测得材料贝氏体相变的孕育期内就出现内耗峰，以往认为这是贝氏体相变的预相变峰，但这既非扩散峰，在其后也不再出现相变内峰值，现在可以确认它正是贝氏体相变峰。贝氏体相变机制属切变型（或切变——扩散型，或浓度重分配切变型）还是扩散型（纯扩散型）目前仍是争论热点。用内耗研究贝氏体相变，引证其他实验结果和理论就能对贝氏体相变机制加以深层次的分析。

内耗测试直接给出材料模量的变化，因此内耗是研究马氏体相变中软模的有力工具。目前认为软模或局域软模并非马氏体相变的必要特征[5,6]。本文将报道非软模材料经合金化后相变时会出现模量软化现象，这将使相变研究引向深入。

前文述及 Fe-Mn-Si 基合金的内耗实验[7]，揭示反铁磁相变压抑马氏体相变。新近对 Mn 较高的 Mn-Fe 基合金的内耗、模量和电阻实验，则显示反铁磁相变和马氏体相变的耦合现象，内耗较高，模量变化剧烈，热滞减小甚至消失。反铁磁相变促发马氏体相变在早年已有报道[8]，有关 Mn-Cu 的阻尼马氏体相变已见不少文献报道。王力田与葛庭燧在1988年报道了马氏体相变时的软模现象[9]。

材料的力学滞弹性呈现内耗现象，ZrO_2 陶瓷经应力诱发相变，在卸去后所发生的逆相变时的滞弹性现象，曾被称为"时间决定的相变"[10]，现称其为伪滞弹性，这种现象值得关注。

16.2 共析分解的内耗

根据本文作者在1990年发表的共析分解内耗的主要数据[3]，此处重新加以探讨。

Fe-4.95Ni-0.72C（质量分数，%，下同）合金经奥氏体化后自 973K 以 3.5～15.0K/min 速率冷却，以金相测得在 893—773K 之间的相变产物为珠光体（未见魏氏组织），其内耗数据如表1所示。

上述工作揭示扩散相变时也呈现内耗峰，而且内耗峰值较大，表明相界面运动使能量损耗。在 Fe-Ni-C 的珠光体相变 $\gamma \rightarrow \alpha + Fe_3C$ 以及 α/Fe_3C 三类相界面。按珠光体相变晶体学，领先相（α 或 Fe_3C）在母相晶界形核，与相邻一个母相晶粒 γ_1 保持位向关系而向另一相邻晶粒 γ_2 长大，α 与 γ_2 以及 Fe_3C 与 γ_2 之间均无位向关系，以利于碳的重新分配，使 α 和 Fe_3C 快速协同长大，可见 α/γ_2 和 Fe_3C/γ_2 之间的界面能量较高。α/Fe_3C 之间具有一定位向关系，界面能在 $0.3 \sim 1.24 J/m^2$ 之间[13,14]，包括铜合金共析产物[15]。本文作者认为[16]，珠光体相变时,相变总驱动力的 1/3 用于 α/Fe_3C 之间界面能大体正确. 按运动损耗的能量应正比于界面能量的推理,Fe-Ni-C 共析分解时呈现较大的内耗峰和相变时呈现较大的相界面能(α/Fe_3C,γ/α 和 γ/Fe_3C 的总能量)有关. 采用 Bollmann[17] 的建议,界面能相对大小 P 可以用界面错配位错的 Burgers 矢量模 b_i 及其间距 d_i 表示:

表 1　Fe-4.95Ni-0.72C 合金连续冷却中的内耗实验结果

(The internal friction (IF) data of Fe-4.95Ni-0.72C (mass fraction, %) under continuous cooling)

$\dot{T}$/(K/min) (Cooling rate)	f_m/s^{-1} (IF frequence)	T_m/K (IF temperature)	Q_{max}^{-1}, 10^{-3} (IF peak value)	$\dot{T}/(f_m \cdot T)$ 10^{-3} s/min
3.5	1.81	848	248	2.29
5.4	2.22	864	614	9.20
6.1	1.84	843	351	4.16
6.8	2.13	846	191	3.77
15.0	1.87	841	641	9.20
15.0	2.01	843	351	9.11

$$P = \sum_i (b_i^2/d_i^2) \quad (1)$$

Ecob 和 Ralph[18] 提出:

$$P = \sum_i \sum_j (b_i b_j/d_i d_j)^{1/2} \quad (2)$$

式中,i 和 j 分别表示 i 和 j 等位错列.

上述相界面上,除原子错排的结构界面能 P 外,还存在因两相间化学成分不同而引发的化学界面能 C,因此总的相界面能为

$$R = P + C \quad (3)$$

根据 Belko 等[19] 建议的相变内耗表达式,可得:

$$Q^{-1} = G\beta\alpha^2 \dot{M}(\kappa T\omega)^{-1} \quad (4)$$

式中,G 为切变模量,β 为新相核心体积,α 为相变中非弹性应变,ω 为振动频率,$\dot{M}$ 为相变速率. 由于珠光体相变的速率正比于冷却速率,对同一种材料,$G\beta\alpha^2$ 接近常数,可得:

$$Q^{-1} \propto \dot{T}/(f_m \cdot T_m) \quad (5)$$

由表 1 中的数据,可得:

当测试频率 $f = 1.81 - 1.87$ 时,

$$Q_{max}^{-1} = 0.1292 + 52.787 \dot{T}/(f_m \cdot T_m)$$

当 $f=2.01-2.22$ 时，
$$Q_{max}^{-1}=0.060\ 9+32.324T/(f_m \cdot T_m)$$
均符合式(5)。式(4)虽说可普适于一级相变，但主要针对切变型相变，按上述相界面能对内耗的贡献，将式(4)修改为
$$Q^{-1}=KR\beta\dot{M}(kTf)^{-1} \tag{6}$$
式中，K 为校正系数，R 为相界面能。随着相界面能计算的逐步完整化，式(6)可能有定量应用意义。

16.3 贝氏体相变内耗

先由 Fe-Ni-C 贝氏体相变内耗的实验结果[1,3]，并对照其他工作，讨论贝氏体相变机制，然后定性地验证式(6)能否适用于贝氏体相变。

Fe-9.73Ni-0.36C(质量分数，%)合金经冷却至 763-573K 的相变产物为贝氏体，其贝氏体相变内耗数据见表 2。按表 2 中的数据可得：

当 $f=1.89\sim1.97$ 时，
$$Q_{max}^{-1}=0.0266+6.387T/(f_m \cdot T_m)$$
当 $f=2.23\sim2.40$ 时，
$$Q_{max}^{-1}=0.064\ 13+4.089T/(f_m \cdot T_m)$$
亦均符合式(5)，和珠光体相变相似。

由钢、脱碳钢、Cu-Zn-Al 的内耗实验[20]和 Ag-Cd 的内耗行为[21]都得到：在一般测试所得这些材料的贝氏体相变孕育期内，均出现相变内耗峰。一些学者认为，当孕育期内出现贫溶质区("预相变"现象之一)，贫溶质区就能进行切变相变，Wu 等[22]和 Makata 等[23]测得 Cu-Zn-Al 贝氏体相变早期，贝氏体成分已与基体的不同。Kang 等[24]测得 Cu-28Zn-4Al 合金，在 523K 等温 4min 后出现贫溶质区，其成分为 Cu-25Zn-3.4Al。本文作者利用以上数据进行计算表明贫溶质区既不能 Spinodal 分解形成(与热力学条件不符)，也不能由溶质偏质位错来达到(位错密度需高达 $7\times10^9 cm^{-2}$，比退火试样高达三个数量级)，计算得 25Zn-3.4Al 贫溶质区的 T_0 温度($L2_1$ 母相与同成分 α_1 的平衡温度)为 433K，低于等温温度，而切变相变应在 T_0 温度以下才能进行。结合孕育期内出现相变内耗峰的事实，出现贫溶质区，正表征此时进行贝氏体相变，而相变恰恰是扩散形核，钢的情况亦相似，毋庸再述。

由表 2 可见，Fe-Ni-C 贝氏体相变内耗峰值比珠光体相变内耗峰值(表 1)要低。这是由于贝氏体相变中 γ/α 及 γ/Fe_3C 间均有一定位向关系，其界面能分别比珠光体相变时小得多，正说明式(6)的有效性。

表2 Fe-9.73Ni-0.36C 合金连续冷却中的内耗实验结果
(The internal friction (IF) data of Fe-9.73Ni-0.36C (mass fraction，%) under continuous cooling)

$\dot{T}$/(K/min) (Cooling rate)	f_m/s^{-1} (IF frequence)	T_m/K (IF temperature)	Q_{max}^{-1},10^{-3} (IF peak value)	$\dot{T}/(f_m \cdot T)$ 10^{-3} s/min
2.6	1.89	752	62	1.83
5.6	1.91	751	78	3.91
8.3	2.23	756	60	4.93
10.0	2.40	754	64	5.54
13.0	2.36	749	73	7.35
17.0	1.97	713	122	12.12
17.0	2.37	743	80	9.66

16.4 马氏体相变及软模

马氏体相变内耗峰研究已经成熟[1]，本文有 Fe-Ni-C 合金马氏体内耗讨论内耗表达式，并在介绍新近对低层错能材料 Fe-Mn-Si 基合金强化并增加层错能后考察 γ→ε 马氏体相变时软模的基础上，再次申述马氏体相变按软模分类的重要意义。

图1所示为 Fe-16.05Ni-0.15C 合金由 983K 以 2.9K/min 冷却时的内耗和模量的变化情况。从图可见，其马氏体相变内耗峰值较珠光体相变和贝氏体相变的内耗峰值低很多，不能按式（4）加以解释，但参照相界面能对内耗贡献的式（6），就能以马氏体相变中仅存在共格、成分相同的 γ/α′ 相界面（其界面能很小），解释其内耗峰值不大的原因。一般认为，马氏体相变内耗机制符合应力诱发界面位错运动的静滞后机制，但改模型仅适用于马氏体相变，将式（6）演化为普适式就能比较各类相界的内耗峰值，可能具有一定意义。

具低层错能的 Fe-Mn-Si 基合金母相晶粒大小对 M_S 无显著影响[27]，借层错直接形成 ε 核心，在 γ→ε 时模量未见明显减少。按马氏体相变分类，这类相变属不强烈依赖软模或局部软模形核的一类相变。在 Fe-25Mn-6Si-5Cr 合金中加入 0.007，0.086 至 0.14 的 N（均为质量百分数），使合金强化（母相 γ 的屈服强度由 300.0，352.6 增至 388.3 Mpa），及增加层错能（层错几率由 0.005 6，0.005 11 减至 0.003 6）。发现含 0.14N 合金相变时模量呈明显降低，如图2(a)所示；逆相变时模量下降更为显著，如图2(b)所示。

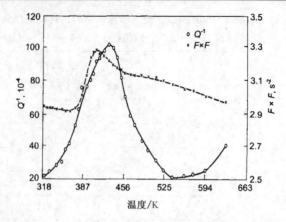

图1 Fe-16.05Ni-0.15C 合金自 983K 以 2.9K/min 冷速冷却时内耗及模量温度的变化

(Q^{-1} and $F \times F$ as functions of temperature under cooling from 983K at a rate of 2.9K/min)

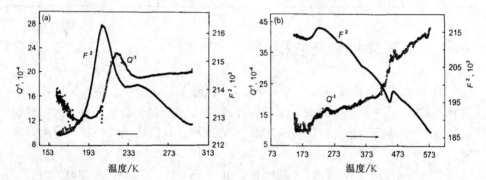

图2 Fe-25Mn-6Si-5Cr-0.14N 合金至 298K 冷却和升温时内耗和模量随温度的变化

(Q^{-1} and F^2 as functions of temperature during cooling from 298 (a) and during heating (b) in Fe-25Mn-6Si-5Cr-0.14N alloy)

上述例子说明合金因层错能的升高,其 γ→ε 相变将部分依赖软模或局域软模形核,呈层错-软模耦合机制,内耗与模量测量多相变形核分类很具作用,逆相变时模量软化显著,但其内耗峰值较正相变的内耗峰为小,论证 γ→ε 正、逆相变的机制不同,正相变以层错直接形核,逆相变一般以 Shockley 不全位错的逆运动、同时也借助于 ε 中 γ 相的形核。ε 相在高温时其层错能会增加,γ 相形核困难;受基体强化影响,不全位错的推移会增高阻力,这就需基体有较大的模量软化,才使 γ→ε 逆相变得以进行。由于 ε 相的较大软化,逆相变时 A_s 无大的变化;软化使相界面结构重排,减低了界面能,因此内耗峰值较低。逆相变时,ε 相的层错能和强度对逆相变的影响,有待进一步探讨。

16.5 反铁磁相变对马氏体相变的影响

以前对 Fe-Mn-Si 基合金的内耗实验[1,28,30]揭示:当反铁磁温度 T_N 接近马氏体相变温度 M_s 时,马氏体相变的进行受反铁磁相变的干扰。在 T_N 以下,马氏体相变虽仍能进行,但延滞相变进程,显示反铁磁相变延迟马氏体相变动力学作用。在 Mn-Fe 基合金的 fcc→fct 中,T_N 比 M_s 高,含高 Mn(其原子分数大于 80%)的合金显示,反铁磁相变的四方畸变促发马氏体相变呈耦合现象[8]。本文作者认为,Mn-Fe 基合金中反铁磁相变促发马氏体相变的现象是由畸变应力热力学因素所导致,无异应力诱发相变。当 T_N 与 M_s 接近时,两类相变耦合,由于反铁磁相变先开始进行,并显示二级相变无热滞特征,耦合马氏体相变,也显示无热滞的相变,这一现象值得重视。

16.6 伪滞弹性

在对 ZrO_2-$8CeO_2$-$0.50Y_2O_3$(TZP)陶瓷的形状记忆效应研究中发现,除伪弹性外还呈现伪滞弹性现象。图 3 示出 8Ce-0.50Y-TZP(经共沉淀法所得摩尔百分数)制成的细粉,经 1 773K 烧结 6h 后试样的应力-应变曲线,其中 OA 为加压应力的弹性应变阶段,A 点开始范性形变,即发生应力诱发的 $t→m$ 马氏体相变,在 AB 阶段,试样经范性形变,包含 $t→m$ 相变应变和马氏体的弹性应变。在 B 处卸去应力,发生应变回复,CD 包括逆相变 $m→t$,以及马氏体(m 相)和母相(t 相)弹性应变部分的回复,由于包含逆相变,并非纯力学弹性,一般称为伪弹性(pseudoelasticity)。卸载应变达到 C 点后,经继续观察,发现试样在室温连续应变,如图 4 所示,酷似力学的滞弹性,其驰豫时间长达数日之久,实属罕见。此现象曾被称为"时间决定的相变"。

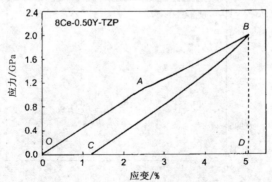

图 3 8Ce-0.50Y-TZP 在单向压应力下的应力-应变曲线

(The stress-strain curve of 8Ce-0.50Y-TZP (mole fraction,%) under uniaxial compressiion)

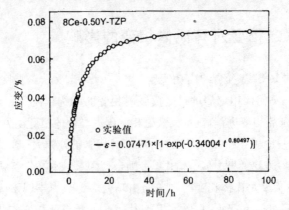

图4 8Ce-0.50Y-TZP 在室温时效相的应变-时间曲线
(The stress-time curve of 8Ce-0.50Y-TZP during natural aging)

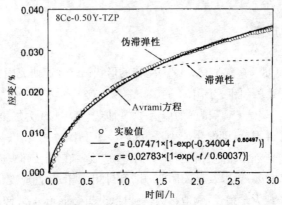

图5 8Ce-0.50Y-TZP 时效初期 3h 内的应变-时间曲线
(The strain-time curve of 8Ce-0.50Y-TZP during first 3h in aging)

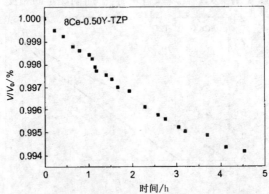

图6 8Ce-0.50Y-TZP 时效时间内的体积变化
(Volume change *vs* aging tiem for 8Ce-0.50Y-TZP)

图 5 为图 4 在 0~3h 曲线段的放大图。由滞弹性应变方程[31,32]得：

$$\varepsilon = \varepsilon_0 \exp(-t/\tau) \tag{7}$$

式中，t 为驰豫时间，τ 为特征时间常数。以式(7)拟合图 5 中初期的应变曲线，得：

$$\varepsilon_{aging} = 0.02783[1 - exp(-t/0.60037)] \tag{8}$$

如图 5 中虚线所示，可见只在时效 1.2h 以前，实验数据符合滞弹性应变方程。实际上，时效应变 ε_{aging} 主要为 $m \to t$ 逆相变的继续，逆相变时体积收缩经测得时效体积变化如图 6 所示，证明确系体积收缩，应用 Avrami 恒温相变的普适方程[33~35]，相变分数为

$$f_t = 1 - \exp(-K \cdot t^n) \tag{9}$$

将实验数据按式(9)形式拟合，得：

$$\varepsilon_{aging} = 0.07471[(1 - \exp(-0.34004t^{0.60497})] \tag{10}$$

由图 5 可见，拟合曲线(实线)与实验结果很好吻合。由于这类滞弹性现象并非纯力学行为，是由逆相变而引起的，参照"伪弹性"一词的命名，可称此现象为"伪滞弹性"(pseudoanelasticity)。由此(10)得 $n = 0.60497$，参照相变方程中的 n 值[36]，说明时效逆相变时，由于相界面运动引起近似滞弹现象。在本文的最后，特引介这类罕见现象，以引起关注。

16.7 结论

材料相变时内耗变化反映灵敏，内耗测试成为相变研究有力工具，佐以其他实验和理论分析，能揭示相变的一些重要特征。Fe-Ni-C 在扩散型(珠光体)相变时呈现较高的内耗峰，说明相界面(尤其是高能量相界面)运动对相变内耗起了重要的作用。建议建立一个内耗峰值与相界面能量之间的关系的表达式。Fe-Ni-C 中，贝氏体相变的内耗特征与珠光体相似。在许多材料中发现：贝氏体相变孕育期内相变内耗峰已出现，孕育期内存在贫溶质区。结合这两种现象可以证明，贝氏体相变系扩散形核。马氏体相变中相界面能量较低，导致其内耗峰值较扩散型相变为低。马氏体相变的软模现象为相变形核机制提供启迪。反铁磁相变抑制 fcc→hcp 马氏体相变动力学，但促发 fcc→fct 相变。ZrO_2-CeO_2-Y_2O_3 陶瓷中，因 $m \to t$ 逆相变而引起的滞弹性可称为伪滞弹性，其驰豫时间长达数日之久，对此将继续加以关注。

参考文献

[1] Xu Z Y(Hsu T Y). Acta Sci Nat Univ Sunyatseni, 2001;40(Suppl. A):224

徐耀祖. 全国第六届固体内耗与超声衰减会议特邀报告, 2000年. [J]. 中山大学学报(自然科学版), 2001;40(增刊A):224).

[2] Scheil E, Muller J. Arch Eisenhüttenwes, 1956;27:801.

[3] Chen W, Hsu T Y(Xu Z Y), Chen S, et al. [J]. Acta Metall Mater, 1990;38:2337.

[4] Liu J M, Zhang J X. [J]. Acta Metall Sin, 1996;32:785(刘军民,张进修. [J]. 金属学报, 1996;32:785).

[5] Xu Z Y(Hsu T Y). Sci Chin, 1997;40E:561(徐祖耀. [J]. 中国科学, 1997;27E:289).

[6] Xu Z Y(Hsu T Y). Acta Metall Sin, 1997;33:45(徐祖耀. 金属学报, 1997;33:45).

[7] Lu P, Zhang J H, Xu Z Y(Hsu T Y). [J]. J Shanghai Jiaotong Univ, 2004, in press(鲁萍,张冀华,徐祖耀. 上海交通大学学报, 2004,待发表).

[8] Hedley J A. [J]. Met Sci J, 1968;2:129.

[9] Wang L T, Ge T S. [J]. Acta Metall Sin, 1988;24:A147(王力田,葛庭燧. 金属学报, 1988;24:A147).

[10] Zhang Y L, Jin X J, Hsu T Y(Xu Z Y), et al. [J]. Scr Mater, 2001;45:621.

[11] Hillert M. In: Decomposition of Austenite by Diffusional Processes. [J]. New York: Interscience, 1962:197.

[12] Smith C S. [J]. Trans ASM, 1953;45:74.

[13] Cheetham D, Ridley N. [J]. J Iron Steel Inst London, 1973;211:648.

[14] Kramer J J, Pound G M, Mehl R F. [J]. Acta Metall, 1958;6:763.

[15] Kirchner H K, Mellor B G, Chadwick G A. [J]. Acta Metall, 1958;6:763.

[16] Xu Z Y(Hsu T Y). Thermodynamics of Metallic Materials. [M]. Beijing: Science Press, 1981:280(徐祖耀. 金属材料热力学. [M]. 北京:科学出版社, 1981:280).

[17] Bollmann W. Crystal Defects and Crystalline Interface. [M]. New York: Springer-Verlag, 1980.

[18] Ecob R C, Ralph B. [M]. Acta Metall, 1981;29:1037.

[19] Belko V N, Darinskii B M, Postnikov V C, et al. Phys Met Metallogr, 1969;27:141.

[20] Zhang J H, Chen S C, Hsu T Y(Xu Z Y). [J]. Acta Metall, 1989;37:241.

[21] Zhang J H, Chen S C, Hsu T Y(Xu Z Y). [J]. Metall Trans 1989;38:2337.

[22] Wu M H, Perkins J, Wayman C M. [J]. Acta Metall, 1989;37:1821.

[23] Makats Y, Tadaki T, Shimizu K. [J]. Mater Trans JIM, 1989;30:107.

[24] Kang M K, Yang Y Q, Wei Q M, et al. [J]. Metall Mater Trans, 1994; Trans, 1994;25A:1941.

[25] Zhang X, Jin X, Hsu T Y(Xu Z Y). [J] J Mater Sci Technol, 2002;18:1.

[26] Yang Z J, Zou Y F, Zhang Z F, et al. [J]. Acta Metall Sin, 1982;18:21(杨熙金,邹一峰,张志方,王业宁. [J]. 金属学报, 1982;18:21).

[27] Jiang B, Qi X, Yang S, et al. [J]. Acta Mater, 1998;46:501.

[28] Wu X C, Hsu T Y(Xu Z Y). [J]. Mater Charact, 2000;45:137.

Wu X C, Hsu T Y(Xu Z Y). [J]. Prog Nat Sci,1999;9:454.

[29] Wu X C, Hsu T Y(Xu Z Y). [J]. Mater Trans JIM,1999;40:112.

[30] Chen S C, Chung C Y, Yan C L, et al. [J]. Mater Sci Eng,1999;A264:262.

[31] Xu Z Y(Hsu T Y), Li P X. Introduction to Materials Science. [M]. Shanhhai:Shanghai Science and Technology Publishers,1986:431(徐祖耀,李鹏兴. 材料科学导论. [M]. 上海:上海科学技术出版社,1986:431).

[32] Kingery W D, Bowen H K, Uhlmann D R. Introduction to Ceramics. [J]. 2nd ed., New York:John Wiley & Sons,1976:778.

[33] Avrami M. [J]. J Chem Phys,1939;7:1103.

[34] Avrami M. [J]. J Chem Phys,1940;8:212.

[35] Avrami M. [J]. J Chem Phys,1941;9:177.

[36] Christian J W. The Theory of Transformations in Metals and Alloys(Part 1). [M]. 3rd ed., Oxford:Pergamon An Imprint of Elsevier Science,2002:546.

导言译文

Internal Friction And Pseudoanelasticity Associated With Phase Transformation

There exists high damping peak associated with the diffusional pearlitic transformation in Fe-Ni-C, indicating that the motion of interphase, especially the interface with high boundary energy, plays an important role to internal friction. An expression of the relationship between value of internal friction peak and interphase boundary energy is suggested. In Fe-Ni-C, the characteristic of the internal friction associated with the pearlite transformation is similar to that of the bainite transformation. It has been revealed that the internal friction peak appeared in the incubation period of the isothermal bainite transformation and the experiment also found that the solute-depleted zone formed beyond this period. Combination of the above results just implies that the nucleation mechanism of bainite transformation is diffusional. The lower interphase energy in the martensitic transformation results in a lower value of internal friction pear as compared with that in diffusional transfor mation. The soft mode phenomenon gives an implication for the nucleation mechanism. Antiferromagnetic transition depresses the martensitic trans formation fcc→hcp, but enhances the fcc→fct transformation. In ZrO_2-CeO_2-Y_2O_3 ceramics, anelasticity phenomenon induced by the reverse transformation m→t may be called pseudo-anelaticity and the relaxation process will process as long as several days.